第2版

新 野菜つくりの実際

誰でもできる
露地・トンネル・
無加温ハウス栽培

葉菜 II

ホウレンソウ・シュンギク・ニラ・イタリア野菜など

川城英夫 編

農文協

はじめに

『新 野菜つくりの実際』（全5巻、76種類144作型）は、2001年に直売向けの野菜生産者を主な対象として発刊されました。現場指導で活躍している技術者に、各野菜の生理・生態と栽培の基本技術などを初心者にもわかりやすく解説していただきました。おかげで各方面から好評を得て、生産者はもちろん、研究者や農業改良普及員、JA営農指導員などの必携の書となりました。

発刊後、増刷を重ねてきましたが20年余り経ち、野菜生産の状況も変わってきました。専業農家の中に少量多品目を生産して直売所専門に出荷する方が現われ、農外からの若い新規就農者も増えました。国は2022年5月に「みどりの食料システム法」を制定し、2050年までに化学農薬の50％低減、化学肥料の30％低減、有機農業の取り組みを全農地の25％にあたる100万haに拡大させることを目標に掲げました。米余りが続く中で水田の作物転換が進み、加工・業務用野菜が拡大し、イタリア野菜やタイ野菜などの栽培も増えてきました。

こうした変化を踏まえて改訂版を出版することにしました。新たな版では主な読者対象は変えず、凡例を入れるなど、予備知識の少ない新規就農者にも配慮して編集しました。また、読者の要望を踏まえて各作型の新規項目として「品種の選び方」を加えました。取り上げる野菜の種類は、近年、直売所やレストランでよく見かけるようになったものを新たに加えました。さらに新しい作型や優れた栽培技術も積極的に加えました。

こうして新版では、野菜87種類171作型を収録して全7巻とし、判型はA5判からB5判に大判化し、文字も一回り大きくして読みやすくしました。今後20年の野菜つくりの土台となることをめざし、現場の第一線で農家の指導にあたっておられる研究者や農業改良普及員などに執筆をお願いしました。各野菜の生理・生態、栄養や機能性、利用法といった基礎知識、栽培の基本技術から最新の技術・知見までをわかりやすく、しかもベテランの生産者にとっても十分活用できる濃い内容に仕上げていただいており、執筆者各位に深謝いたします。また、本書ができたのは企画・編集された農山漁村文化協会編集部のおかげであり、記してお礼申し上げます。

本シリーズは、「葉菜Ⅱ」のほか、「果菜Ⅰ」「果菜Ⅱ」「葉菜Ⅰ」「根茎菜Ⅰ」「根茎菜Ⅱ」「軟化・芽物」の7巻からなり、本「葉菜Ⅱ」では17種類24作型を取り上げています。他の巻とあわせてご活用いただき、安全でおいしい野菜生産と活気あふれる直売所経営に、そして人と環境にやさしいグリーン農業の推進と野菜産地活性化の一助としていただければ幸いです。

2023年10月

川城英夫

目　次

この本の使い方

◆各品目の基本構成

本書では、各品目は「この野菜の特徴と利用」と「〇〇栽培」（各作型の特徴と栽培技術）からなります。以下は基本的な解説項目です。一部の品目では、産地の実情や技術体系を踏まえて、項目立てが異なる場合があります。各種資材や経営指標など掲載情報は執筆時のものです。

この野菜の特徴と利用

(1) 野菜としての特徴と利用
(2) 生理的な特徴と適地

〇〇栽培

1 この作型の特徴と導入

(1) 作型の特徴と導入の注意点
(2) 他の野菜・作物との組合せ方

2 栽培のおさえどころ

(1) どこで失敗しやすいか
(2) おいしく安全につくるためのポイント
(3) 品種の選び方

3 栽培の手順

(1) 育苗のやり方（あるいは「畑の準備」）
(2) 定植のやり方
（あるいは「播種のやり方」）
(3) 定植後の管理
（あるいは「播種後の管理」）
(4) 収穫

4 病害虫防除

(1) 基本になる防除方法
(2) 農薬を使わない工夫

5 経営的特徴

◆巻末付録

初心者からベテランまで参考となる基本技術と基礎データです。「葉菜類の育苗方法」「農薬を減らすための防除の工夫」「天敵の利用」「各種土壌消毒の方法」「被覆資材の種類と特徴」「主な肥料の特徴」「主な作業機」を収録しました。

栽植様式の用語（1ウネ2条の場合）

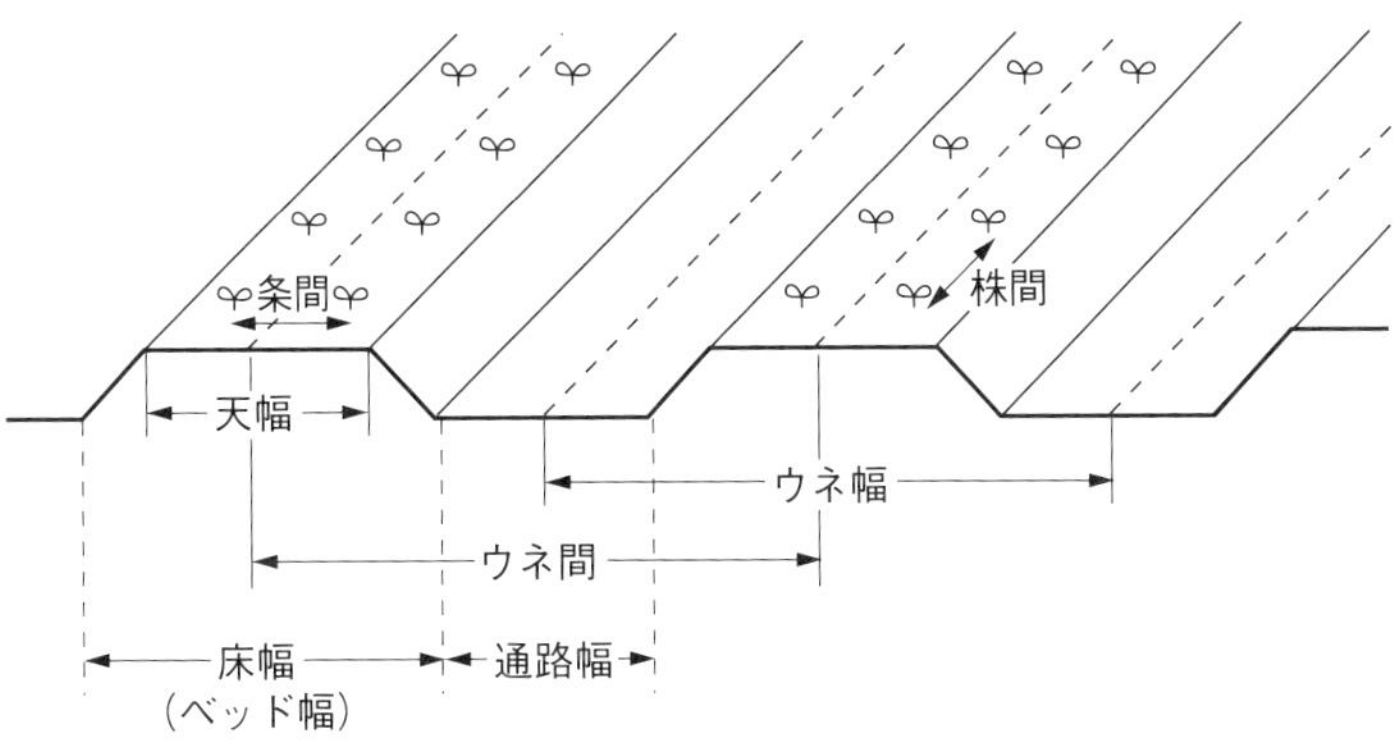

※栽植密度は株間と条数とウネ幅によって決まります

◆栽植様式の用語

本書では、栽植様式の用語は農業現場での本来の用法に従い、次の意味で使っています。

ウネ幅　ウネの間を通る溝（通路）の中心と中心の間隔、あるいは床幅と通路幅を合わせた長さのことです。

ウネ間　ウネの中心と中心の間隔のことです。ウネ幅とウネ間は同じ長さになります。

条間　種子を等間隔で条《すじ》状に播く方法を条《じょう》播《は》と呼び、播いた条《じょう》と条の間隔を条間といいます。苗を複数列植え付ける場合の列の間隔も条間といいます。1ウネ1条で播種もしくは植え付けた場合、条間とウネ間は同じ長さになります。

株間　ウネ方向の株と株の間隔のことです。

◆苗数の計算方法

10ａ（1000㎡）当たりの苗数（栽植株数）は、次の計算式で求められます。

1000（㎡）÷ウネ幅（ｍ）÷株間（ｍ）×条数＝10ａ当たりの苗数

ハウスの場合

1000（㎡）÷ハウスの間口（ｍ）÷株間（ｍ）×ハウス内の条数＝10ａ当たりの苗数

ただし、枕地や両端のウネの余裕をどのくらいにするかで苗数は変わります。

近年、家庭菜園の本では床幅を「ウネ幅」と表記している例が見られますが、床幅をウネ幅として計算してしまうと面積当たりの正しい苗数は得られませんので、ご注意ください。また、1ウネ2条の場合は2倍、3条の場合は3倍した苗数になります。

◆農薬情報に関する注意点

本書の農薬情報は執筆時のものです。対象となる農作物・病害虫に登録のない農薬の使用は、農薬取締法で禁止されています。使用にあたっては、必ずラベルに記載された登録内容をご確認のうえ、使用方法を遵守してください。

ホウレンソウ

表1　ホウレンソウの作型，特徴と栽培のポイント

主な作型と適地

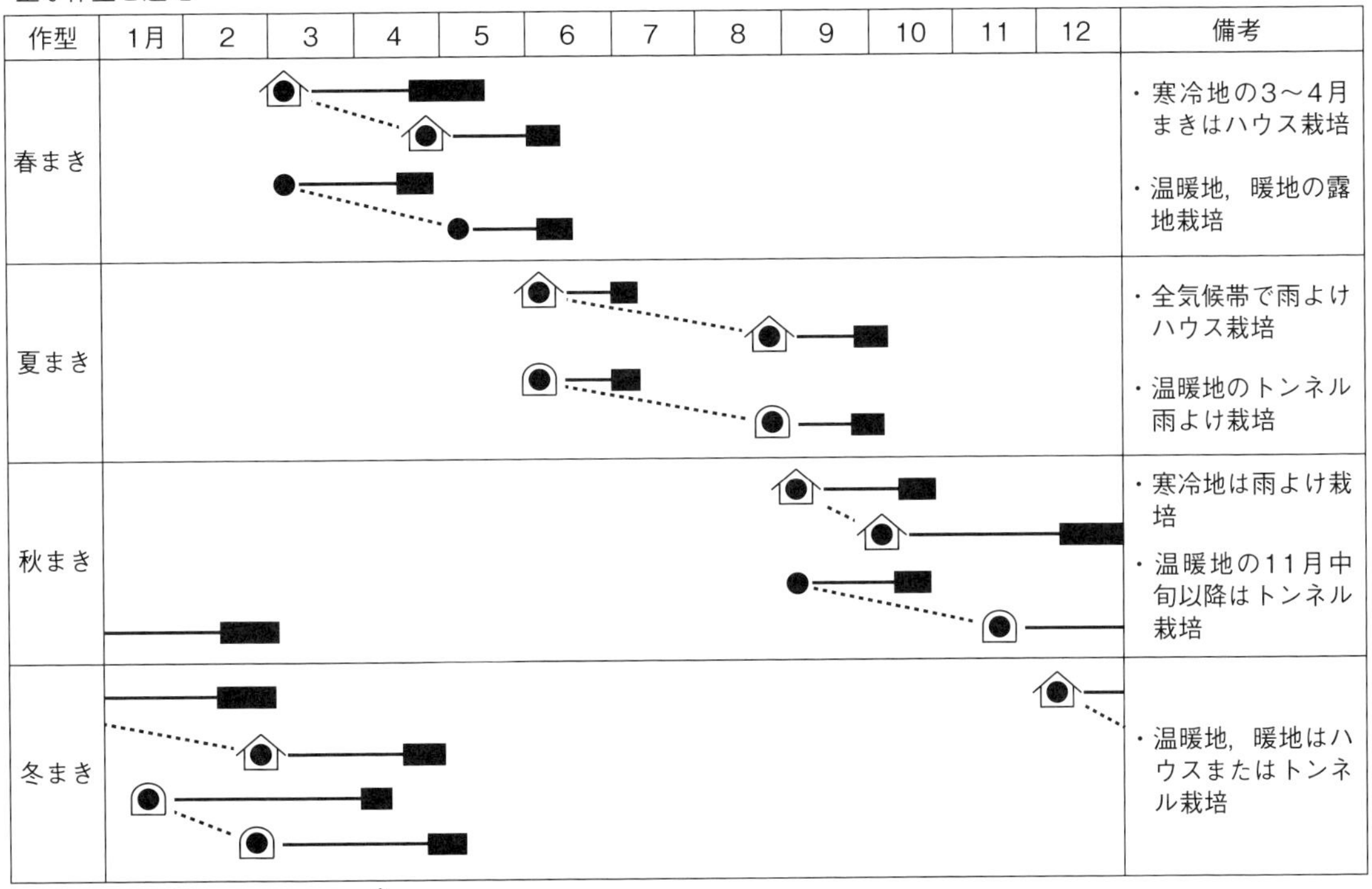

●：播種，（トンネル記号）：トンネル，（ハウス記号）：ハウス，■：収穫

注）寒地：北海道他で，年平均気温9℃未満。寒冷地：東北他で，年平均気温9～12℃。温暖地：北陸，関東，東海，近畿，中国他で，年平均気温12～15℃。暖地：四国，九州他で，年平均気温15～18℃。

特徴	名称	ホウレンソウ（ヒユ科アカザ亜科ホウレンソウ属）
	原産地・来歴	中央アジア 中国を経て江戸時代初期に伝来（日本在来種），一方欧米を経て明治時代に導入（西洋種）。現在の栽培種は，両者の特性を生かした雑種が大部分
	栄養・機能性成分	ビタミンA（β-カロテン）を100g中4200 μg，B_1は0.11mg，B_2は0.2mg，葉酸210 μg，鉄2.0mg，カリウム690mg含む。一方，シュウ酸0.7gや硝酸塩を含み，えぐ味の原因となっている（日本食品標準成分表 八訂：葉・通年・生）
生理・生態的特徴	発芽条件	発芽温度は15～20℃が適温で，最低温度は4℃，最高温度は35℃。多水分（多湿）条件では，果皮に多く吸水するため発芽不良になりやすい
	温度への反応	生育適温は15～20℃，光合成の適温は18～20℃。夜温は12～15℃と低いほうが，栄養分は多く蓄積される

（つづく）

生理・生態的特徴	日照への反応	個葉の光飽和点は2万～2万5,000lxと比較的弱い光でも光合成を行なう。しかし，栽培中では葉の相互遮蔽があるので，強い光（9万～12万lx）がよい
	日長への反応	春から夏に日長が13時間以上ある長日期に抽台が急速に進む 春夏期の生長の早さは長日の影響が大きい。街路灯などの夜間照明では，不時抽台を起こさない限界照度は，秋まきでは10～20lx，春まきでは2～3lx
	開花習性	播種後15～30日で花芽が形成される。分化後の花芽の発育（抽台・開花）は長日条件で促進される
	土壌適応性	好適pH6.3～7。有機物に富む沖積土壌が適している。直根性なので土壌の乾燥に比較的強い
栽培のポイント	主な病害虫	病気：立枯病，べと病 害虫：アブラムシ類，ホウレンソウケナガコナダニ
	他の作物との組合せ	軟弱野菜専作では夏作にコマツナ，秋から春作をホウレンソウとする事例が多い。夏の果菜類の後作としての導入が容易 寒冷地の雨よけ栽培では，夏期に3～4回程度作付けする

この野菜の特徴と利用

(1) 野菜としての特徴と利用

ホウレンソウはヒユ科アカザ亜科に属する一、二年生植物で、原産地は中央アジア地域とされている。ここから中国に渡ったものが東洋種で、これが日本に伝えられて在来種となった。一方、ヨーロッパに渡り、オランダなどで品種改良が行なわれ、さらにアメリカにおいても育種が進んだものが西洋種である。

東洋種は葉が薄くて切れ込みが深く、根ぎわが赤いが、西洋種は葉が厚く丸葉である。とくに抽台性に関しては、採種のときに西洋種は抽台の遅いものが選抜されたため、晩抽性の特徴を持つ。現在は、それぞれの利点を取り入れた交配育種が進められ、F_1品種がほとんどである（図1）。

ホウレンソウは、ビタミンやミネラルを豊富に含む優れた緑黄色野菜である。「日本食品標準成分表（八訂）」によれば、100g中（通年平均、生）にビタミンA（カロテン当量）4200μg、B_1 0・11mg、B_2 0・2mgと日本人に不足しがちなB群が多い。また、造血作用や核酸代謝に関係深い葉酸も含んでいる。

ミネラルも、鉄2mg、血圧降下作用を持つカリウム670mgと多い。

しかし、ホウレンソウのアクの成分はシュウ酸や硝酸であり、これらは食味を落とすばかりでなく、腎臓結石やカルシウムの吸収阻害を起こすといわれている。ただ、ゆでることにより、これらの成分は流されて半減する。

2020（令和2）年産の作付け面積は、1万9600haで、ここ20年間の面積は漸減傾向に推移している。主産地は、関東では群馬、埼玉、千葉、茨城県など、西南暖地では宮崎、福岡県など、そして夏期を中心に、岐阜、岩手県の栽培面積が多い。近年著しい増加を示すのが、雨よけハウスや加工用栽培である。群馬県など北関東では、ハウス栽培と露地栽培の使い分けによる周年栽培が行なわれている。
　連作地では、土つくりに加え、立枯病など土壌病害の予防のために、土壌消毒が必要な作業となっている。また、主要病害のべと病にレース分化があり、これに対応する抵抗性品種が求められている。

(2) 生理的な特徴と適地

① 生理的な特徴

生育温度　ホウレンソウの生育適温は15～20℃で、光合成の適温は18～20℃である。夜間は呼吸による消耗を抑えるために、12～15℃と低いほうがよい。0℃前後で生長は停止するが、耐寒性は強く、マイナス10℃くらいまでは寒害を受けることはない。これに対して高温には弱く、30℃以上では生長が抑えられる。

図1　ホウレンソウの葉型

光の強さ　光合成速度は光の強さに応じて大きくなるが、さらに光が強くなってもそれ以上増大しない状態（光飽和点）に達する。1枚の葉では、20～24℃のときの光飽和点は2万～2万5000lxといわれている。1株で見ると、葉は立性で重なり合い、光は部分的に遮られている。このような株の飽和点は9万～12万lxにもなる。

日長　ホウレンソウは播種後15～30日で花芽が形成され、その後の花芽の発育（抽台、開花）には日長の影響が著しい。つまり、春～夏に日長が13時間以上ある長日期に抽台が早く進み、開花する。したがって、6月まきは、夏至を経過する抽台の最盛期に当たり、花器の形成が急速に進む。そして、8月下旬ともなれば、日長が13時間前後となる秋彼岸の約1カ月前なので、このころ播種しても抽台は起こらない（図2）。
　なお、長日は花成に影響するばかりでなく、生長も促進する。夏の生長の早さも日長に影響されていると考えてもよい。
　都市近郊では、街路灯などの夜間照明による不時抽台の被害が起きている。終夜照明では、弱い光でも長日反応を示し、抽台の限界照度は、法線照度（光源に向けて測定した照度）で秋まきが10～20lx、春まきが2～3lxである。

土壌酸度　好適pHは6・3～7である。酸性土壌では本葉2～3枚で生育が止まり、葉の黄化が発生する。この理由は、酸性土壌では土壌に含まれるアルミニウムが溶け、ホウ

図2　昼時間とホウレンソウの抽台との関係

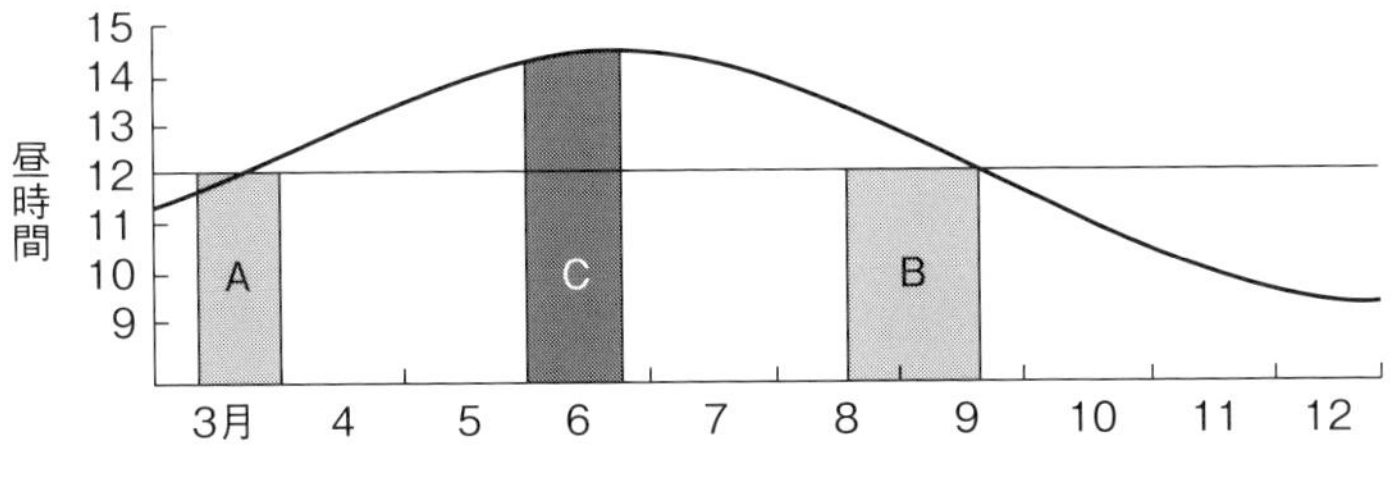

注1）東京での抽台開始期（A），抽台終止期（B），抽台最盛期（C）
注2）出典：江口庸雄・市川秀男「菠薐草の花芽分化と抽台に関する研究」『園芸学会雑誌』11巻1号，p.13-56，1940年（一部略）

レンソウの根の伸長を阻害するといわれている。なお、水耕ホウレンソウは養液にアルミニウムを含まないため、酸性の被害を受けにくい。

②作型

ホウレンソウ栽培では、栽培地の気象条件や被覆資材の利用により、多様な作型が成立している。周年供給するための連続栽培や気象条件を活用した作型、さらに輪作体系の中での短期作目としての栽培が見られる。近年では、安定・良質生産のために寒地・寒冷地などで「雨よけハウス栽培」や「寒じめ栽培」が普及している。

ここでは、一般的に季節性に基づいた分け方に従って作型を示す。

春まき栽培（3～5月） 温暖地では3月、寒冷地では4月から露地栽培が成り立つ。5月まきは長日条件と病害回避のため、晩抽性品種の選定と被覆資材の利用によって、安定生産を確保する。

夏まき栽培（6～8月） 温暖地の6～7月まきは、梅雨期に当たるため、雨よけにより病害を回避する。梅雨明け以降は高温乾燥期となるため、灌水や遮光により初期生育を安定させる。寒地・寒冷地は気温が低いため栽培しやすいが、雨害対策として雨よけハウスが必要である。

秋まき栽培（9～11月） この作型はホウレンソウの生態に適した気象を経過する。温暖地では10月中旬までの播種で年内収穫ができる。露地では11月上旬までの播種が可能で、それ以降はベタがけやトンネルを使って作期拡大が行なわれる。寒冷地ではハウスで11月まきまで播種できる。

冬まき栽培（12～2月） 温暖地ではハウスまたはトンネル栽培となり、厳寒期では保温を重点に、気温上昇期では換気に配慮した管理が必要となる。

（執筆：成松次郎）

秋まき秋冬どり栽培

1 この作型の特徴と導入

(1) 作型の特徴と導入の注意点

この作型は、ホウレンソウの生態に適した気象を経過する。そのため、他の作型より栽培が容易であるが、適地が広いので高値を期待できない。一方、生育初期が台風シーズンで、壊滅的な被害を受けることもあり、作柄の変動が大きい。

9月上～中旬の播種では、地域により気温が高いため、発芽しにくいこと、また台風・長雨シーズンに入るため、予定どおり播種できないことも起きる。したがって、畑の耕うん作業など、畑が乾くと同時に行なうなど、数少ない良好な気象、土壌条件をとらえるように心がける。

温暖地では、9月上旬に播種すると10月中～下旬に収穫でき、10月中旬までに播種すると年内収穫ができる。それ以降の10月下旬～11月上旬まで、露地に播種することが可能だが、年明けの収穫となる。この作期の収穫では、寒さを受けて葉が厚く濃緑になり、食味がよくなる。ただし、地域によっては寒害や乾燥で生育が止まり、下葉に枯葉が生じるこ

図3　ホウレンソウの秋まき秋冬どり栽培　栽培暦例

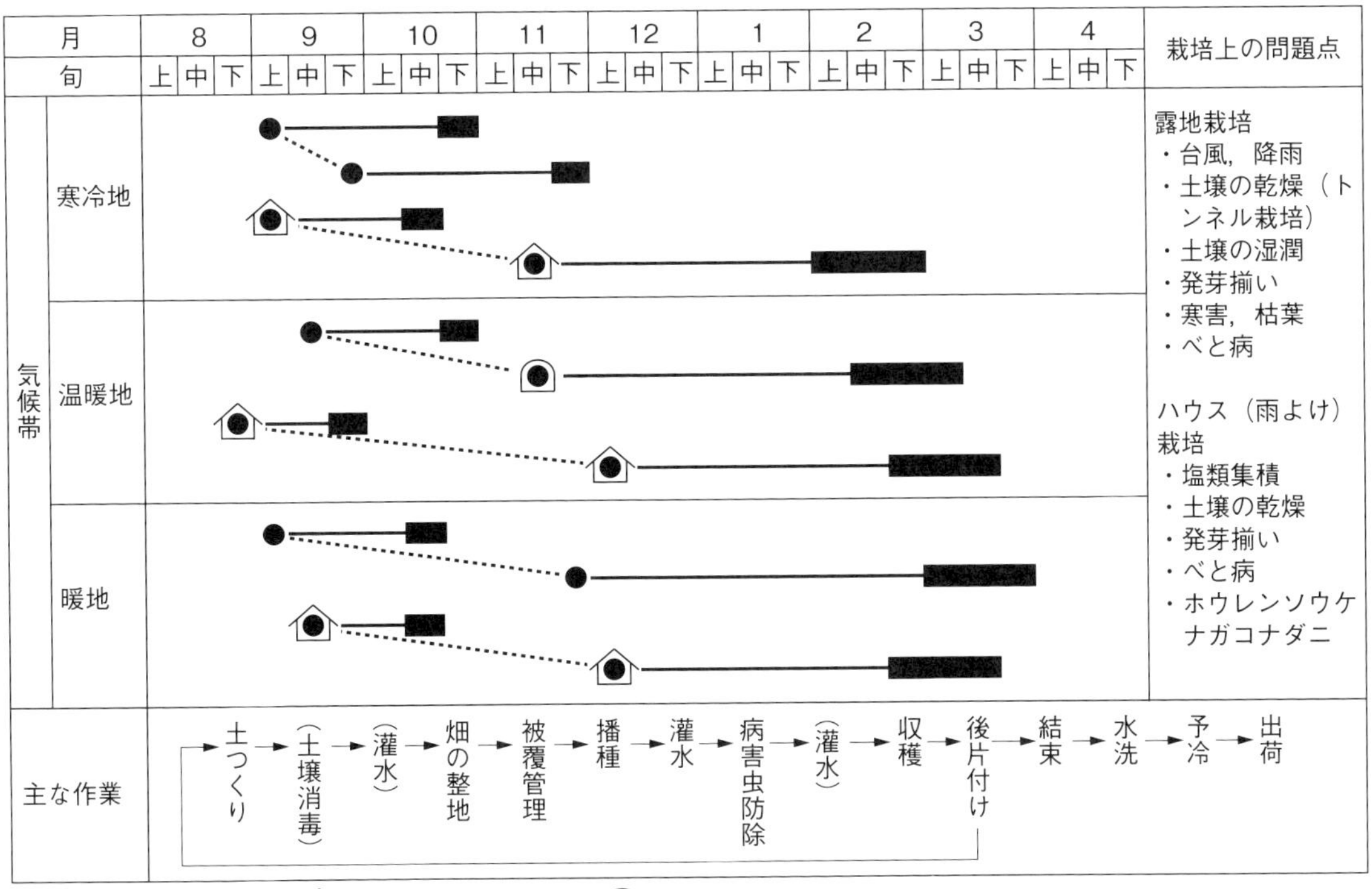

とがある。

暖地では、11月下旬でも露地での播種ができる。

寒冷地では9月に播種する場合は露地でもよいが、雨よけ栽培により安定栽培ができ、10～11月まではハウス栽培になる。

(2) 他の野菜・作物との組合せ方

ホウレンソウは、草丈25cm前後で収穫する。適期が短いので、途切れることなく出荷するためには、何回にも分けて播種する必要がある。ただし、温暖地・暖地では、夏期の栽培では暑さに強いコマツナを取り入れ、秋冬期にホウレンソウを連作する事例が多い。

水田地帯で、イネの後作に栽培するときは、乾燥害が少なく良品が栽培できる。しかし、湿潤な土壌では、根腐れが起こりやすいので、畑の排水を心がける。

また、スイートコーンやイネ科作物の後作としてのホウレンソウは、とくに生育が優れており、転換畑への導入野菜として適している。イネ科作物の残渣をすき込むと土壌改良に効果的だが、すき込み後、播種までの期間を長めにとること、また元肥窒素を多めに与え、窒素飢餓を回避することが必要になる。

このようにホウレンソウは、畑の在圃期間が比較的短いので、他の野菜が導入困難なときに、小回りのきく野菜として作付けされる。

2 栽培のおさえどころ

(1) どこで失敗しやすいか

土壌の酸性　ホウレンソウは酸性土壌に最も弱い野菜であり、好適pHは6・3～7である。発芽後、本葉2～3枚で生育が滞り、葉の黄化する現象がある。このようなときは強酸性であることが多いから、あらかじめ石灰質肥料を10a当たり100kg程度施用することや、完熟堆肥などの有機質を十分施して深耕しておく。

発芽　ホウレンソウの種子は硬い果皮に包まれている。果皮は内部を保護しているが、高温下の多水分条件で発芽を抑制するなど、この果皮が発芽を悪くする（図4）。したがって、秋まきでは、播種後に長雨などによる圃場の湿潤に注意する。

図4　ホウレンソウの種子の構造

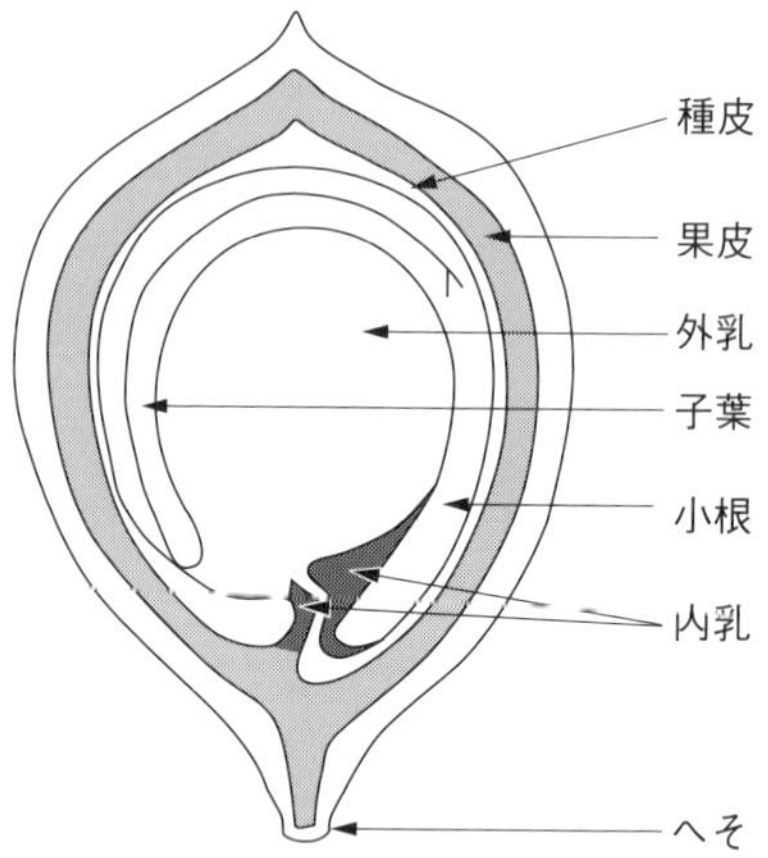

注）出典：香川彰「ホウレンソウ＝植物としての特性」『農業技術大系野菜編6』農文協，1972年

(2) おいしく安全につくるためのポイント

ホウレンソウは、鮮度や色沢などの外観がよいこと、またビタミンや糖含量の豊富なことと、食味や安全性が重視される。

こうした栄養成分には季節変動があり、一般に野菜は低温期に糖などを蓄積して冬に向かって甘味が増加する。寒冷地のハウス栽培で、寒さで生長が止まる初冬前に出荷サイズの大きさまで育て、外気温が5℃以下になったらハウスの側窓を開けて冷気に当てる。これにより、2週間程度で糖度が上がる。この栽培法は、主に北関東や中国山地で行なわれている（寒じめ栽培）。また、このような栽培法は、機能性成分のルテイン含量も高めることができる。

ホウレンソウは、他の野菜と比べてシュウ酸と硝酸を多く含み、これらの多量摂取は人体に有害となることもあるため、低含量であることが望まれる。シュウ酸と硝酸はホウレンソウ体内で拮抗的に働くため、シュウ酸と硝酸を同時に低減することは困難であるが、栽培上考慮する点は、①化成肥料の多用を控え、代替に有機質肥料を使用する、②化成肥料では緩効性肥料（被覆燐安など）を用いたり、連作により蓄積するリン酸、カリの減肥を行なう。

(3) 品種の選び方

ホウレンソウの品種特性は、形質（葉形、葉色、葉肉の厚さ、欠刻や縮緬の有無、根色など）、早晩性、抽台性、品質（色沢、食味、シュウ酸・硝酸など）、病害抵抗性、耐寒・耐暑性など多岐にわたる。上市されている品種はほとんどがF_1であるが、東洋系の特徴の強い品種は、葉肉は薄く、欠刻の深い切葉、根は赤みが強く、抽台は早い傾向にある。西洋系の特徴の強い品種は、丸葉、葉肉は厚く、葉色は濃い。

それらの特性によって使い分けし、市場動向に応じた品種を選択する（表2）。

秋まき品種の選択では、とくに耐寒性、耐病性が求められる。耐寒性には低温伸長性と低温障害への耐性が含まれる。耐病性は近年、べと病にレース（系統）分化が著しく、日本ではレース1～13までが確認され、これらのレース抵抗性の品種選択することが大切である。

加工・業務用（外食や冷凍原料向け）には、葉が大きくて葉肉が厚く、濃緑色が好まれ、葉長40cm程度の大型規格での収穫に向く品種を選ぶ。

表2　秋まき秋冬どり栽培に適した主要品種の特性

品種名	販売元	草姿	葉の形	抽台性	べと病抵抗性	その他特性
アグレッシブ	サカタのタネ	立性	切葉	早	R1～7，9，11，13，15，16	耐寒性
オシリス	サカタのタネ	立性	切葉	早	R1～10，15	耐寒性，耐湿性
クロノス	サカタのタネ	立性	中間	早	R1～7，9，11，13，15，16	耐寒性
伸兵衛	タキイ種苗	立性	中間	中晩	R1～12，14，16	耐寒性
スタンドアップ13	ナント種苗	立性	中間	中晩	R1～13，15，16	在圃性
トラッド7	サカタのタネ	立性	中間	早	R1～7，9，11，13，15，16	多収性
ドンキー	サカタのタネ	立性	中間	早	R1～11，13，15，16	多収性
ハイサンピア	カネコ種苗	中間	中間	中晩	R1～11，13，15，16	
ハイドン	サカタのタネ	立性	切葉	中	R1～11，13，15，16	在圃性
ハンター	カネコ種苗	立性	中間	中晩	R1～7，9，11，13，15	在圃性
福兵衛	タキイ種苗	立性	中間	中晩	R1～12，14～16	耐寒性，耐暑性
冬霧7	渡辺採種場	伏性	丸葉	中	R1～7	寒じめ向き
冬ごのみ	タキイ種苗	立性	切葉	中	R1～10，15	耐寒性，寒じめにも向く
雪美菜02	雪印種苗	伏性	丸葉	中晩	R1～13	寒じめ向き

3　栽培の手順

(1) 播種の準備

①畑の準備

酸性土壌の畑では、苦土石灰などの石灰質肥料を10a当たり100kg、同時に牛糞堆肥1・5tくらい施用して耕うんし、土つくりを終えておく。その後、元肥は成分量で窒素、リン酸、カリをそれぞれ15kg程度、火山灰土の場合は、リン酸を多めに施用する。栽培期間の短い9月まきでは元肥重点施用とするが、年明け収穫となる10～11月まきでは年内に追肥として、窒素とカリを3kg程度施用する（表4）。

なお、コナダニ類の予防として、作付け前に前作ホウレンソウの残渣や未分解有機物の処理が大切である。

②ウネつくり

排水の良好な火山灰土では、ロータリー耕を行なって畑を均平にした後に、6～7条の播き床をとり、通路を空けて、また次に播き床をとる。ウネはつくらない。しかし、水田や雨量の多い9月までは、ウネ幅120cm程度の高ウネをつくる。

③種子の準備

最近の種子はほとんど丸種子なので、播種機が使用できる。また、コーティング、プライミングなどの加工処理種子もあり、高温条件でも良好な発芽が得られる。種子量は、高温期で10a当たり3～4ℓ、低温期で4～5ℓを用意する。

④栽植密度

発芽後の苗立ち数を1㎡当たり120～160本とするため、条間20cmでは株間3～4cmとする。

収量は密植ほど多くなるが、葉数は少なく、葉柄が伸びて、外観品質が低下する。さらに密植すると、葉が重なるため、下葉の枯れ込みが早くなって、収穫期間が短くなるし、調製労力が余分にかかってしまう。逆に疎植では葉数が増加し、葉幅が大きくなって草姿がほふく状となる。

シードテープは水溶性テープに一定間隔に種子を封入したもので、株間5cmに2～3粒

表3　秋まき秋冬どり栽培のポイント

	技術目標とポイント	技術内容
播種の準備	◎品種の選定	・‘オシリス’‘クロノス’‘福兵衛’‘ハンター’など，連作地などべと病の恐れがある場合は，べと病高次抵抗性品種を選ぶ
	◎土壌消毒	・バスアミド微粒剤またはガスタード微粒剤（播種10日前までに処理），ディ・トラペックス（30日前までに処理）
	◎土つくりと施肥	・完熟堆肥を十分施し，ロータリーにより20cm程度深耕する
	・土つくり	・pHを6.3～7に改善するために，石灰質肥料（苦土石灰，BMようりんなど）を100kg程度施用する
	・施肥基準	・窒素，リン酸，カリをそれぞれ15～20kg/10a施用
	◎ウネつくり	・排水不良地は高ウネをつくる。排水良好地では平床
	・マルチ	・11月以降の播種ではポリマルチの効果が高い
播種方法	◎栽植密度	・株間を3～4cm，120～160本／m²に疎植にして，大株づくりを心がける
	◎播種後の管理	・播種後，十分灌水して，斉一な発芽をさせる
	・発芽の促進	・不織布によるベタがけは虫害回避の効果もある
	・立枯病の予防	・播種後から子葉展開時に，リゾレックス水和剤などを灌注する
		・雨による泥の跳ね上がり防止策に，切りワラを地表面に散布する
生育中の管理	◎株の充実と生育促進	・株の重なる部分の間引き。葉色が薄かったら窒素成分を2～3kg/10a程度追肥する
	◎灌水	・雨よけハウスでは，生育初期に灌水し，その後は土壌を乾き気味に管理する。収穫前7～10日は，灌水を打ち切る
	◎病害虫防除	・連作地では立枯病の菌密度が高く，子葉展開期ころの高温と雨打たれで発生しやすい
		・べと病には，アリエッティ水和剤などが有効
		・アブラムシ類には，ダントツ粒剤など，ハスモンヨトウにはカスケード乳剤など，ケナガコナダニには，カスケード乳剤，フォース粒剤などが有効
	◎台風対策	・不織布のベタがけにより，葉の損傷を防ぐ
		・排水路をつくり，早期の排水を図る
収穫・調製	◎適期収穫	・草丈25cmを目安に収穫。加工・業務用では草丈40cm程度で収穫
	・萎れ防止	・高温期には午前中に収穫し，収穫物を直射日光下に置かないことや，遮熱シートを被覆して，品温の上昇を防ぐ
	◎結束・袋詰め	・200g程度に結束，またはフィルム袋に封入する（市場の規格による）
	◎予冷	・結束・袋詰め後，10℃以下（0～5℃が最適）に品温を下げるように予冷庫に搬入する

詰めとして利用すると、効率的で確実な播種ができる。

⑤播種方法

種子の播き方は、条播きが基本で、これは播き床にスジ状に溝をつくって播くやり方。株間が狭く、ウネ間を広く取るので、全体的に日当りと風通しを確保できる。条播きは、種子の丸種子化、播種機の利用、シードテープの利用により播種作業が容易にできる。播種機には、「ごんべい」（向井工業）、「みのる」（みのる産業）の手押し式のものあり、使い勝手がよい。

マルチ栽培では、1穴3～4粒の点播きとなり、「人力野菜播種機」（みのる産業）が利用できる。

⑥覆土

地温と土壌水分が発芽に適している場合は、覆土を1㎝程度とし、地温が高く乾燥している場合や軽い火山灰土では2㎝程度とやや厚めにする。

(2) 播種後、生育中の管理

本来、適正な種子量を播いたときは、間引きは不要だが、密植にしたり、種子が重なるときは間引きを行なう。

ホウレンソウは直根で細根の発達が悪いので、間引きのときには、株を動かさないように注意する。間引きの適期は生育初期だが、立枯病や食害による欠株を考慮すると、本葉2〜3枚展開したときである。

(3) 資材利用

秋から冬にかけて、温度が低い時期に被覆資材を利用する。温暖地では11月以降の播種で被覆資材の利用が必要になる（図5）。

トンネル栽培は保温、霜除けを目的とし、資材は一般にポリオレフィン（PO）系フィルムを使う。換気用に穴のあいた資材は保温力が劣るが、日中に高温にならず、生育の徒長が起きにくい。

ベタがけは、農業用不織布（パオパオ、パスライトなど）をホウレンソウに直接被覆す

表4　ホウレンソウ栽培の施肥例　（単位：kg/10a）

作型別の施肥基準例1

作型	目標収量	成分量		
		元肥		
		窒素	リン酸	カリ
春まき	1,800	15	10	15
夏まき（雨よけ）	1,000	13	10	12
秋まき	1,800	17	10	17
冬まき（トンネル）	1,800	13	10	12

注）神奈川県作物別施肥基準，2007年

作型別の施肥基準例2

作型	目標収量	成分量				
		元肥			追肥	
		窒素	リン酸	カリ	窒素	カリ
夏まき（雨よけ）	700〜1,200	8	10	8	–	–
秋まき（平坦地）	2,000	15	20	15	3	3

注）群馬県作物の施肥基準，ぐんまアグリネット（2022年6月参照）

慣行の施肥例（秋まき秋冬どり）

施肥期	資材名	施用量	成分量				
			窒素	リン酸	カリ	カルシウム	マグネシウム
元肥（播種の10〜7日前）	牛糞堆肥	1,500	3.3	13.1	19.6	31.5	9.8
	燐加安42号	80	11.2	11.2	11.2		
	タイニー	100				34.0	15.0
小計			14.5	24.3	30.8	65.5	24.8
追肥	NK化成	20	3.2		3.2		
合計			17.7	24.3	34.0	65.5	24.8

注）環境保全型農業栽培の手引き，神奈川県農業振興課，2013年

環境保全型の施肥例（秋まき秋冬どり）

施肥期	有機質肥料中心の資材	施用量	成分量				
			窒素	リン酸	カリ	カルシウム	マグネシウム
元肥（播種の10〜7日前）	牛糞堆肥	1,500	3.3	13.1	19.6	31.5	9.8
	乾燥鶏糞	100	1.7	4.1	2.8	12.7	1.8
	なたね油粕	100	3.9	2.2	1.3	0.9	0.9
	燐加安42号	40	5.6	5.6	5.6		
	タイニー	60				20.4	9.0
小計			14.5	25.0	29.3	65.5	21.5
追肥	NK化成	20	3.2		3.2		
合計			17.7	25.0	32.5	65.5	21.5

注）環境保全型農業栽培の手引き，神奈川県農業振興課，2013年

図5　秋まき秋冬どりの各種栽培

ベタがけ栽培

トンネル栽培

ハウス栽培

るもので、透明度が落ちるので葉色が淡くなりやすく伸びやすい欠点があるが、使い勝手がよい。また、高温期でも発芽が安定するだけでなく、雨に直接打たれる被害防止や虫害対策としても、周年利用するとよい。

マルチは地温上昇に著しい効果があり、土面保護、肥料・土壌水分の保持にも効果的である。トンネルやベタがけ被覆では日中に気温が高くなり、茎葉が伸長し徒長的な生育となりやすいが、マルチ栽培なら葉肉が厚く、葉色が濃く品質が優れることもある。

(4) 収穫

収穫は草丈25cm程度が適期であるが、やや早めに収穫を開始し、30cm程度までに収穫を終える。畑で収穫しながら出荷調製する方法と、コンテナに詰めて作業場に運んで出荷調製する方法がある。

束にしたときに外側に出る子葉や小さい葉を取り除き、出荷先の規格に準じるが、目安として1束5～10本で200g程度に結束、またはFG袋（鮮度保持袋）に封入する。

4 病害虫防除

(1) 基本になる防除方法

秋まき栽培での主要病害は、立枯病とべと病である。

　ピシウム菌による立枯病は、種子が発芽してから4〜5枚に生育するまでの間に、葉が萎れたり、地際部が細くなったり、また根が褐色に腐敗したりして枯れる。地温が20〜35℃と比較的高温で、雨が多く畑の排水が悪い条件で発生しやすい。ほとんどの野菜で発生する病気である。よく発生する畑では、土壌消毒剤のバスアミド微粒剤またはガスタード微粒剤を、10a当たり20〜30kg、または播種後から子葉展開時にリゾレックス水和剤500倍を1㎡当たり3ℓを灌注する。

　べと病は、比較的低温で多湿条件が続くと発生しやすい。葉の裏面に灰白色のカビ状の病斑が見られ、病気が進行すると葉が全体に灰黄色になって枯死する。薬剤による防除法は、アリエッティ水和剤1500倍などを葉の裏面をねらって散布する。

　また、新葉に群生して吸汁するアブラムシ類が葉の縮れを起こすので、とくに防除に努める。これらには、播種時に、ダントツ粒剤などを土壌混和して予防する。

(2) 農薬を使わない工夫

　排水不良の畑では排水をよくするよう心がけ、ウネやベッドを高くつくる。べと病は10月以降に生育が進み、密生してくると株元の風通しが悪くなって発病しやすくなる。これを防ぐには、厚播きを避け、肥料切れが起こらないような施肥を行なう。

　強い雨に打たれると、立枯病がでやすくなるため、雨よけのトンネル被覆やハウス栽培を行なうと効果的である。ハウス栽培では、7〜8月に太陽熱処理をすることで被害を予防できる。

　アブラムシ類は、ハウスの開口部を防虫ネットで被覆したり、圃場内や周辺の雑草を防除するなど、常に圃場衛生に努める。コナダニ類は、施用した未分解有機物などが発生源になるため、これらの処理を行なう。

5 経営的特徴

①所得率が高く、生産性がよい

　秋まき栽培の所得率（農業所得÷粗収入×100）を見ると、初秋まきで79％、秋まきで77％である。ホウレンソウとほぼ同じ作期の初秋まきダイコンでは55％程度、野菜栽培において最も装置化の進んだ促成トマトでは40％程度となっている。このように、ホウレンソウは生産費が少なく、時間当たり所得も低くない野菜である。この傾向はコマツナ、シュンギクなど軟弱野菜に共通した特徴である（表5）。

②労働配分、土地利用が効率的

　ホウレンソウは栽培期間が短く、土地を高度に利用することができるため、年間における労働配分の均一化を図ることができる。これは、無理のない労働、規模拡大を行なう場合には、雇用労働を導入しやすい条件になる。

　収穫物が軽いので、荷造り・運搬に有利になる。反面、収穫・調製時間が全労働時間のおよそ9割を占めるため、この作業体系・方法の改善が最大の課題でもある。栽培方法とともに、快適で機能的な作業場づくりも大切になる。

③鮮度を保つ流通

　ホウレンソウは鮮度低下の早い野菜だから、これを念頭に収穫・調製を進めなければならない。そのため、冬季以外は、通常気温の上がらない早朝に収穫・調製を行ない、迅速な結束（袋詰め）作業を行なう。結束後は、予冷庫に搬入し、品温を5℃程度に下げることが望ましい。とくに、遠距離輸送地帯では予冷庫が必要になる。

（執筆：成松次郎）

表5　ホウレンソウ栽培の経営指標

項目	初秋まき	秋まき	冬まき トンネル	春まき	夏まき ハウス
収量（kg/10a）	1,800	1,800	1,800	1,500	1,000
単価（円/kg）	574.0	543.5	429.0	474.8	693.6
粗収入（円/10a）	1,033,164	978,318	772,200	712,125	693,620
経営費合計（円/10a）	216,291	224,533	276,743	191,112	304,204
種苗費	20,500	20,500	20,500	20,500	20,500
肥料費	25,880	25,880	24,640	24,640	26,570
農薬費	6,856	6,856	6,076	6,076	7,182
諸材料費	0	13,662	86,940	13,662	4,261
施設費	4,358	4,358	4,358	4,358	76,958
農機具費	16,976	16,976	17,070	16,863	24,181
光熱水費	2,536	2,601	2,706	2,464	2,292
出荷資材費	23,636	23,636	25,328	21,143	43,385
出荷運賃	12,232	12,232	11,905	10,194	4,092
出荷手数料	103,316	97,832	77,220	71,213	58,958
その他経費	0	0	0	0	35,826
農業所得（円/10a）	816,873	753,785	495,457	521,013	389,416
労働時間（時間/10a）	301	315	350	272	238
所得率（%）	79.1	77.0	64.2	73.2	56.1

注）神奈川県農業技術センター「作物別・作型別経済性標準指標一覧」（2017年改訂版）より一部抜粋

春夏まき夏秋どり栽培

1　この作型の特徴と導入

(1) 作型の特徴と導入の注意点

春から夏にかけては、気温が上昇し、日長が長くなるので、ホウレンソウの生長は早いものの、抽台が起きやすい。そのため、この作型の栽培期間は、ホウレンソウの生態特性から見ると、生産に適した気象条件になっていない。3月に播種して5月上～中旬に収穫する作期では、生育適温ではあるが、日長は抽台開始期の長さとなる。6月上旬まきは、年間で最長の日長時間の夏至にあたるため、抽台最盛期になり、花器の形成が急速に進む。

さらに、夏まき栽培における生産不安定の最大の原因は、ホウレンソウが雨に打たれ弱いことにある。これを含め、この季節の栽培上の問題点は次の点にある。

①気温が30℃以上になると、急激に発芽率が低下する。

②立枯病が発生しやすい。

③雨に打たれると、株枯れ症状が発生しやすい。

④抽台（節間伸長）が早いので、品質低下につながりやすい。

⑤日照不足だと葉色が淡く、徒長した草姿になる。

寒地・寒冷地は暑さを避けられるものの、雨害を受けることは平地と同じである。雨による問題に対処するため、雨よけ栽培を行なうとよい。

ただし、雨よけハウスなどの施設利用では、盛夏期をはさみ、年3～4作程度の連作となることから、立枯病、株腐病、萎凋病な

図6　ホウレンソウの春夏まき夏秋どり栽培　栽培暦例

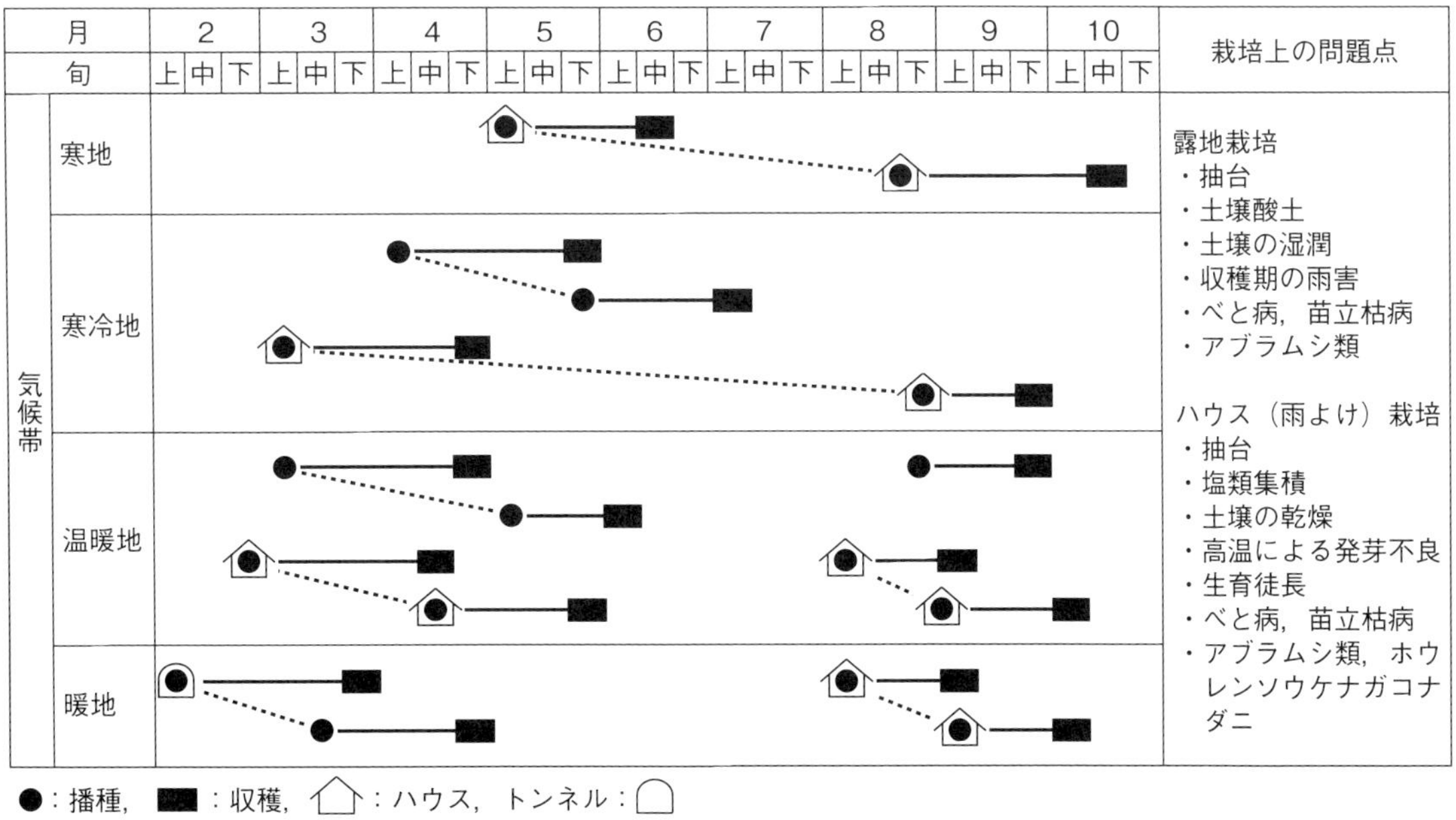

どの土壌病害が発生しやすい。また、周年にわたって屋根をかけた状態では、雨（水分）が入り込まないから、塩類集積を起こしやすい。したがって、冬期に屋根の被覆を除くことと、施肥方法に配慮することが大切になる。

なお、年間の市場入荷状況は、10～12月と1～6月の入荷量が多く、7～9月は少ない。そのため、価格面では7～9月が高値になっている。

(2) 他の野菜・作物との組合せ方

春、夏まき栽培は、播種から収穫までの日数が短く、3月まきでは60日程度、6月まきでは25日程度、高温期の7～8月まきで25～30日の栽培期間になる。そのため、果菜類の前後作として容易にホウレンソウを導入できる。

トマトやイチゴなど、ハウス果菜類の後作にホウレンソウを導入する例も多い。軟弱野菜専作では、コマツナなどと組み合わせると、連作障害対策としても適切である。

2 栽培のおさえどころ

(1) どこで失敗しやすいか

①抽台の回避

この作型では、晩抽性品種を必ず選定する。晩抽性品種は春～夏の長日条件下でも花茎の伸長が遅く、生長もやや緩慢な特性がある。そのため、低温・短日期の秋冬まきに晩抽性品種を使うと、生育がきわめて遅くなる。

また、栽植密度も抽台と関係が深い。密植では株が相互に光をさえぎって影ができる。日射量の減少が早期抽台の原因となる。したがって、種子量を10a当たり3～4ℓと少なくし、1㎡当たり栽植本数を100～120本として、大株づくりをねらう。

②十分な日射の確保

ホウレンソウは軟弱野菜といわれ、弱い光でもよいとされているが、光合成は強い光ほど盛んに行なわれる。夏に葉色の濃い、株張りのよいものを得るためには、強い日射が必要である。そのため、遮光資材を用いると、地温・気温の上昇を防ぐことができるが、光が減少し、生育にはマイナスになる。

しかし、遮光は、播種時の地温低下、土壌水分の保持に有効で、発芽揃いをよくする。また、収穫時には、萎れを防ぐのにも効果が高い。さらに、ハウス内での作業中に直接日射を受けて健康を害することがないようにするため、ハウス内では遮光資材を上手に利用する工夫が必要である。

③雨よけ

ホウレンソウは暑さと雨に弱い。寒冷地は暑さの点では恵まれるが、雨害を受けることでは温暖地と同じ条件にある。そこで、温暖地ではトンネル栽培か雨よけ栽培、寒地・寒冷地は雨よけ栽培を行なう。

④病害

立枯病による被害が意外と多い。これは、土壌伝染性のピシウム、リゾクトニアなどの病原菌による病気で、子葉および本葉1〜2枚のころから、地際部がくびれて倒伏する。

予防対策として、連作を避けること、圃場に野菜の残渣を残さず、圃場を清潔にすることが重要になる。発生が少し見られ始めたら、次作に向けて土壌消毒を行ない、菌密度を下げるようにする。

(2) おいしく安全につくるためのポイント

この作型は収穫までの期間が短いため、農薬の使用は生育初期にかぎられる。発芽後、本葉2〜3枚までに病害虫の防除をすませておかなければならない。害虫の飛来を防ぐためには、防虫ネットを被覆すると効果がある。

ホウレンソウは他の野菜と比べて、硝酸とシュウ酸を多く含み、これらの多量摂取は人体に有害となるため、低含量であることが望ましい。

施肥では、窒素肥料の過剰をさけ、生育期間を通じて安定的な窒素供給のため、雨水で流れにくく、肥効の持続するアンモニア態窒素の多い高度化成肥料（複合燐加安など）を用いる。

収穫の1週間前には灌水をひかえるほうが外観品質がよく、乾物率が高い。しかし、生育後半の灌水を多くすると、硝酸とシュウ酸含量は減少するので、サラダ用ホウレンソウ栽培に有効な手段である。

なお、この作型は高温期の栽培のため収穫後の萎れが早く、内容成分が消耗しやすいため、収穫時間は、気温の上がらない朝がよい。

遮光資材を適切に使うことは安定生産になるが、遮光により、硝酸濃度の増加とビタミンC（アスコルビン酸）の減少が起こる。このため、生育後半（草丈20cm程度）は遮光を除き、7〜10日後に収穫するとよい。

(3) 品種の選び方

晩抽性　長日期を経過する作期（5〜6月）は最も抽台しやすい。そのため、極晩抽性品種を選択する。

耐病性品種　べと病は比較的低温（8〜18℃）で感染しやすく、降雨が多く、曇天が続く年で発生が多い。べと病はレース（病原菌の系統）が多く、国内ではレース1〜13が確認されている。このレースに抵抗性のない品種は本病が発生する。

萎凋病は、夏期から初秋にかけての高温下で発生しやすく、夏まき栽培では耐病性品種を使う。

在圃性　生育スピードが早いため、適期の収穫が間に合わないこともあり、ある程度の大きさで、生育が抑えられる在圃性のある品

表6　春夏まき夏秋どり栽培に適した主要品種の特性

品種名	販売元	草姿	葉の形	抽台性	べと病耐病性	その他特性
アクティブ	サカタのタネ	立性	切葉	中晩	R1，3	萎凋病耐病性
サプライズ7	トーホク	中間	中間	中	R1～12，14，15	在圃性
ジョーカーセブン	トキタ種苗	立性	中間	中	R1～7，9，11，13，15，16	耐暑性，萎凋病耐病性
ジャスティス	サカタのタネ	立性	切葉	極晩	R1～9，11～16	耐暑性，萎凋病耐病性
スクープ	ナント種苗	立性	切葉	晩	R1～4	耐暑性
タフスカイ	タキイ種苗	立性	中間	晩	R1～12，14～16	耐暑性，萎凋病耐病性
プリウスセブン	トキタ種苗	立性	切葉	晩	R1～7	在圃性
プリウスアルファ	トキタ種苗	立性	中間	極晩	R1～12，14，16	在圃性
ミラージュ	サカタのタネ	立性	切葉	晩	R1～7，9，11，13，15，16	萎凋病耐病性

種が望ましい。

3 栽培の手順

(1) 畑の準備

雨よけ栽培の連作地では、立枯病対策として、第1作の前に土壌消毒を行なう。土壌消毒は夏に処理すると効果が高いが、夏期に処理する場合は、ホウレンソウは処理の前後の作付けとなる。ディ・トラペックス油剤は播種30日前までに用い、バスアミド微粒剤またはガスタード微粒剤は、播種2週間前までに処理する。いずれも、播種前には耕起によって完全にガス抜きを済ませておく。

施肥は生育期間が短いため、全量元肥とする。春まきでは苦土欠乏が発生しやすいので、苦土質肥料（苦土石灰やBMようりんなど）を10a当たり100kg、同時に牛糞堆肥1.5tくらい施用して耕うんし、土つくりを終えておく。

その後、化成肥料により窒素、リン酸、カリをそれぞれ成分量で10a当たり10kg程度施用する。雨よけハウスの連作は、塩類集積を起こしやすいため、土壌診断に基づいて施肥する。たとえば、第1作は施肥基準としたときには、第2作以降は半量以下の施肥設計を立てる。

火山灰土の場合は、リン酸を多めに施用するとよい。また、作土が新しいなどで地力のない畑では、追肥として窒素とカリを2～3kg施用する。

(2) 播種のやり方

最近の種子には、発芽促進処理済みのものがあるので、催芽処理の必要がない。

未処理種子を用いる場合は、高温で発芽しにくい夏まき栽培の場合に催芽処理を行なう。種子を布袋に入れ、こすり合わせて水でアクを洗い出し、一晩水に浸ける。これを袋のまま脱水機で水分を絞り取るとよい。その後は涼しいところに種子を広げておいて、半乾きにしておく。

播種量は、普通種子で10a当たり3～4ℓ程度（1㎡当たり100～120本）と疎植にする。播種後、切りワラを散布し、雨による泥の跳ね上がりを防ぐとよい。

表7　春夏まき夏秋どり栽培のポイント

	技術目標とポイント	技術内容
播種の準備	◎品種の選定	・晩抽性品種を選択する。春まきでは，‘ジャスティス’‘ミラージュ’‘プリウスアルファ’など，夏まきでは‘ミラージュ’‘タフスカイ’など
	◎土壌消毒	・バスアミド微粒剤またはガスタード微粒剤（播種2週間前までに処理），ディ・トラペックス（30日前）
	◎土つくりと施肥	
	・土つくり	・完熟堆肥を十分施す。土壌pHの適正値6.3〜7に改善のために，石灰質肥料（苦土石灰，BMようりんなど）を100kg程度施用する
	・施肥基準	・窒素，リン酸，カリをそれぞれ10kg/10a程度施用
	◎ウネつくり	・排水不良地では高ウネをつくる。排水良好地では平床
播種方法	◎栽植密度	・密植では徒長しやすく，抽台が早まるので，株間5cm程度，100〜120本／m²に疎植にして，大株づくりを心がける
	◎播種後の管理	
	・発芽の促進	・播種後，十分灌水して，斉一な発芽をさせる。ハウス栽培では，播種時の灌水は，心土まで浸みるようにする
		・高温期は播種時に地温低下などのために，遮光する
	・低温期のベタがけ	・春まきはまだ地温が低いので，不織布によるベタがけで保温する。ベタがけは生育初期の保護に有効
	・虫害回避のネットトンネル	・高温期の虫害回避にはネット資材（寒冷紗，サンサンネットなど）で被覆する
	・雨の多い季節のトンネルや雨よけハウス栽培	・トンネルは，透明ポリフィルムなどで，裾換気を行なう。雨期にかかる作期では，雨打たれによる病害対策として必ず行なう
		・寒冷地の雨よけは，パイプハウスを使用し，気温の低い時期はサイドを下ろして保温する
	・立枯病の予防	・播種後から本葉展開時にかけてリゾレックス水和剤などを灌注する。雨による泥の跳ね上がり防止策に切りワラを地表面に散布する
生育中の管理	◎十分な日射の確保	・発芽揃い後は，遮光は生育が軟弱となるので不要
	◎気温上昇の抑制	・雨よけハウスでは，換気により気温上昇を防ぐ
	◎灌水	・雨よけハウスでは，生育初期に灌水し，その後は土壌を乾き気味に管理する。必要なら気温の低い時間帯に灌水し，日中は行なわない。収穫前7日間は灌水を控える
	◎病害虫防除	・立枯病は，子葉展開期から本葉2〜3枚時の高温と雨打たれで発生しやすい。連作地では苗立枯病の菌密度が高まっている
収穫・調製	◎適期収穫	・草丈25cmを目安に収穫。花茎長2cm以下の抽台株は販売可能
		・畑では移動できるミニハウスなどで日よけをつくり収穫作業を進める
	・萎れの防止	・収穫物はただちに遮熱資材で覆い，温度上昇を回避する
	◎予冷	・結束・袋詰め後，10℃以下（0〜5℃が最適）に品温を下げるように予冷庫に搬入する

(3) 播種後，生育中の管理

この作型では，発芽後に灌水すると立枯病を起こしやすいため，播種直後に十分な灌水（10〜20㎜）を行なっておく。その後，天候と土壌の乾き具合に応じて灌水するが，方法は頭上灌水よりウネ間灌水が望ましい。とくに，日中高温時の頭上灌水は禁物である。

適量の種子が播かれていても，株間がせまいと徒長するので，本葉2〜4枚時に，株間5㎝程度になるよう間引きする。

(4) 資材利用

播種後，発芽の斉一化，幼植物の保護，虫害の回避のために，農業用不織布（パオパオなど）によるベタがけを行なう。ベタがけは，直接被覆になるため，ネットの網目を通して害虫の産卵があり，完全に侵入を防ぐことはむずかしい。そこで，ネット資材（サンサンネット，寒冷紗など）のトンネル被覆を行ない，形状はカマボコ型とするのがよい（図7）。

ハウス栽培では，間口が5.4〜7.2mの単棟のパイプハウスで雨よけとする。側面にもフィルムを張れば低温期に保温が可能となり、作期が拡大する。

(5) 収穫

収穫は草丈25cmが適期であるが、この季節は生育後半の伸びが早いので、やや早め（20cmくらい）から収穫を始める。

高温期のため、作業は早朝に行ない、収穫物を直射日光に当てないよう、遮熱シートを被覆して収穫物の温度が上がるのを防ぐ。また、移動できるミニハウスに日よけシートを張って、日陰をつくるようにすれば、作業者の健康上にもよい。

結束荷姿は、ＦＧ袋では1束で２００g程度に袋詰めする場合が多い。

予冷は、長距離輸送を行なうときは、品温を5～10℃程度まで低下させ、輸送中もこの温度を維持できると理想的である。

図7　トンネルのつくり方

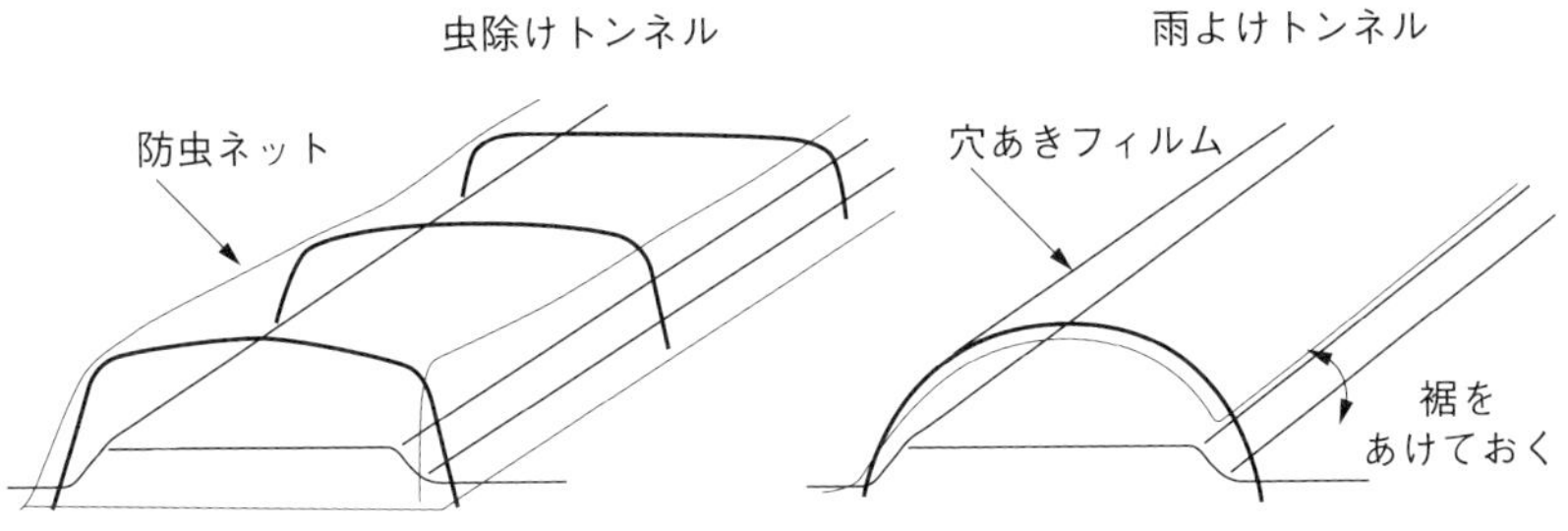

4 病害虫防除

春夏まきでの主要病害は、ピシウム菌による立枯病である。この病気は地温が20～35℃と比較的高温で、雨が多く畑の排水が悪い条件で発生しやすい。地温をすこしでも下げるため、播種時に遮光を行ない、切りワラを薄くマルチするとよい。ウネを高めにつくるとともに、圃場全体の排水をよくすることも必要となる。

また、雨よけのトンネルや雨よけハウスはぜひとも導入したい。

虫害回避をするためには、播種時からベタがけや防虫ネットによるトンネル被覆をするとよいが、収穫1週間前には被覆資材を取り除いて、軟弱徒長を防ぐ。

薬剤による防除は、秋まきと同様である。

5 経営的特徴

①短期の勝負

春まき栽培の所得率（農業所得÷粗収入×１００）は73％、夏まき栽培では56％である。このように、夏まきは、ハウスやトンネルの資材費のため、所得率が低下する。

夏の単価は秋～冬期よりは高いが、収量が上がらないことを含め、粗収入はそれほど大きくはない。

この作型では短期野菜であるため、年間の作付け回数を増やすことによって、収益の増大を目指すとよい。

②雨よけで経営安定化

春夏まきホウレンソウを基幹野菜とするためには、生産安定が大切で、気候帯にかかわらず、雨よけが必要になる。いずれも長期に継続した出荷体制をとるため、同一ハウスで年間4～5回作付けすることになる。このため、土壌病害と塩類集積を回避する技術が重要になる。

（執筆：成松次郎）

ハウス雨よけ夏秋どり栽培

1 この作型の特徴と導入

(1) 作型の特徴と導入の注意点

ホウレンソウ夏秋どり栽培は、高冷地などの夏期冷涼な（8月の平均気温が25℃を超えない）地帯で行われる作型で、5～11月に連続出荷（年間4～5作）ができる。

この作型では、降雨による立枯病などを回避するため雨よけハウス栽培を行なう。雨よけ栽培は、パイプハウスおよび灌水装置を用い、夏期は屋根だけフィルムを展張して雨よけを行ない、灌水によって生育を調節する栽培法である。灌水設備が必要となるため水利のよい圃場を選ぶ必要がある。

(2) 他の野菜・作物との組合せ方

この作型のホウレンソウは播種から収穫までの栽培期間が30日程度と短いため、トマトなどの果菜類の前後作としても導入できる。また、栽培期間が30日程度の他の軟弱野菜（コマツナ、シュンギクなど）との組合せは、連続出荷という経営面や、連作障害対策の面からも有望である。

2 栽培のおさえどころ

(1) どこで失敗しやすいか

①土壌の塩類集積

雨よけ栽培の土壌は、降雨による土壌養分

図8　ホウレンソウのハウス雨よけ夏秋どり栽培　栽培暦例

	月	3			4			5			6			7			8			9			10			11			備考
	旬	上	中	下	上	中	下	上	中	下	上	中	下	上	中	下	上	中	下	上	中	下	上	中	下	上	中	下	
寒地	作付け期間				●	―	―	―	―	■	※	●	―	―	■	●	―	―	―	■	●	―	―	―	―	■			雨よけ
	主な作業				播種					収穫	土壌消毒																		
冷涼地	作付け期間	●	―	―	―	―	■	※	●	―	―	■	●	―	―	―	■	●	―	―	―	■	●	―	―	―	―	■	雨よけ
	主な作業	播種					収穫	土壌消毒																					

●：播種，※：土壌消毒，■：収穫

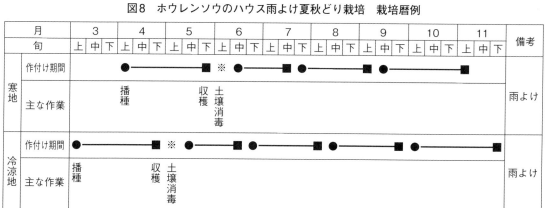

の溶脱が少なく、土壌水分の蒸発により塩類が集積しやすい環境にある。土壌の塩類濃度が高まると、ホウレンソウの水分の吸収が抑制され、生育が阻害される。この症状を肥料不足と誤診して追肥すると濃度障害を助長する結果となるため、作付けの前には土壌診断を行ない適切な施肥に努める。

②発芽時の地温

ホウレンソウの発芽適温は、15〜20℃で、5℃以下の低温でもゆっくり発芽する。しか

図9　ホウレンソウのハウス雨よけ夏秋どり栽培

表8　ハウス雨よけ夏秋どり栽培のポイント

	技術目標とポイント	技術内容
播種の準備	◎ハウス準備	・耕土が深く，排水性のよい圃場を選択し，パイプハウスを設置する
		・高温期の害虫（タネバエ，アブラムシ類，ヨトウムシ類など）対策のために，ハウスサイドには防虫ネット（サンサンネットなど）を設置しておく
		・ハウス天井には近紫外線カットフィルムを使用し，アブラムシ類などの害虫が侵入しにくい環境とする
	◎品種選定	・抽台が心配される場合は，晩抽性品種を選択する
		・べと病が心配される場合は，べと病抵抗性品種を選択する
		・夏まきの品種では，‘ジャスティス’‘サマースカイ R7’など
	◎土壌消毒	・立枯病や，萎凋病などの土壌病害が問題となるため，土壌消毒を行なう
	◎土つくりと施肥	
	・土つくり	・完熟堆肥を十分施す（2〜4t/10a）
		・土壌酸度を矯正するため，石灰肥料（苦土石灰）を100kg/10a程度施用する
	・施肥基準	・窒素，リン酸，カリを，それぞれ成分で10kg/10a程度施用する（全量元肥）
播種方法	◎栽植密度	・密植では徒長しやすく，抽台が早まるので，疎植にして，大株づくりを心がける（条間15cm，株間7〜8cm，80〜90株/m²）
	◎播種後の管理	・播種時にハウス屋根に遮光資材（遮光率30〜50％程度）を被覆し，地温の上昇を抑制する
	・発芽促進	・播種後，十分灌水して，斉一な発芽をさせる
	◎気温上昇の抑制	・換気によってハウス内の気温上昇を防ぐ
	◎灌水	・出芽から本葉4枚展開まではなるべく灌水はひかえる
		・生育初期（本葉4枚〜草丈10cmくらいまで）に灌水し，その後は土壌を乾き気味に管理する
	◎十分な日射の確保	・生育が軟弱となるので，草丈20cm程度を目安に遮光資材を除去する
	◎病害虫・雑草防除	・雑草が問題となる場合は，播種後〜子葉展開期までにアシュラム液剤を土壌全面に散布する
		・べと病や白斑病の予防に銅水和剤を散布する
		・害虫の寄生や食害を確認したら早期に防除する
	◎台風対策	・降雨が速やかに排水されるよう，排水溝の掘り直しや雑草・石などの除去を行なう
		・被覆資材のたるみや破れ，金具やバンドのゆるみがないか点検し，強風に耐えられるよう，修繕・締め直しを行なう
収穫・調製	◎適期収穫	・草丈30cmを目安に収穫する
	・萎れ防止	・収穫は夕方か早朝に行ない，コンテナなどに入れて，涼しいうちに室内に持ち込む
		・調製するまではシートや濡れ布などを被覆して，萎れないようにする
	◎予冷	・袋詰め後，10℃以下に品温を下げるように予冷庫に搬入する

図10　ホウレンソウの発芽と温度（稲川利男ら）

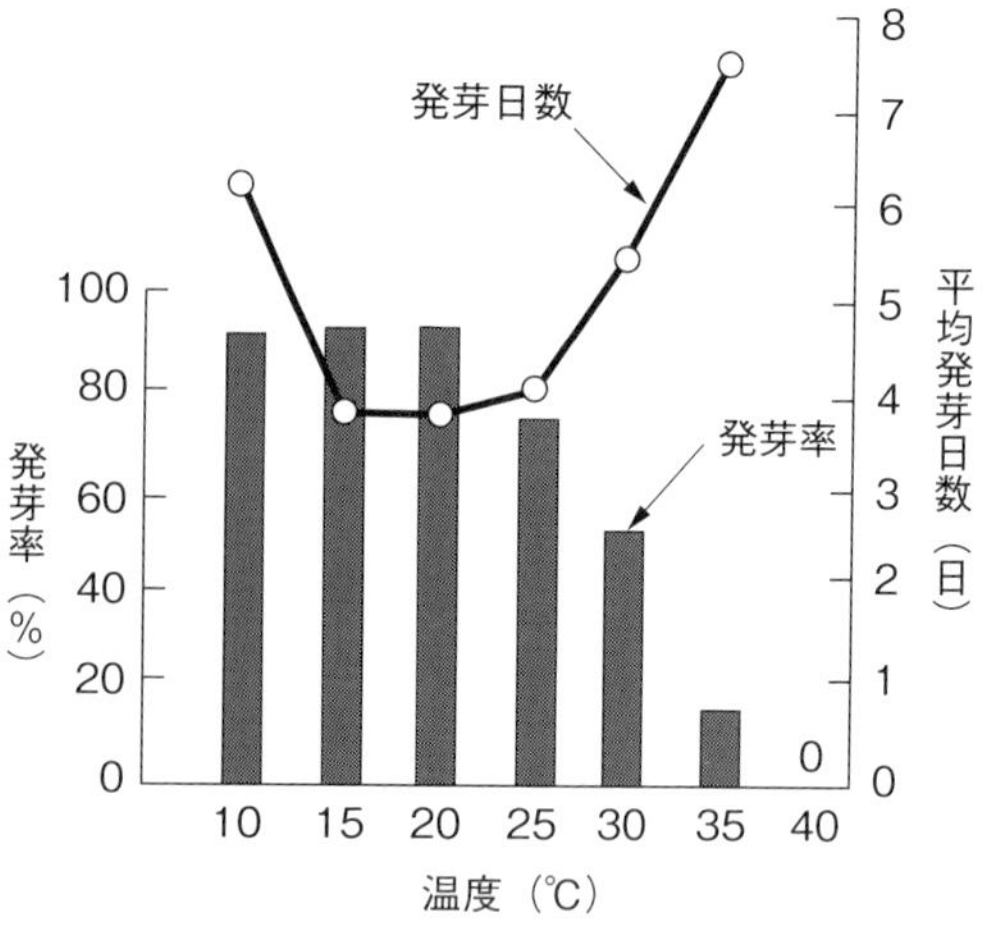

注）出典：『農学基礎セミナー 野菜栽培の基礎』農文協，p.310

図11　ホウレンソウ種子の発芽と土壌含水比

（旭川農改，1980）

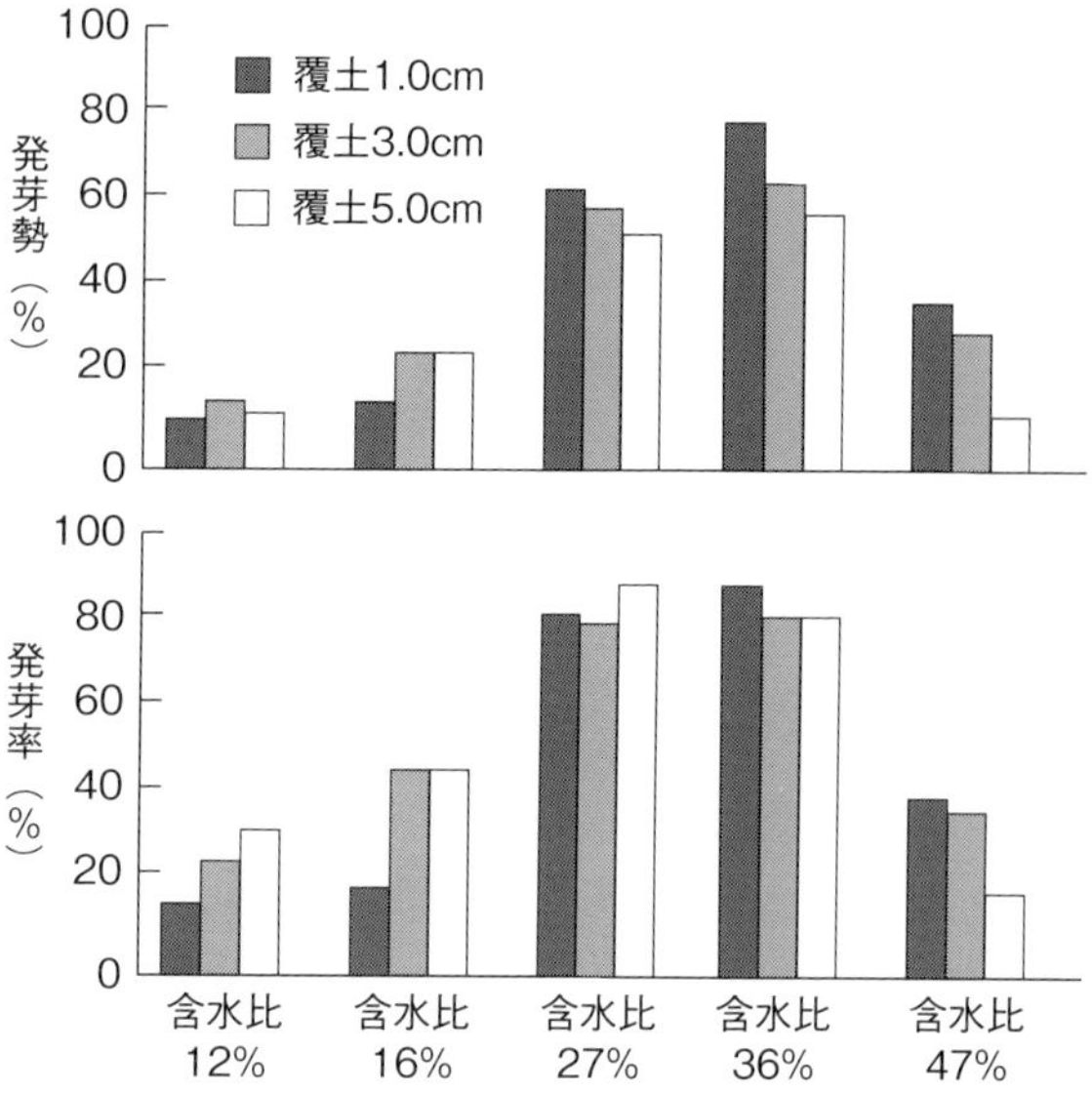

注）出典：『農業技術大系　土壌施肥編　第5-2巻』農文協，p. 畑397

し25℃以上の高温では発芽は遅延し、30℃以上になると急激に発芽率が低下する（図10）。これが夏期のホウレンソウ栽培を困難にしている。梅雨明け後は、日射により地温が上昇するため、高温期の播種においては、播種前からハウス屋根に遮光資材を被覆し地温の低下を図っておく。

③過湿による発芽不良

ホウレンソウは、適湿を好むため、発芽～生育初期に過湿になると、酸欠による発芽不良や根腐れによる立枯れが助長される（図11）。夏期の栽培は土壌が乾燥しやすいため灌水量が多くなりがちなため、保水性と排水性を兼ねそなえた圃場づくりや土つくりが重要となる。

(2) おいしく安全につくるためのポイント

ホウレンソウは高温に弱いため、夏期の高温期には生育促進の目的で遮光栽培が行なわれる。産地によっては栽培の全期間を遮光するところもあるが、全期間遮光は葉色が淡く徒長気味となり、内容成分では硝酸が増加し、ビタミンCが減少することが報告されている。収穫の7～10日前には遮光資材を除去し、十分な日射による株の充実と、内部品質の向上に努める。

(3) 品種の選び方

ホウレンソウは本来、長日条件下になると抽台（花芽分化）する性質を持つ。現在は、長日条件でも抽台しにくい品種が育成されているので、播種時期により晩抽性の品種を選択する（表9）。また、夏期はホウレンソウが最も生育しにくい季節であるため、高温伸長性を有する品種を選択する。

3 栽培の手順

(1) 畑の準備

ハウスの設置には、耕土が深い（作土深30cm以上）圃場を選択する。ハウスの設置前にハウス間となる位置に排水溝を完備しておく（図12）。

作付け前には土壌診断を実施し、分析結果に基づき石灰・リン酸などで土壌改良をする。ホウレンソウはとくに酸性土壌に弱い作物なので、土壌酸度を矯正（目標値pH（H_2O）6・3～7）してから栽培する（表10）。また、完熟堆肥の投入による土つくりにも努める。表11は施肥の例である。

(2) 播種のやり方

① 種子の準備

播種に必要な種子量は3～4ℓ／10aである。最近の販売種子は、発芽促進（プライミング）処理が行なわれているものが多いため、原則として浸漬催芽は行なわない。7～8月（梅雨明け後）の播種で発芽が心配な場

表9　ハウス雨よけ夏秋どり栽培に適した主要品種の特性

品種名	販売元	播種適期	葉色	べと病抵抗性	抽台性	高温伸長性
ジャスティス	サカタのタネ	3月下旬～8月中旬	中	R1～9，11～16	晩	良
サマースカイR7	タキイ種苗	3月中旬～9月中旬	中	R1～9，11～15	中晩	良
晩抽サンホープ	カネコ種苗	4月上旬～8月中旬	濃	R1～5，8，9，11，12，14，15	極晩	有
サマートップ	中原採種場	4月上旬～8月中旬	濃	R1～5	晩	有

図12　パイプハウスの設置

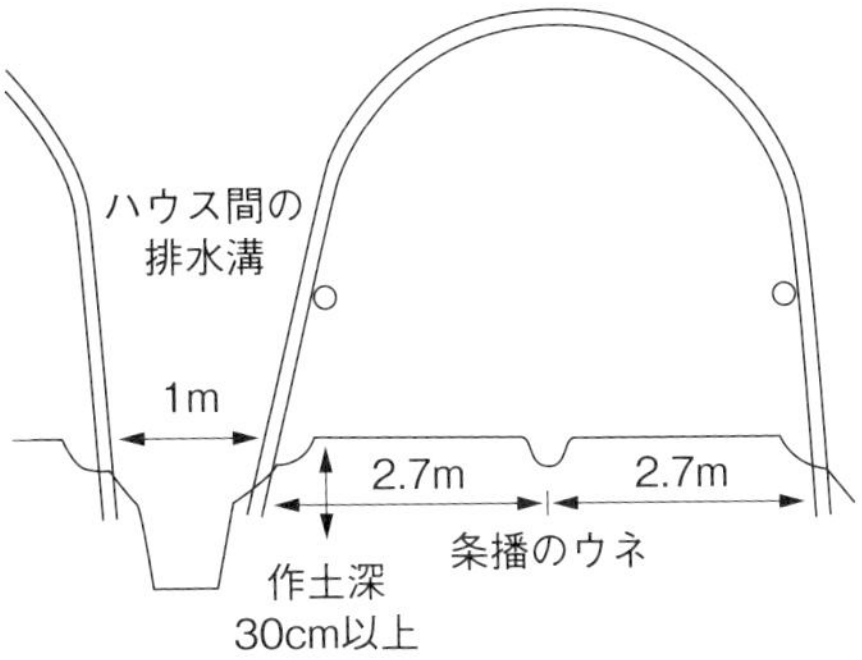

表10　雨よけ夏秋どりホウレンソウの土壌診断基準

項目	目標値
pH（H_2O）	6.3～7
pH（KCl）	5.5～6
EC（mS/cm）	0.4～0.6
硝酸態窒素（mg/100g）	15～20
有効態リン酸（mg/100g）	60～100
置換性石灰（%）	55～70
置換性苦土（%）	15～20
置換性カリ（%）	4～8
塩基飽和度（%）	75～100
石灰／苦土比	3～5
苦土／カリ比	2～4

表11　施肥例　（単位：kg/10a）

肥料名	施肥量						成分量		
	1作目	2作目	3作目	4作目	5作目	合計	窒素	リン酸	カリ
堆肥	4,000					4,000			
苦土石灰	100					100			
粒状固形30号(小粒)	140	140		80	80	440	44	44	44

注）3作目は前作の養分で生育させ，無施肥とする

合は、3～4時間浸水し、水切りをしてから播種する。

②栽植密度

5・4m間口のハウスの場合、条間15cmで条数28～30条が基本である。株間は7～8cmで、m²当たり80～90株である。

③播種方法

播種床はできるだけ均平とし、播種機（真空播種機、シードテープなど）による条播きとする。播種の深さは1～2cmとし、地表面が乾きやすい圃場などではやや深めとする。

(3) 播種後、生育中の管理

①灌水

播種覆土後に20～30mm灌水し、出芽まで適度な湿りをもたせる。出芽から本葉4枚展開まではなるべく灌水はひかえ、その後草丈10cmくらいまでは、生育を促進するため1回量10mm程度を土壌の乾き具合により1～3回灌水する。収穫の7～10日前からは灌水をひかえ、徒長を防止し、外観品質や日持ち性を高めるようにする。

②遮光

梅雨明け後の高温乾燥期には、発芽不良やピシウム菌による立枯病の発生が多くなるため、ハウス屋根に遮光資材（遮光率30～50％程度）を被覆する。被覆期間が長くなると、軟弱徒長し葉の色が薄くなるため、出荷に必要な最低サイズ（草丈20cm程度）を目安に遮光資材を除去する。

③除草剤散布

雑草が問題となる場合は、播種後から子葉展開期までにアシュラム液剤を噴霧器を用いて土壌全面に散布する。

(4) 収穫

高温時に収穫する場合は、ハウス屋根に遮光資材（遮光率90％程度）を被覆し、ホウレンソウの品温を低下させて品質保持に努める。収穫は鎌を用いて夕方か早朝に行ない、コンテナなどに入れて、涼しいうちに室内に持ち込む。調製するまではシートや濡れ布などを被覆して、萎れないようにする。

表12　病害虫防除の方法

	病害虫名	防除法
病気	べと病	・べと病抵抗性品種の利用 ・ホセチル水和剤，ジメトモルフ水和剤，ピカルブトラゾクス水和剤，銅水和剤などを予防散布
病気	白斑病	ホセチル水和剤，バチルス ズブチリス水和剤，銅水和剤などを予防散布
病気	立枯病 萎凋病	ダゾメット粉粒剤，クロルピクリンくん蒸剤などで作付け前に土壌消毒
害虫	ホウレンソウケナガコナダニ	スピネトラム水和剤を散布
害虫	タネバエ	ダイアジノン粒剤，イソキサチオン粉剤などを播種時に土壌混和
害虫	アブラムシ類	クロチアニジン水溶剤，フロニカミド水和剤などを散布
害虫	アザミウマ類	スピノサド水和剤を散布
害虫	ネキリムシ類	ペルメトリン粒剤を生育初期に株元散布
害虫	ヨトウムシ類	BT水和剤を散布
害虫	シロオビノメイガ	メタフルミゾン水和剤，クロラントラニリプロール水和剤などを散布
雑草	一年生雑草	アシュラム液剤を播種後から子葉展開期に全面土壌散布

4 病害虫防除

(1) 基本になる防除方法

雨よけ栽培では春先や晩秋にホウレンソウケナガコナダニの被害が多い。また、連作によって、立枯病（ピシウム菌）、萎凋病（フザリウム菌）などの土壌病害が問題となる。被害が著しい場合は土壌消毒を行なう。土壌消毒専用の特別な機械を必要としない土壌消毒剤（ダゾメット粉粒剤、クロルピクリン錠剤）が市販されている。

地上部の病害としては、べと病や白斑病が問題となる。病斑が付いたものは商品価値がなくなるため、銅水和剤などで予防防除を行なう。

(2) 農薬を使わない工夫

害虫としては、タネバエ、アブラムシ類、ヨトウムシ類などが問題となる。このため1mmマス目の防虫ネットでハウスの周囲を被覆して害虫の侵入を抑制することも効果的である。

また、昼行性の害虫の中には200～380nmの紫外線を感知して活動するものがいる。雨よけ栽培に用いる天井フィルムを近紫外線カットのものにすることで、これらの害虫（アザミウマ類、アブラムシ類など）の行動を抑制することができる。ただし、ナスやイチゴの着色不良や、ミツバチなど受粉媒介昆虫の活動が妨げられるため、同一ハウスでホウレンソウ以外の作物を栽培する場合は注意する。

べと病は春先や晩秋に発生しやすいが、抵抗性のある品種が市販されている。栽培地域で発生しているべと病レースに対応した抵抗性品種を選定する。

5 経営的特徴

10a当たりの作業別労働時間を見ると、総労働時間828時間の約8割に当たる646時間が収穫・調製・出荷にかかる（表13）。ホウレンソウの夏秋どり栽培は、秋冬どり栽培に比べて生育が早く、5～9月にかけては約30日で収穫となるため、収穫・調製にかかる労働力をいかに確保するかが課題となる。

（執筆：中西文信）

表13　ハウス雨よけ夏秋どり栽培の作業別労働時間（年4作合計 /10a）

作業名	時間	
ハウス準備	24	防虫ネット, 天井フィルム被覆, バンド固定, 灌水装置組立て
堆肥施用	16	堆肥運搬，散布
施肥	9	土壌改良，元肥散布
耕起・整地	23	
土壌消毒	13	薬剤注入，フィルム被覆，除去
播種	12	
除草	18	ハウス周囲の除草を含む
灌水	33	
病害虫防除	10	
収穫・調製	646	収穫，調製，袋詰め，出荷
圃場整理	24	天井フィルム，灌水管除去など
合計	828	

シュンギク

表1　シュンギクの作型，特徴と栽培のポイント

主な作型と適地

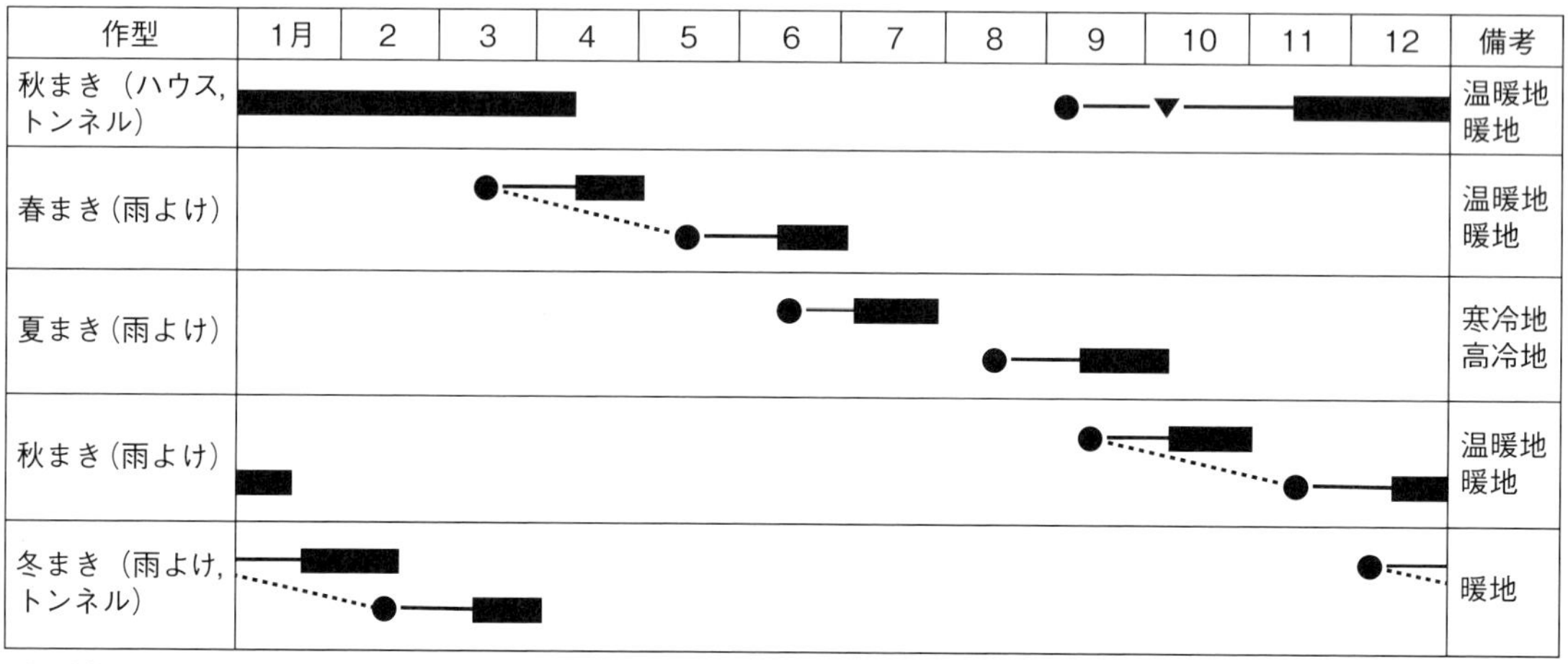

●：播種，▼：定植，■：収穫

特徴	名称	シュンギク（キク科シュンギク属），別名：キクナ，シンギク，サツマギク，リュウキュウギク，コウライギク，ルソンギク，ローマギク
	原産地・来歴	地中海沿岸が原産のハナゾノシュンギクの変種とされる。ヨーロッパでは観賞用として栽培されるが，インド，中国に伝搬して食用とされた。日本には室町時代に導入され，江戸時代から食用として西日本を中心に広く普及した。全国的に栽培が普及したのは戦後から
	栄養・機能性成分	栄養価が高い野菜で，成分的にはカロテンの含有量が高く，他にもビタミンC，食物繊維，カリウム，カルシウムなども多く含有する
	機能性・薬効など	特有の香気はペリルアルデヒドという成分によるもので，免疫力を高め，整腸効果や，咳を鎮める効果があるとされる
生理・生態的特徴	発芽条件	発芽適温15～20℃。最低発芽温度は10℃，最高発芽温度は35℃。適温での発芽までの日数は3～5日 好光性種子のため，播種深度は5mm程度が望ましく，浅く覆土する程度とし，深播きはしない。土壌が乾燥した状態では発芽率はきわめて悪くなるので，発芽までは適度な土壌水分を保持する
	温度への反応	生育適温は15～20℃。耐暑性や耐寒性はあるが，27℃以上になると生育が著しく阻害される。低温には強く，氷点下でも枯死することはない。品質のよいシュンギクを生育，収穫するためには，最低10℃，最高25℃の範囲で生育させることが理想
	土壌適応性	土壌に対する適応性は広く，ほとんどの土質で栽培できるが，肥沃な土壌を好み，乾燥や排水不良条件を嫌う。好適pHは5.5～6，ECは0.3～0.4dS/m
	花芽分化	品種によって差があるが，長日条件で花芽分化し，その後の高温・長日条件で抽台・開花する
栽培のポイント	主な病害虫	べと病，炭疽病，ネキリムシ類，アブラムシ類，ハモグリバエ類，ハクサイダニ，ヤサイゾウムシ
	他の作物との組合せ	シュンギク（ハウス栽培）の後作として果菜類（トマト，ナス，キュウリなど），葉菜類（ホウレンソウ，コマツナ）などが作付け可能

この野菜の特徴と利用

(1) 野菜としての特徴と利用

シュンギクは、地中海沿岸原産で観賞用の「ハナゾノシュンギク」が東アジアに伝搬され、その後、食用に改良された。日本に導入されたのは室町時代で、江戸後期から野菜としての利用がされ始めた。栄養価が高い野菜で、β-カロテンやビタミンCが豊富で、食物繊維、カリウム、カルシウムなどを多く含有する。特有の香気はペリルアルデヒドという成分によるもので、免疫力を高め、整腸効果や、咳を鎮める効果があるとされる。

利用方法としては、鍋やすき焼きの具材、お浸し、あえ物、天ぷらなど。煮すぎると黒ずんで苦味が増すので、加熱しすぎないように注意し、香りや歯ごたえを生かすことが調理のポイントである。

(2) 生理的特徴など

① 生理的特徴と産地

シュンギクの生理的な特徴は表1のとおりである。シュンギクは軟弱野菜であるため、古来より都市近郊での栽培が中心であった。しかし、土壌を選ばず栽培でき、鮮度保持技術が発達した現在では、全国各地で産地化が図られている。

シュンギクは長日条件で花芽分化が促進され、高温・長日条件で抽台し、開花する。抽台期は茎葉が硬くなり食味が低下するため、一般的には抽台したところで収穫が終了となる。

② 作型

代表的な作型は、小トンネルやハウスを利用した冬春どり作型である。最大の需要期が冬で、高温乾燥を嫌うことから、中間地や暖地では、夏から秋に播種し、冬から春に収穫され、春に栽培を終了する。近年、年間を通じた需要に応えるため、高冷地や寒冷地などで、夏期に栽培、収穫する産地もあり、高単価で取引されているが、中間地や暖地での夏どり栽培は、高温による生育停滞、抽台、病害虫多発のため、非常に困難である。

③ 品種

各種苗メーカーから多くの品種が発売されているが、各品種間の収量性や耐病性などに明確な差違は見られず、茎葉の形状による分類が重要となる。

まず、葉の形状によって、大葉種、中葉

図1　大葉種・中葉種・小葉種，それぞれの葉の形

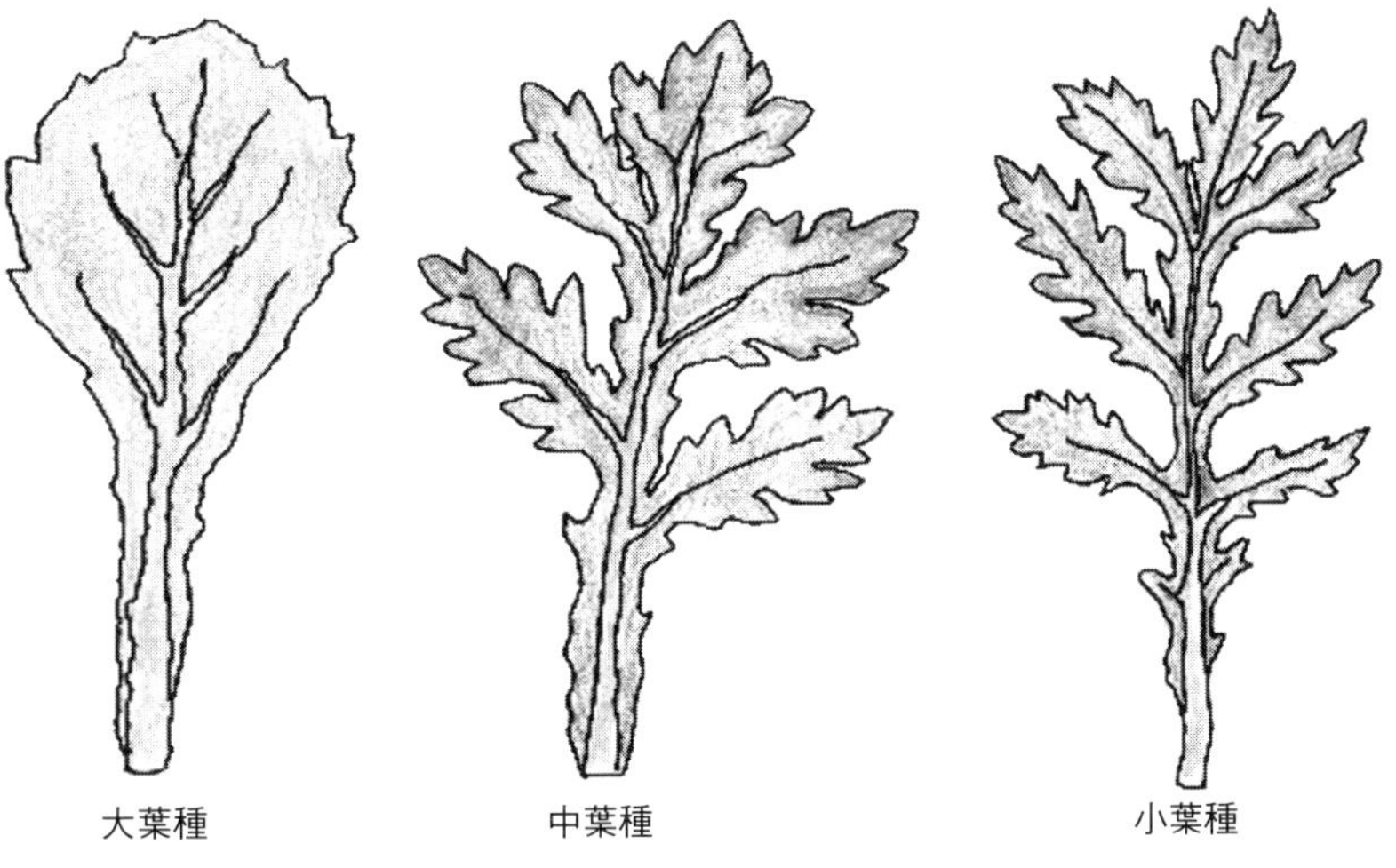

種、小葉種の3系統に大別されている（図1）。大葉種は葉幅が広く、葉縁の切れ込みがないかごく浅く、早期に抽台する特性がある。葉は柔らかく、香気は少ない。主に西日本で好まれ、栽培が多い。小葉種は、葉幅が狭く葉の切れ込みが深い。香気に富み耐病性や耐暑性があるとされるが、株当たり重量が軽く収量が低いため、利用されることは少ない。中葉種は大葉種と小葉種の中間的な葉型をしており、全国的に広く栽培される。葉の切り欠きは明瞭だが小葉よりも重量があり、収量性も高い。

次に、茎の形態的特性により、株張り型（側枝発生型）品種と、株立ち型（節間伸長型）品種に区分できる（図2）。この差違は、収穫方法や荷姿とも密接な関係を持つ。根を付けたまま株を引き抜いて収穫する「抜き取

図2　株張りの品種と，節間が伸長する品種の草型

株張り型（側枝発生型）品種　　株立ち型（節間伸長型）品種

表2　品種のタイプ，用途と品種例

作型，葉型など	品種名	販売元	特性
摘み取り栽培（中葉種）	菊蔵	武蔵野種苗園	草姿は立性。軸は太く，葉肉厚く重量感がある。草勢強く，分枝の伸長もよくスタミナがある
	さとあきら	サカタのタネ	早生で多収，側枝発生が旺盛。葉色は濃緑。べと病に強く，石灰欠乏症が出にくい
	さとゆたか	サカタのタネ	早生で多収，節間の詰まった草姿で，葉形はよく揃い，側枝の出がよい。べと病に強い
	きわめ中葉春菊	タキイ種苗	耐寒性にすぐれ，側枝の発生が多く，栽培容易。草姿は立性で摘み取りやすい
	おきく3号	ヴィルモランみかど	立性で節間短く，側枝の発生多く，草姿の揃いが良好。抜き取り，摘み取り兼用種
抜き取り栽培（中葉種）	菊次郎	タキイ種苗	葉揃い・株揃いがよく，分枝性にすぐれており，株張りがきわめて良好
	きくまろ	サカタのタネ	シュンギク特有の香りがマイルドで，葉が柔らかく，サラダ用途も可能
	さとにしき	サカタのタネ	病気や暑さ寒さに強い。葉色が濃く，揃いがよい。石灰欠乏症が出にくく，香り，食味も良好
摘み取り栽培・抜き取り栽培（大葉種）	菊之助	タキイ種苗	葉揃い・株揃いにすぐれ，生育旺盛。シュンギク特有の香りがまろやかで，苦味が少ない
	おたふく春菊	中原採種場	淡緑色の極大葉で欠刻浅い。草姿は半立性で，揃いがよい。側枝の分枝性も高く，耐暑，耐寒性が強い
	ふくすけ春菊	中原採種場	耐暑，耐寒性あり，抽台の遅い丸葉系。草姿は半立性で側枝の発生はよい。抜き取り，摘み取り兼用種

り栽培」と、茎葉の長さが25㎝程度に伸長してから主枝や側枝を順次摘み取って収穫する「摘み取り栽培」がある。「抜き取り栽培」では側枝発生が旺盛な株張り型の中葉種や大葉種が利用され、「摘み取り栽培」では節間が伸長する中葉種が使用される（表2、図3、4）。

この他、近年は、サラダなど加熱せずに食するサラダシュンギクやスティックシュンギクなどの新しい品種も登場している。

（執筆：藤澤秀明）

図3　シュンギク収穫作業の様子

図4　摘み取りシュンギクの製品

秋まきハウス栽培

1 この作型の特徴と導入

(1) 作型の特徴と導入の注意点

前項でも述べたとおり、シュンギクには「摘み取り栽培」と「抜き取り栽培」の2種ある。

「摘み取り栽培」は全国的に行なわれ、株立ち型の品種が用いられる。晩夏から初秋に播種し、育苗した苗を定植し、主枝から側枝へと、収穫に適した草丈に伸びた枝をハサミなどで収穫し、抽台まで連続収穫する（図6）。一方の「抜き取り栽培」は西日本で行なわれ、株張り型の品種が用いられる。時期をずらして播種し、順次収穫される。根付きの状態で抜き取って収穫するため、収穫後は他の野菜が栽培されることが多い（図7）。

どちらも、最大の需要期である冬をメインに収穫し、無加温パイプハウス（必要に応じて小トンネルや保温資材を併用）で栽培される。露地栽培も行なわれているが、病害多発や泥跳ねによる品質低下、厳寒期の生育遅延や生理障害発生など問題が多いので、雨よけ栽培を推奨したい。

図5　シュンギクの秋まきハウス栽培　栽培暦例

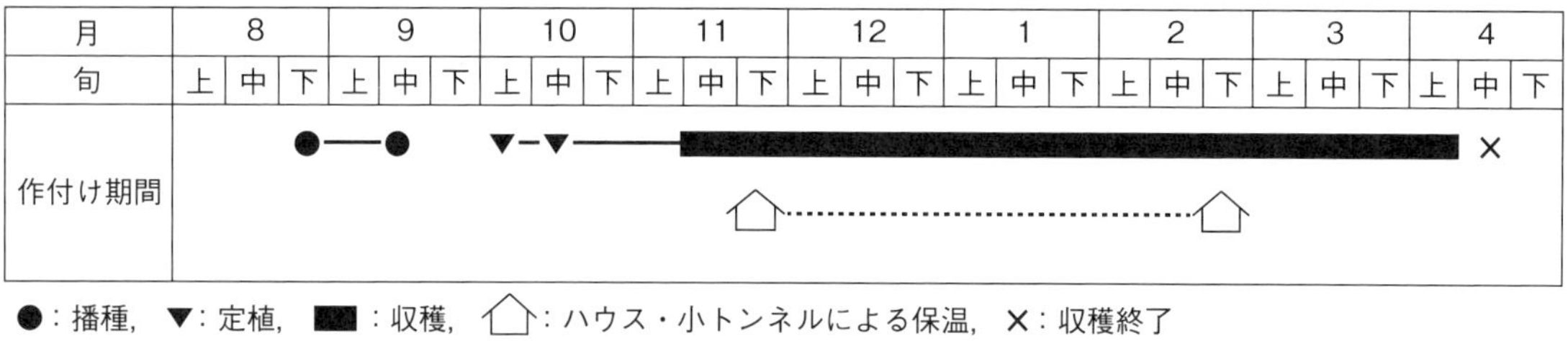

図6　摘み取り栽培の収穫方法

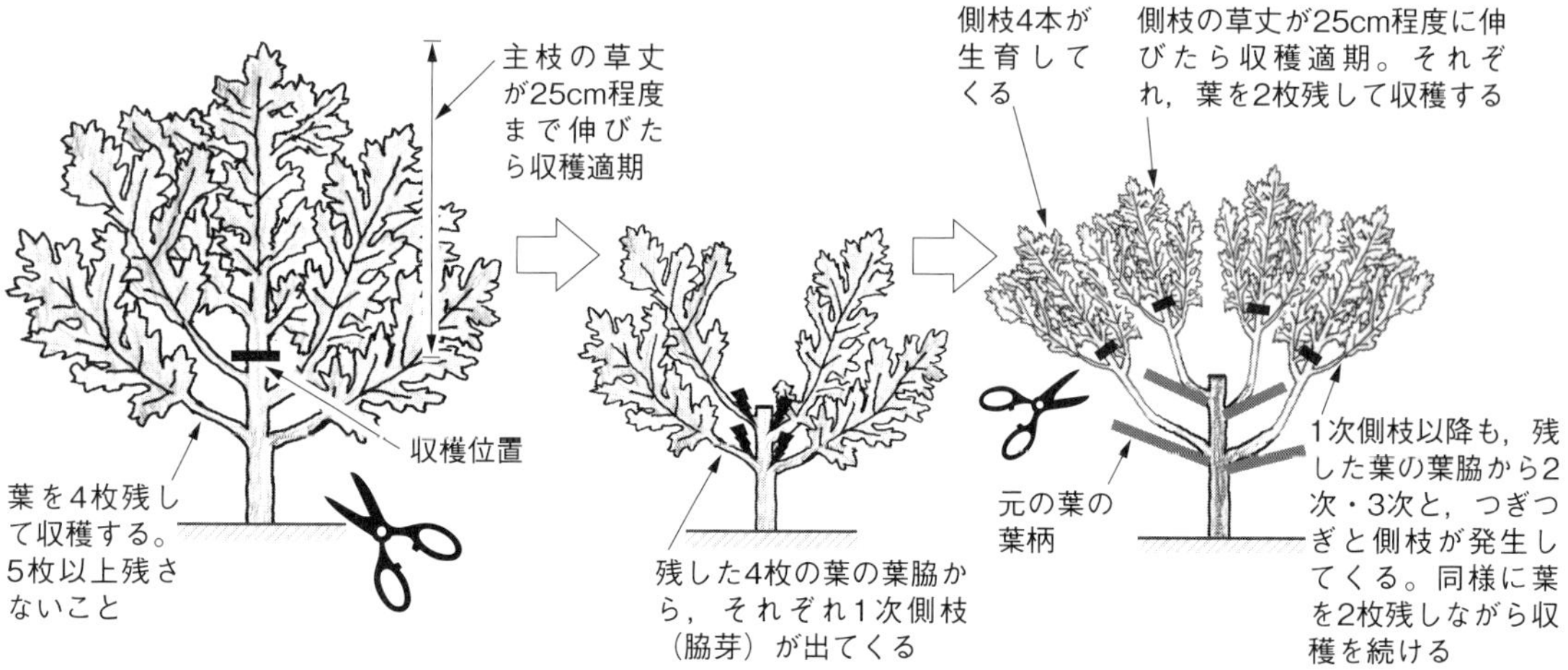

図7　抜き取り栽培の収穫方法

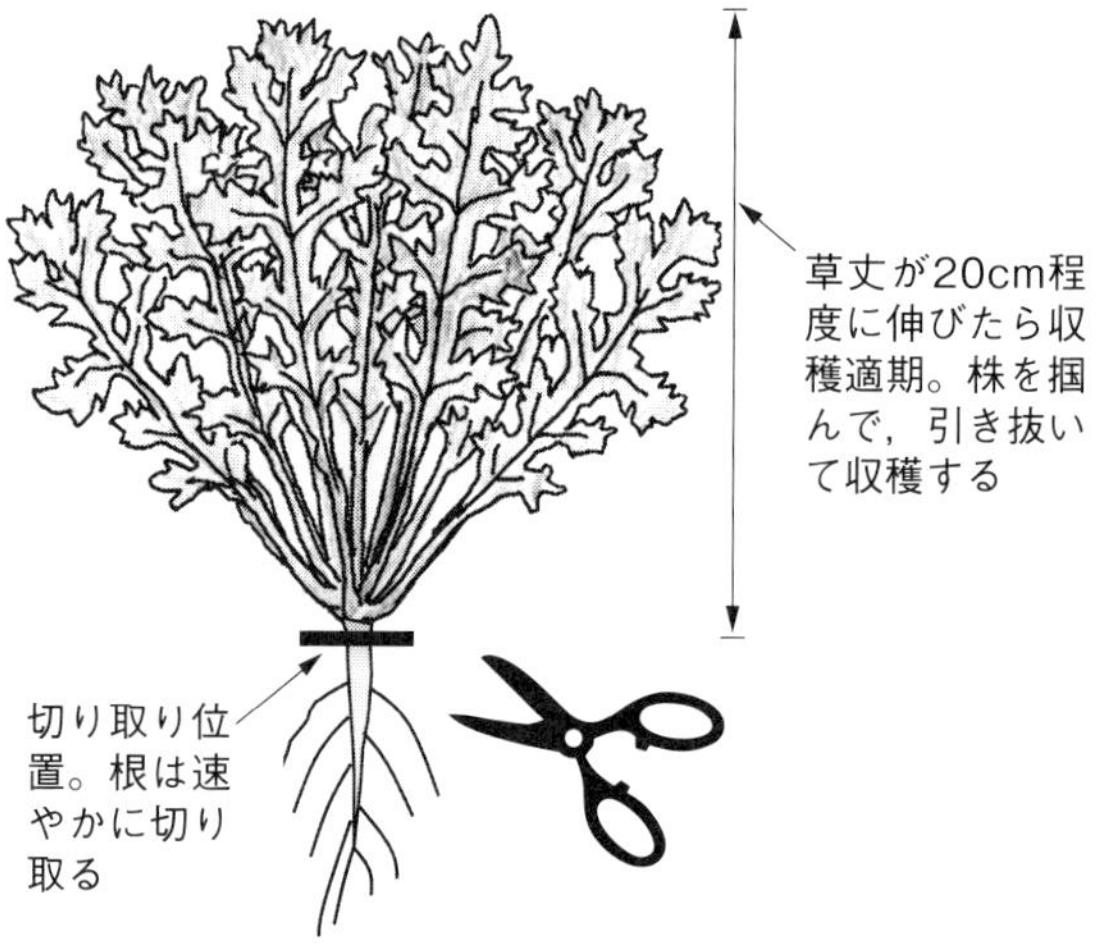

(2) 他の野菜・作物との組合せ方

シュンギクは高温期の栽培がむずかしいため、他の野菜と組み合わせて、パイプハウスを有効活用するとよい。シュンギクの収穫を3月中旬で切り上げ、後作にナス・トマト・キュウリなどの果菜類のハウス栽培を行なう事例が多い。また、抽台するまでシュンギクを収穫した場合は、高温期も栽培できるコマツナなどの葉菜類を後作とするとよい。

2 栽培のおさえどころ

(1) どこで失敗しやすいか

高温期の発芽不良が最初の難関である。育苗期も比較的高温なので、炭疽病やアブラムシ類の被害が問題になる。定植後は乾燥を防ぎ活着を促進するとともに、べと病やアブラムシ類の発生に注意する。厳寒期は保温や適正な肥培管理によって心枯れ症の対策を行なう。

摘み取り栽培では、収穫時に側枝を多く残しすぎると生じる細物の増加や過繁茂、側枝を全部収穫してしまうと生じる生育停滞など、枝数の管理に注意が必要である。

(2) おいしく安全につくるためのポイント

シュンギクの収穫期間は、摘み取り栽培の場合、5カ月程度と長いことが特徴である。肉厚で柔らかいシュンギクを収穫するためには、良質な堆肥と緩効性肥料を使用し、長期間、肥切れしない土壌をつくることが重要である。また、乾燥を嫌うので、厳寒期の地温確保もできるポリマルチを活用するとよい。

シュンギクは長日条件で抽台するが、出蕾すると茎葉が硬くなり、食感がきわめて悪化する。収穫は4月上旬で終了することが望ましい。

育苗から定植までの秋季に病害虫防除を徹底して実施しておくと、厳寒期は害虫の飛び込みはほとんどないので、病害虫防除は少なくて済む。防虫ネットの活用や圃場周囲の除草を徹底することも、あわせて行なうとよい。

(3) 品種の選び方

摘み取り栽培用の品種は、中葉系で側枝の発生がよく、低温伸長性があるものを選ぶ。近年では、'さとゆたか' 'さとあきら' '菊蔵' などの品種が利用されている（表3）。

抜き取り栽培の品種は、側枝の発生がよく、伸長生育の早い、ボリューム感のある品種を選定する。大葉系を好まない地域もあるので、需要に応じた品種を選定する。

主要病害に抵抗性を持つ品種はないので、栽培管理や防除により対応する。また、シュンギクは同一品種であっても、葉の形状や節間の長さ、側枝の発生程度などにバラつきが見られる。株ごとの形質が均一でないのはシュンギクの特徴であり、理解しておくこと。

3 栽培の手順

ここでは、栃木県で行なわれている、ハウス摘み取り栽培について記述する。

表3　秋まきハウス栽培（摘み取り，中葉系）に適した主要品種の特性

品種名	販売元	特性
菊蔵	武蔵野種苗園	葉のキザミはやや粗い。軸は太く，葉肉厚く重量感がある。草勢強く，分枝の伸長もよい。草姿は立性で収穫作業がしやすい。秋まきハウス栽培に最も適するが，露地栽培，春まき栽培にも向く
さとあきら	サカタのタネ	多収で早生の中葉，側枝がよく出る。葉軸の色は濃緑でテリがあり，荷姿が美しい。べと病に強く，石灰欠乏症が出にくい。トンネル，ハウスでの摘み取り栽培に適する
さとゆたか	サカタのタネ	摘み取り栽培に適する早生多収の中葉。節間の詰まった草姿で，葉形はよく揃い，側枝の出がよい。べと病に非常に強く，初夏から初秋の激発期にも安心して栽培できる
おきく3号	ヴィルモランみかど	節間短く，側枝の発生が多い，草姿の揃いがきわめてよい，抜き取り，摘み取りの兼用種。立性で中葉種としてはやや大きめの光沢のある葉で，茎は空洞や芯の発生が少なく柔らかい。荷姿はきわめてよい
きわめ中葉春菊	タキイ種苗	濃緑で良質な中葉の摘み取り種。抜き取り収穫も可能。低温伸長性にすぐれ，側枝の発生が多く，栽培容易。草姿は立性で摘み取りやすく，葉は柔らかくて香りが高い

(1) 播種

シュンギクの発芽率は低いので、多めに播種・育苗するとよい。本圃10a当たり、1～1.5ℓの種子と1～1.5aの育苗圃を用意する。育苗圃は日当たりと排水のよい圃場を選定する。播種の10日前に、育苗圃全面に肥料を施用し（表5）、耕うんして土とよく混ぜておく。育苗期間は1カ月程度なので、元肥を選択する際は肥効を考慮する。追肥は、苗の生育状況を見て、間引き後に適宜行なうとよい。

播種期は9月上～中旬である。シュンギクの発芽適温は15～20℃なので、地温上昇に注意が必要で、高温時は発芽までの寒冷紗被覆が有効である。育苗圃は幅120cm、高さ10cmのベッドをつくり、深さ5～10mmの播き溝を条間15cmでつくって、条播きとする（図8）。手播きの場合は、粗めに播種する。手押しの播種機を利用するのもよい。ばら播きは簡単でよいが、株が密集して苗質が悪く、間引きや採苗に手間がかかるので、条播きがよい。また、水稲の育苗箱や市販のセルトレイを利用して育苗することもできる。

シュンギクの種子は好光性のため、深播きを避け、覆土は5mm程度と浅くする。種子は乾燥すると発芽率がきわめて低くなるので、播種後に軽く鎮圧し、十分に灌水をする。

(2) 育苗のやり方

露地育苗では、発芽後に強い雨に当たると生育が遅れ、炭疽病の発生が問題になるので、ハウスや小トンネルで育苗するのが望ましい。また、地温上昇や害虫の飛び込みを防ぐため寒冷紗や防虫ネットなどを利用すると

表4　秋まきハウス栽培（摘み取り）のポイント

	技術目標とポイント	技術内容
本圃の準備	◎土つくり	・好適pHは5.5～6，生育期間が長いので，堆肥は十分に投入する
	◎施肥基準	・元肥は緩効性肥料を主体に施用する。前作の残肥を考慮し，過剰施肥にならないよう注意する
	◎本圃の準備	・間口4.5mのパイプハウスは，幅150cmのウネを2本つくる。ウネの高さは，畑地は5cm程度，水田では10～15cmを目安とする
育苗	◎播種の準備	・幅120cm，高さ10cmのウネをつくり，深さ5～10mmの播き溝を，条間15cmでつくって，条播きとする
	◎播種	・播種期は9月上～中旬。粗めに播種し，播種後は覆土して灌水する
	◎雨よけ	・苗が降雨に当たらないよう，雨よけで育苗することが望ましい
	◎間引き	・本葉2～2.5枚時に，株間が2～3cmになるよう，間引きを行なう
定植	◎植付け間隔	・株間15～18cmで，7条・条間18cmで植え付ける
	◎適期定植	・播種から1カ月程度を経過した，本葉4～5枚の苗が定植適期
	◎活着促進	・定植後に灌水する。高温期は寒冷紗を利用し，地温上昇を防ぐ
定植後の管理	◎保温管理	・平均気温が10℃以下になったらハウスをビニールで被覆，ハウス内が5℃を下回ったら小トンネル保温を行なう
	◎ハウス内の温度管理	・生育適温の20℃前後を維持するよう，日中は換気を励行する。夜間の最低温度は5℃を維持するように保温を行なう
	◎灌水，追肥	・土壌を乾燥させないように，適宜灌水を行なう ・葉色が淡くなったり，葉の切れ込みが深くなったら，追肥を行なう
	◎病害虫防除	・秋のうちに病害虫防除を徹底する。ハウス開口部に防虫ネットを張り，害虫の侵入を防止する
収穫	◎適期収穫	・枝の長さが25cmとなったら収穫する。主枝は本葉4枚，側枝は本葉2枚を残し，順次摘み取る
	◎側枝の管理	・2次側枝以降は，常時7～8本の側枝が残るようにし，収穫後は必ず2本程度の生長点が残るようにする

表5　育苗圃の施肥例

（成分量：kg/10a）

窒素	リン酸	カリ
14	14	14

よい。本葉2～2・5枚時に、株間が2～3cmになるよう、間引きを行なう。葉の形状や節間長に違和感がある株を間引くとよい。間引きは早めに行ない、軟弱徒長のない、がっちりした苗を育成する。

(3) 圃場づくり（本圃の施肥）

あらかじめ土壌診断を行ない、pHが5・5～6になるように石灰質資材で矯正しておく。堆肥、土壌改良材は定植2～3週間前、化成肥料は定植10日前までに施用し（表6）、耕うんして土とよく馴染ませておく。生育期間が長いので、元肥は緩効性肥料を主体に施用する。他の野菜と輪作する場合は、前作の残肥を考慮し、過剰施肥にならないよう注意する。

施肥後、定植の5日ほど前までに、ベッドをつくる。間口4・5mのパイプハウスの場合、幅150cmのベッドを2本つくり、条間18cm、株間15～18cmの栽植間隔で、1本植えとし、1ベッドに7条植え付ける（図10）。有孔ポリマルチを利用する際は、株間と条間がそれぞれ18～20cmで7条の穴が空いた黒色の有孔ポリマルチを張っておく。マルチ栽培は雑草軽減だけではなく、泥跳ね防止による炭疽病予防や品質向上、厳寒期の地温確保にも効果が高いので、マルチ栽培を推奨する。ベッドの高さは排水性を考慮し、畑地は5cm程度、水田では10～15cmを目安とする。

(4) 採苗と定植のやり方

定植は10月上～中旬に行なう。定植が遅れると収穫開始も遅れ、収量が低くなるので、適期定植を心がける。播種から1カ月程度を経過した、本葉4～5枚の苗が定植適期の苗である。採苗は、根を切らないように、クワなどで苗を掘り取る。採苗後、葉の形

図8　小トンネルを利用した育苗圃
（ハウス育苗の場合は小トンネルは不要）

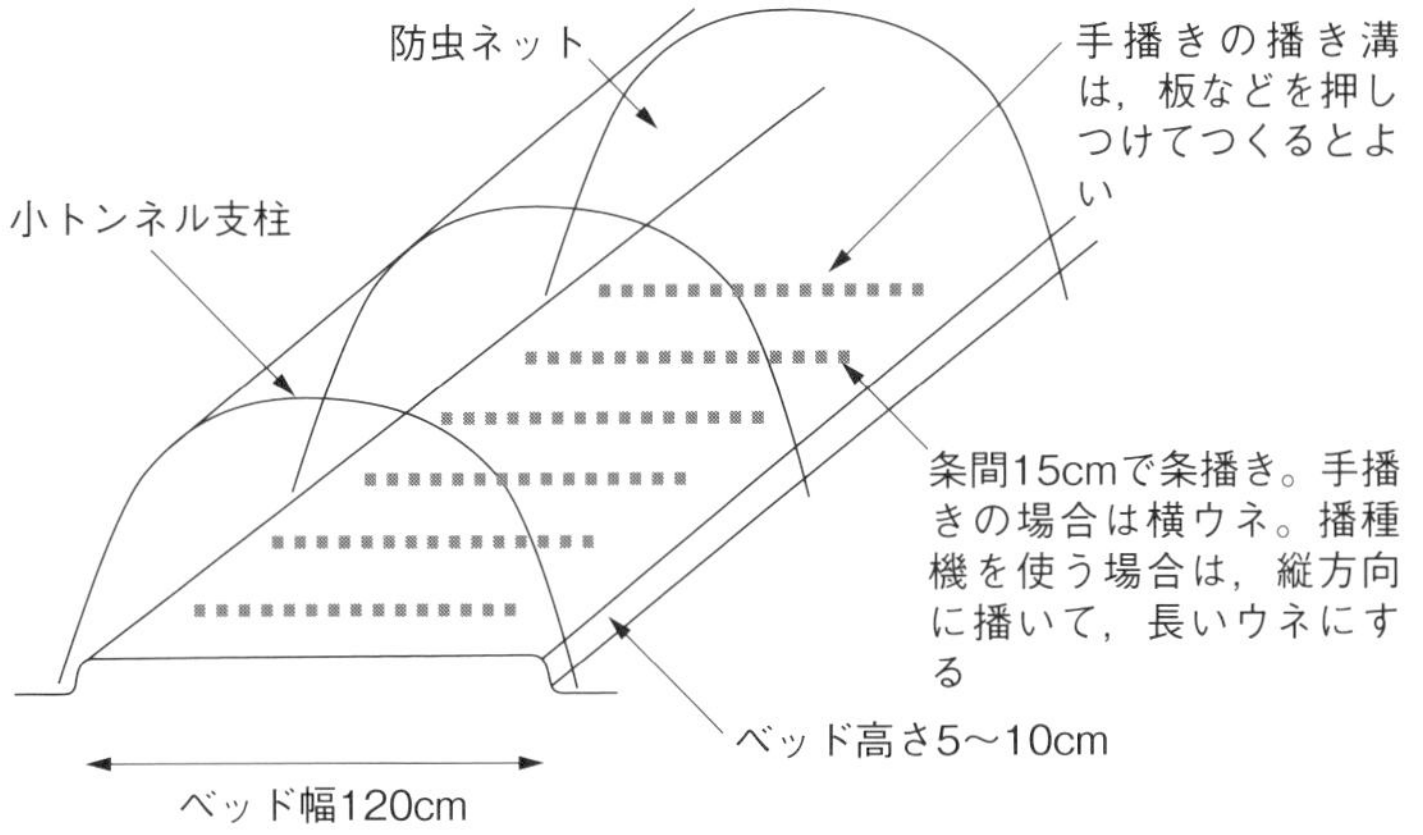

図9　水稲育苗箱を使った育苗

表6　秋まきハウス栽培の施肥例
（栃木県施肥基準）
（成分量：kg/10a）

	窒素	リン酸	カリ
元肥	16	25	16
追肥	9	0	9
合計	25	25	25

注）収穫期間が11月～翌年3月までの場合

状や側枝の発生が異なる苗は除外し、節間が詰まった苗を選び、苗質を揃えて定植する。定植後は灌水を行なう。高温期は寒冷紗を利用し、地温上昇を抑制することで、活着を早める。

図10　栽植様式（摘み取り栽培）

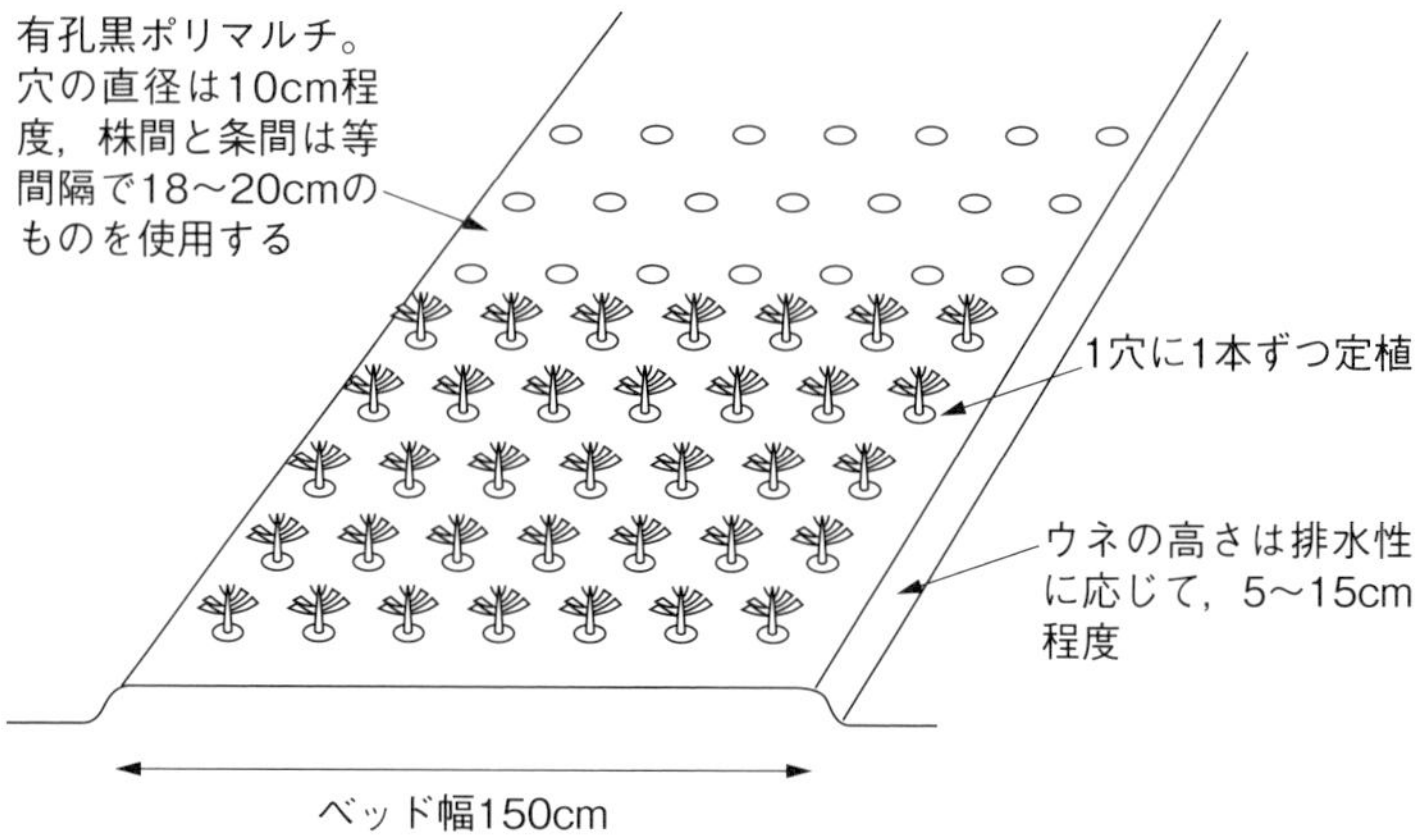

図11　定植直後の様子

(5) 定植後の管理

① 温度管理

平均気温が10℃以下になるころからパイプハウスにビニールを被覆し、ハウスの保温を開始する。また、ハウス内の温度が5℃を下回るころからは、ハウス内に小トンネルをかけ、夜間の保温を行なう。シュンギクの生育適温は20℃前後で、高温を嫌うことから、日中のハウス内が25℃以上にならないよう、換気を励行する。日没から早朝は、生育が停滞しないように、最低温度は5℃を維持するように保温を行なう。とくに厳寒期には、内張カーテンを加えた二重ハウスでの保温や、小トンネルに保温資材を併用（ポリフィルム＋シルバーポリ）するなどして、できるだけ温度を維持できるように保温する（図12）。

② 灌水

収穫期間中も土壌を乾燥させないように、灌水チューブを利用して適宜灌水を行なう。灌水は、地温を下げないように晴天日の午前中とし、1回当たりの灌水量は少なめにする。

③ 追肥、葉面散布

収穫回数が進むにつれ、葉色が淡くなり、葉の切れ込みが深くなってくるので、葉の状態を観察しながら、必要に応じて追肥を行なう。一般的には収穫後に窒素とカリを中心に、灌水を兼ねて液肥で施肥する。化成肥料の場合は、茎葉にかからないように株元に施し、その後灌水をして、肥料が根から吸収されるようにする。

葉色が極端に淡くなった場合は葉面散布剤を散布し、草勢維持や品質向上を図るとよい。

(6) 収穫

枝の長さが25㎝となったら収穫する。最初に主枝を収穫する際は、地際から4枚の本葉を残す。葉の付け根に側枝の芽が発生し、側枝が伸長してくる。葉を4枚残すと1次側枝が4本発生する。1次側枝の葉脇からは2次側枝が発生し、以降も側枝が次々と発生する。1次側枝以降は、それぞれの側枝に葉を2枚残して収穫することで、収穫を継続できる。

1次側枝収穫以降は、側枝の数の整理が重要な管理ポイントである。常時、1株に7～8本の側枝が残るようにし、多すぎる場合は摘除する。2次側枝、3次側枝と収穫していくと側枝の本数が多くなりすぎて、1本1本の側枝が細くなってしまう。また、すべての側枝を収穫してしまうと、一時的に生長点が皆無になり、生育が著しく停滞するので、常時、1株に2本程度の枝を残すようにする。

収穫後はコンテナに収納し、直射日光を避け、ポリフィルムなどで密閉し、必要に応じて予冷庫も活用して、萎れないようにする。調製は、葉先を揃え、出荷規格の長さになるよう株元を切り揃え、袋詰めして出荷する。

図12　保温管理（小トンネル・内張ハウスは，地域の気象条件に応じて用意する）

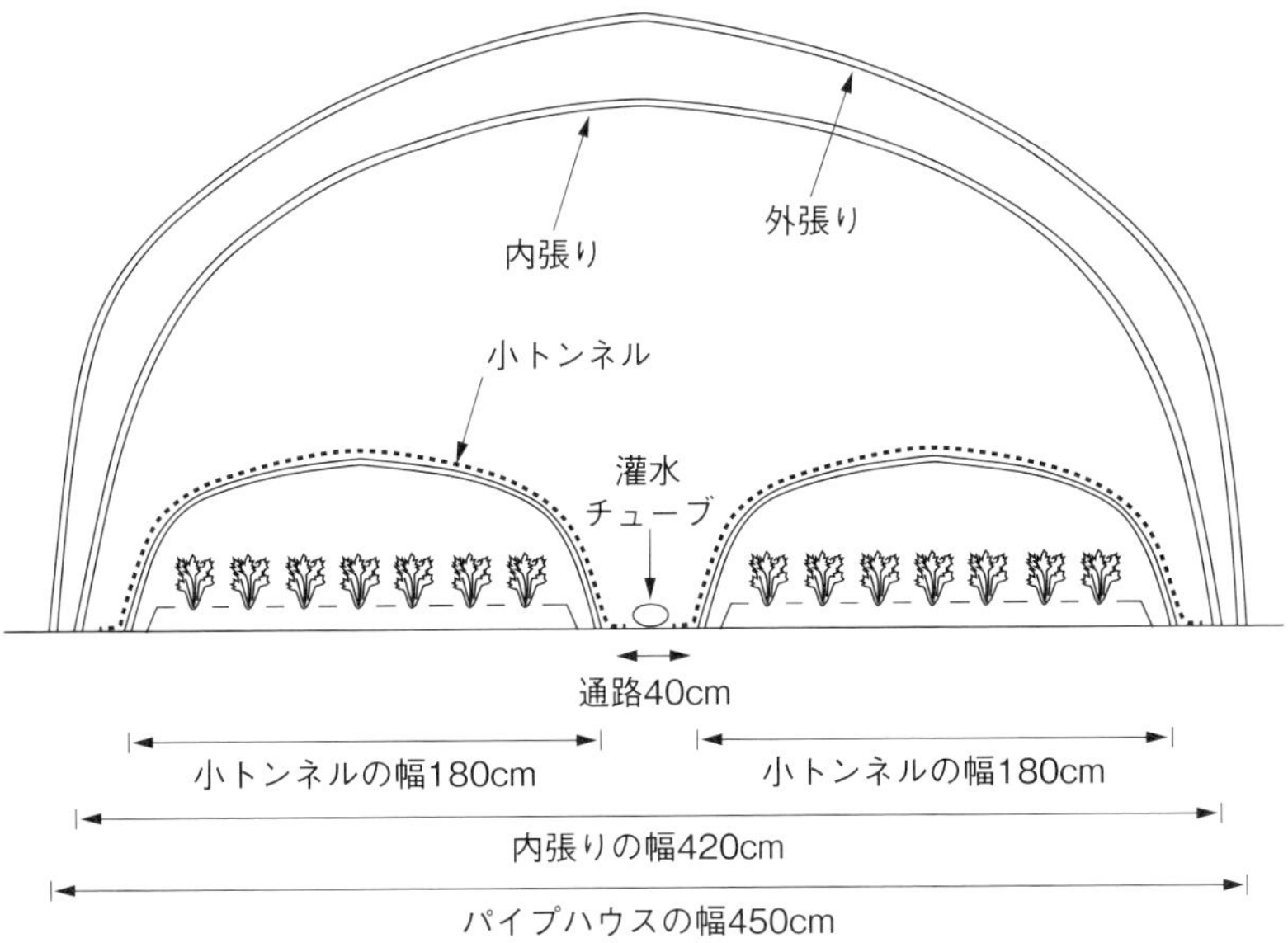

図13　収穫期のシュンギクとトンネル保温資材

図14　シュンギクの調製作業

4 病害虫防除

(1) 基本になる防除方法

シュンギクに発生する病害虫と防除法は、表7に示した。シュンギクに登録のある農薬は少ないので、できるかぎり耕種的な防除手段を取り入れることが重要である。アブラムシ類などの害虫は、収穫前にしっかりと防除しておく。

(2) 農薬を使わない工夫

育苗から生育初期は高温期であることから炭疽病が発生しやすい。炭疽病は泥跳ねや圃場の冠水で多発するので、育苗圃も含め、ハウスによる雨よけ栽培とし、灌水の際は泥跳ねを極力なくし、窒素過多にならない施肥を行なうことで、炭疽病は大幅に軽減できる。

ハウス栽培のシュンギクの収穫は冬期なので、外部からの病害虫の侵入は少ない。育苗時から防虫ネットを活用し、害虫の飛び込みを防ぐと、薬剤による防除を大幅に減らせる。

表7　病害虫防除の方法

	病害虫名	症状・発生しやすい条件	対策・防除法
病気	炭疽病	・葉に暗褐色の病斑が発生し葉が枯死，激発時は株が枯死に至る ・窒素過多，排水不良，高温，多湿条件で発生する。降雨などで茎葉に泥が付着すると発生しやすい	・連作を避ける。排水対策を行なう ・雨よけやマルチを行なうとともに，灌水は細かいノズルで行なうなどし，泥跳ねを極力避ける ・登録薬剤を利用し，初期防除に努める
病気	べと病	・葉に黄色い斑紋を生じ，葉裏にカビが発生し，進行すると葉が褐色に枯れる ・多発に適した条件では，圃場全面に一気に広がる ・気温の較差が大きい時期に発生しやすく，窒素過多や過繁茂状態で多発する	・シュンギクのべと病に登録のある薬剤はないため，野菜類に登録のある銅水和剤で予防する ・雨よけ栽培とし，排水対策を行なう ・窒素過多を避け，軟弱徒長を防止し，通風を良好にする
害虫	アブラムシ類	・2mm 程度の黒褐色のアブラムシ ・分泌物による葉の汚れや，吸汁による葉の奇形の原因となり，品質が低下する ・出荷物への混入も問題になる	・育苗ハウス，本圃とも，防虫ネット被覆を行ない，有翅アブラムシの飛び込み防止に努める ・登録薬剤を利用し，初期防除に努める
害虫	ハモグリバエ類（ナモグリバエなど）	・幼虫が葉の内部に潜り込んで食害し，幅0.5～1mm の白い筋が残り，商品価値が著しく下がる。激発すると葉が枯死する ・成虫が葉に産卵管を差した跡が直径1mm 程度の小さな白い点となって残る	・育苗ハウス，本圃とも，防虫ネット被覆を行ない，飛び込み防止に努める ・被害を受けた葉は圃場に放置しない ・登録薬剤を利用し，初期防除に努める
害虫	ヤサイゾウムシ	・幼虫は体長10～15mm，緑白色 ・幼虫が葉の生長点付近を食害する	・登録薬剤はないため，防虫ネット被覆などの耕種的防除に努め，発見したら補殺する
害虫	ハクサイダニ	・体長は1mm 程度，体は黒褐色，足は赤色で，増殖が早く，動きが速い ・比較的低温期に発生する ・葉を吸汁するため，葉が白くなって枯れ，最後は株全体が枯死する	・育苗ハウス，本圃とも，防虫ネット被覆を行ない，飛び込み防止に努める ・圃場周囲の雑草防除を徹底する ・登録薬剤を利用し，初期防除に努める
生理障害	心枯れ症	・生長点が黒くなり，心止まりとなる ・厳寒期や乾燥条件，多窒素条件で発生しやすい	・高温や低温を避け，土壌を乾燥させない ・元肥や追肥，とくに窒素を過剰に施用しない ・発生が心配される場合は，カルシウム剤の葉面散布を行なう

5 経営的特徴

シュンギクの秋まきハウス栽培はパイプハウスの無加温栽培なので、経営費は比較的かからない。毎年更新が必要なものはポリマルチくらいで、被覆資材や保温資材は複数年利用できる。収穫期間は11～4月で、長期間収穫できる。また、シュンギクの後作として他の野菜を導入することで、パイプハウスの周年利用ができ、所得をさらに高めることも可能である。

（執筆：藤澤秀明）

表8　秋まきハウス栽培の経営指標

項目		収支構成率（%）	
収量（kg/10a）	3,000		
単価（円 /kg）	614		
粗収入（円 /10a）	1,842,000	100.0	
経営費（円 /10a）	931,620	50.6	100.0
種苗費	943		0.1
肥料費	44,337		4.8
農業薬剤費	24,759		2.7
小農具費	17,000		1.8
農機具等修繕費	40,443		4.3
諸材料費	6,733		0.7
公課諸負担物件税	44,342		4.8
光熱動力費	39,500		4.2
出荷資材費	309,140		33.2
償却費	404,424		43.4
農業所得（円 /10a）	910,380	49.4	
労働時間（時間 /10a）	620		

注1）シュンギク12aでの経営収支（平成29年度版栃木県農業経営診断指標）
注2）10a当たりの費用内訳金額は四捨五入をしてあるので，経営費金額との整合性はない

ニラ

表1　ニラの作型，特徴と栽培のポイント

主な作型と適地

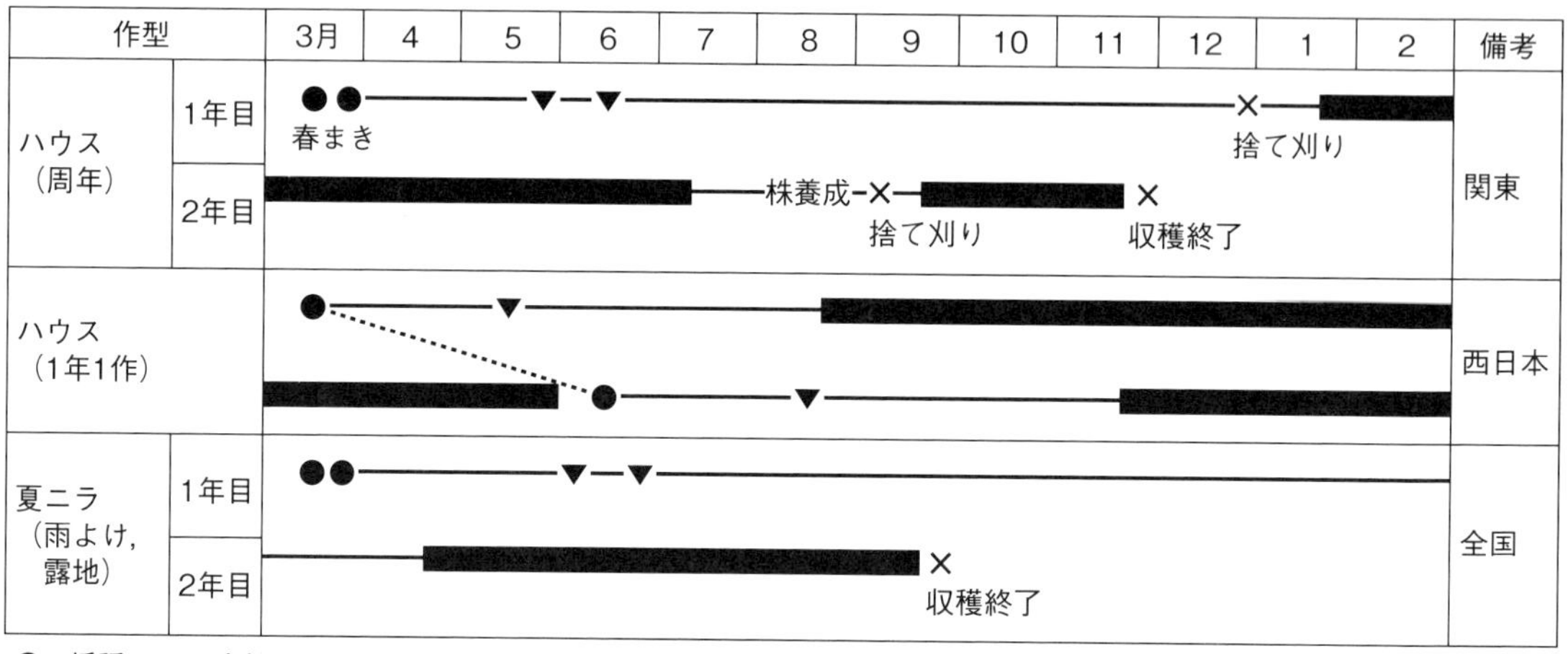

●：播種，▼：定植，■：収穫，×：捨て刈り，収穫終了

特徴	名称	ニラ（ヒガンバナ科ネギ属）
	原産地・来歴	中国西部が原産。日本には奈良時代に伝来し，初めは薬草として利用された。江戸時代からは食用として広く利用されるようになった。スタミナ野菜として栽培が全国に普及したのは戦後から
	栄養・機能性成分	β-カロテンなどの有用な成分を多く含んでおり，スタミナ野菜として認知されている。栄養価が高い野菜で，ビタミン B_1，ビタミンC，食物繊維，カリウム，カルシウムなども多く含有する
	機能性・薬効など	ニラの独特の臭いは，アリシンという硫黄化合物。強力な抗菌・殺菌作用を持ち，胃や腸の粘膜を刺激して消化液の分泌を促進する作用があるほか，ビタミン B_1 の吸収を高め，肉の臭みを消す作用がある
生理・生態的特徴	発芽条件	発芽適温は20℃前後。25℃以上と10℃以下では発芽が非常に悪く，発芽適温帯は狭い。適温での発芽まで日数は7～10日 発芽には水分と酸素の確保が必要なので，播種深度は5mm程度が望ましく，深播きは避ける。土壌が乾燥した状態では発芽率はきわめて悪くなるので，発芽までは適度な土壌水分を保持する
	温度への反応	生育適温は20℃前後。耐暑性や耐寒性はあるが，25℃以上になると生育は早まるが葉が細く，薄くなる。低温には強く，5℃程度でも遅いながら生育し，0℃を多少下回っても枯死することはない
	土壌適応性	土壌に対する適応性は広く，ほとんどの土質で栽培できるが，肥沃な土壌を好む。湿害には弱く乾燥には強いが，収量と品質を高めるためには適度な湿潤状態が必要。好適pHは6～6.5，ECは0.3～0.8dS/m

（つづく）

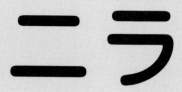

生理・生態的特徴	休眠	ニラは低温と短日条件で休眠し，生育が鈍化または停止する。休眠の程度は品種によって異なり，周年栽培が可能な品種群では休眠はごく浅いか，ないとされる。夏ニラ専用品種群は休眠が深い点が特徴である
	花芽分化	高温・長日条件で花芽分化し，抽台・開花する。開花時期は品種により異なる
栽培のポイント	主な病害虫	白斑葉枯病，さび病，白絹病，アブラムシ類，アザミウマ類，ネギコガ，ネダニ，ナメクジ類など
	他の作物との組合せ	在圃期間が長く，同一圃場で1年以上栽培するため，他の野菜との組合せはむずかしい。一方で，水稲との相性はよい

この野菜の特徴と利用

(1) 野菜としての特徴と利用

ニラはヒガンバナ科ネギ属の多年生草本で、原産地は中国西部とされる。分げつが旺盛で、葉は平たく細長い。わが国では、奈良時代から栽培されているとされ、独特の風味を持つため、初めは薬草として、江戸時代以降は野菜として利用されるようになった。

営利栽培は戦前から行なわれていたが、産地化が進んだのは戦後である。当初は都市近郊での栽培が中心だったが、現在では全国的に栽培されている。主産地は高知、栃木、茨城、宮崎、北海道などで、2020年の全国の栽培面積は1980haである。東京都中央卸売市場への入荷量は年間8500t程度で安定しており、年間を通して入荷している。月別入荷量は3～4月が多い。

ニラは土壌適応性が高く、野菜類の中では栽培が容易な品目である。播種や定植、調製などの主要作業は専用の機械が開発され、省力化が可能である。また、栽培に要する施設や経費も比較的少なくて済み、栽培から収穫、出荷調製は軽作業が中心なので、家族労力を有効活用できる。労力は作型により異なるが、10a当たり960時間前後で、このうち65％以上を収穫・調製作業が占めている。そのため、収穫後の調製処理能力が栽培面積を決定する要因となる。

ニラの独特の臭いは「アリシン」という硫黄化合物で、ネギ類に共通して含まれている。「アリシン」は強力な抗菌・殺菌作用を持ち、消化液の分泌を促進する作用があるほか、ビタミンB_1の吸収を高め、肉の臭みを和らげる効果があるため、肉料理との相性がよく、レバニラ炒めなどに多く利用される。ニラはほかにも、β-カロテンなどの有用な成分を多く含んでおり、スタミナ野菜として認知されている。

可食部は一般的には茎葉部分で、通常栽培の一般的な緑色のニラに対して、日光を当てずに生長させた茎葉を収穫する「黄ニラ」の栽培も一部で行なわれている。また、抽台し

図1　ニラの模式図と，部位の呼び方

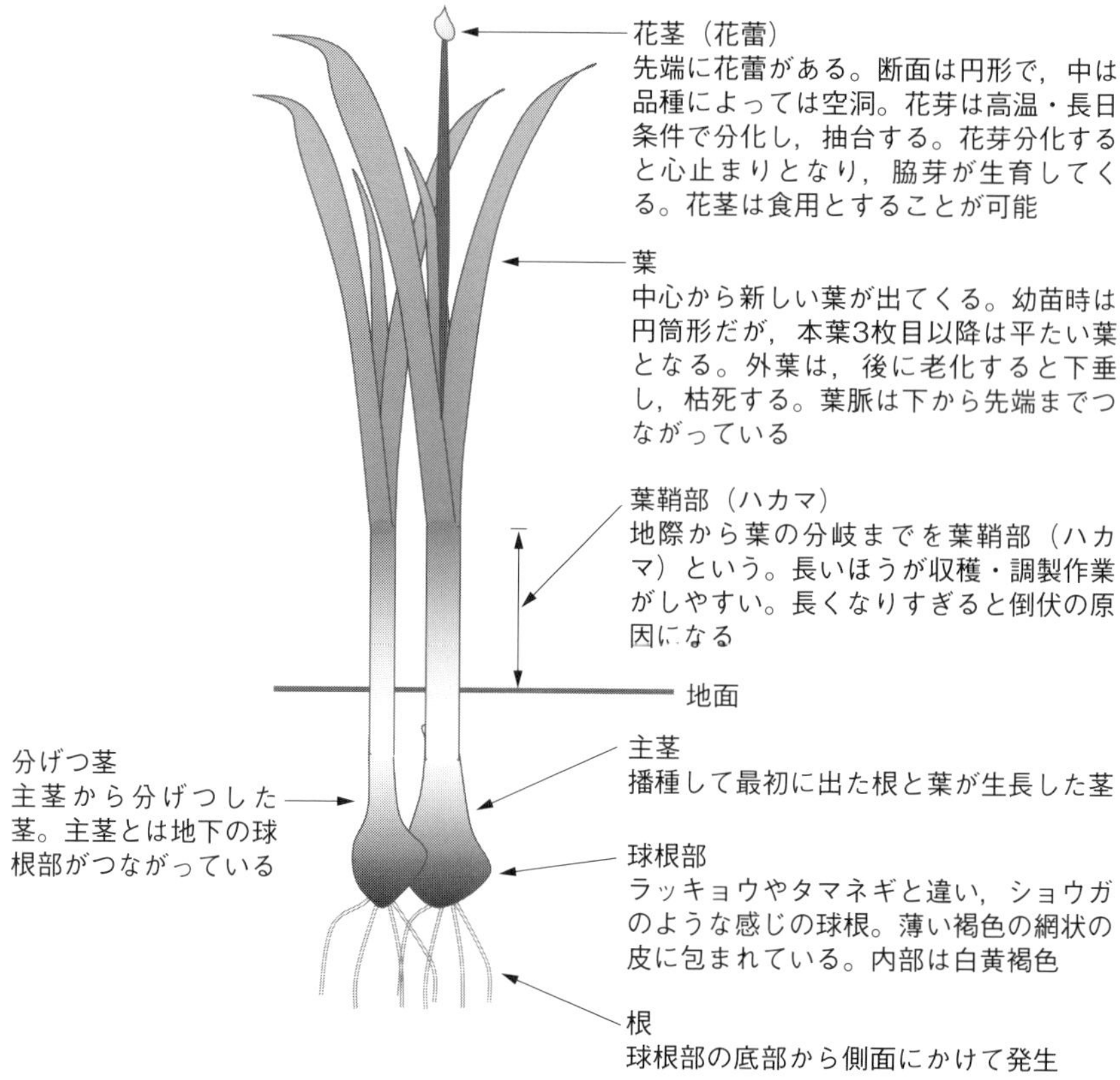
花茎（花蕾）
先端に花蕾がある。断面は円形で，中は品種によっては空洞。花芽は高温・長日条件で分化し，抽台する。花芽分化すると心止まりとなり，脇芽が生育してくる。花茎は食用とすることが可能
葉
中心から新しい葉が出てくる。幼苗時は円筒形だが，本葉3枚目以降は平たい葉となる。外葉は，後に老化すると下垂し，枯死する。葉脈は下から先端までつながっている
葉鞘部（ハカマ）
地際から葉の分岐までを葉鞘部（ハカマ）という。長いほうが収穫・調製作業がしやすい。長くなりすぎると倒伏の原因になる
地面
分げつ茎
主茎から分げつした茎。主茎とは地下の球根部がつながっている
主茎
播種して最初に出た根と葉が生長した茎
球根部
ラッキョウやタマネギと違い，ショウガのような感じの球根。薄い褐色の網状の皮に包まれている。内部は白黄褐色
根
球根部の底部から側面にかけて発生

た花茎部を「花ニラ」として利用でき、花ニラ専用品種も存在する。

(2) 生理的な特徴と適地

①生理的特徴と産地

ニラの生理的特徴は表1のとおりである。暑さや寒さに強く、土壌適応性が広いニラは全国各地で栽培されているが、地域に合致した作型と品種を選択することが重要である。

他の野菜にない、ニラならではの特徴として、一度定植すると、何度でも収穫できることがあげられる。収穫しても新たに茎葉が伸長してくる。ただし、貯蔵養分が減少し、株が消耗することと、旺盛に分げつを続けるため、茎数が増加するにしたがい、収穫するニラの葉幅は狭くなり、収量と品質が徐々に低下するのが一般的である。

②作型

ニラの作型は、栽培条件や収穫期の違い、栽培株の利用形態から分類できるが、ハウスでの周年作型と、露地または雨よけハウスでの夏秋作型に大別できる。積雪の多い地域では夏秋作型が中心で、中間地から暖地では周年作型と夏秋作型を組み合わせることが多い。

③品種

ニラの品種は、大葉系と小葉系に大別できる。小葉系は在来種とされるものの多くがこの系統で、休眠が深く、分げつが多く、葉幅は細い。現在、各種苗メーカーから多くの品種が発売されているが、営利栽培に利用されているのは、すべて大葉系の品種である。こ

表2　品種のタイプ，用途と品種例

作型	品種名	販売元	特性
周年どり品種	ミラクルグリーンベルト	武蔵野種苗園	葉色濃く，葉幅広く，葉肉厚く品質は良好。草姿立性で葉鞘部は長く，収穫・調製が容易。休眠がなく，周年栽培向け品種だが，低温伸長性が強く，とくに秋冬の栽培に適する。分げつは少なめ
	ワンダーグリーンベルト	武蔵野種苗園	葉幅は超幅広で，葉幅の揃いが非常によい。葉鞘部が長く，草姿立性で作業性が高い。休眠は認められず，低温伸長性が強く冬期収穫が早い。葉色はやや淡色となる
	ハイパーグリーンベルト	武蔵野種苗園	低温伸長性に優れ，冬期施設栽培に適する。葉色が濃く，葉肉が厚く，品質良好。草姿立性で葉鞘部は長く，収穫・調製の作業が容易。分げつ数は少なく，1本当たりの重量がでる
	スーパーグリーンベルト	武蔵野種苗園	葉色は濃緑色，葉幅広く，収穫を重ねても葉幅減少率が低い。現行品種の中では，分げつ数は多く，草姿はやや開張性。休眠は浅く周年栽培に適する
	ショートスリープ	渡辺採種場	休眠がきわめて浅く，低温伸長性に優れ，冬期施設栽培に適する。葉色は鮮緑色で葉幅広く，草姿は立性で，葉鞘部が長く，作業性はよい。分げつはやや多い。抽台期は7月下旬～8月中旬
	グリーンロード	サカタのタネ	葉幅広く，刈り取り後の再生が早く多収な品種。葉鞘部は長く，収穫・調製作業がしやすい。葉色はやや淡いが冬どりでは濃緑となる。分げつはやや多い
	タフボーイ	八江農芸	休眠がなく耐寒性および耐暑性がある。葉色はやや淡いが冬どりでは濃緑となる。分げつは多い。葉鞘部が長く，草姿は立性。抽台はやや早く8月ごろ
夏ニラ専用品種	パワフルグリーンベルト	武蔵野種苗園	葉色は濃く，葉肉厚い。草姿は立性。抽台は6月中旬と早く連続性がないので8月に収穫できる。休眠は深く10～3月の収穫はできない。分げつ数は非常に少ない
	たいりょう	渡辺採種場	葉幅は広く，草姿は極立性で，葉鞘が長いため作業性がよい。抽台期は6月下旬～7月中旬と周年どり品種より早い。休眠はきわめて深く，露地では10月下旬から。分げつ数は非常に少ない
	大連広巾	渡辺採種場	葉幅は広く，葉鞘部が長く，作業性がよい。分げつはやや多い。休眠は深いため低温期は収穫ができない。抽台は周年どり品種と同様の7～8月

図3　収穫期のニラ

図2　出荷されたニラ

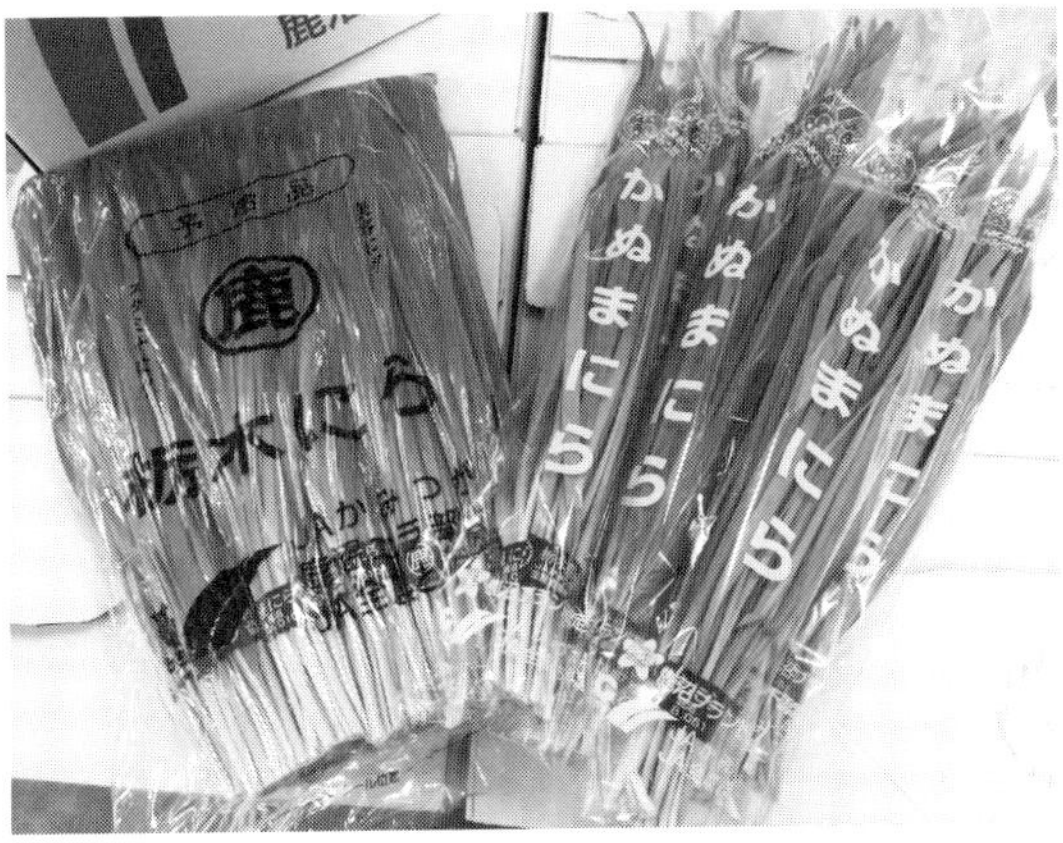

れらは、周年どりに適した休眠の浅い品種と、夏ニラ専用として使用される休眠の深い品種に大別される。各品種とも葉色が鮮濃緑色で、葉幅が広く、肉質が柔軟で市場価値が高いことをセールスポイントとしている。抽台性、分げつや休眠の程度、耐暑性や低温期の伸長速度など、品種により差違が認められる。

（執筆：藤澤秀明）

ハウス周年栽培

1 この作型の特徴と導入

(1) 作型の特徴と導入の注意点

ニラのハウス周年栽培の作型は図4のとおりで、東日本では無加温の単棟パイプハウスで、西日本では暖房機を装備した連棟ハウスで栽培される。この項では関東型のハウス周年栽培について解説する。

ニラは、播種から定植までは機械による省力化が図られ、昔よりも大幅に作業が軽減されている。一方で、調製作業は、徐々に機械化が進展しているものの、相変わらず労働時間に占める割合が大きく、調製労力の確保がニラの栽培規模を決定する要因となっている。また、収穫作業は機械化が緒についたばかりで、現状では手作業で1株ずつ刈り取る必要がある。栽培面積を決定する際は、収穫と調製に要する労働時間を考慮することが重要である。

(2) 他の野菜・作物との組合せ方

ニラは定植後の在圃期間が2年程度と長く、同一圃場で他の作物との輪作体系を取り入れることは困難であり、複数の作型

図4　ニラのハウス周年栽培　栽培暦例

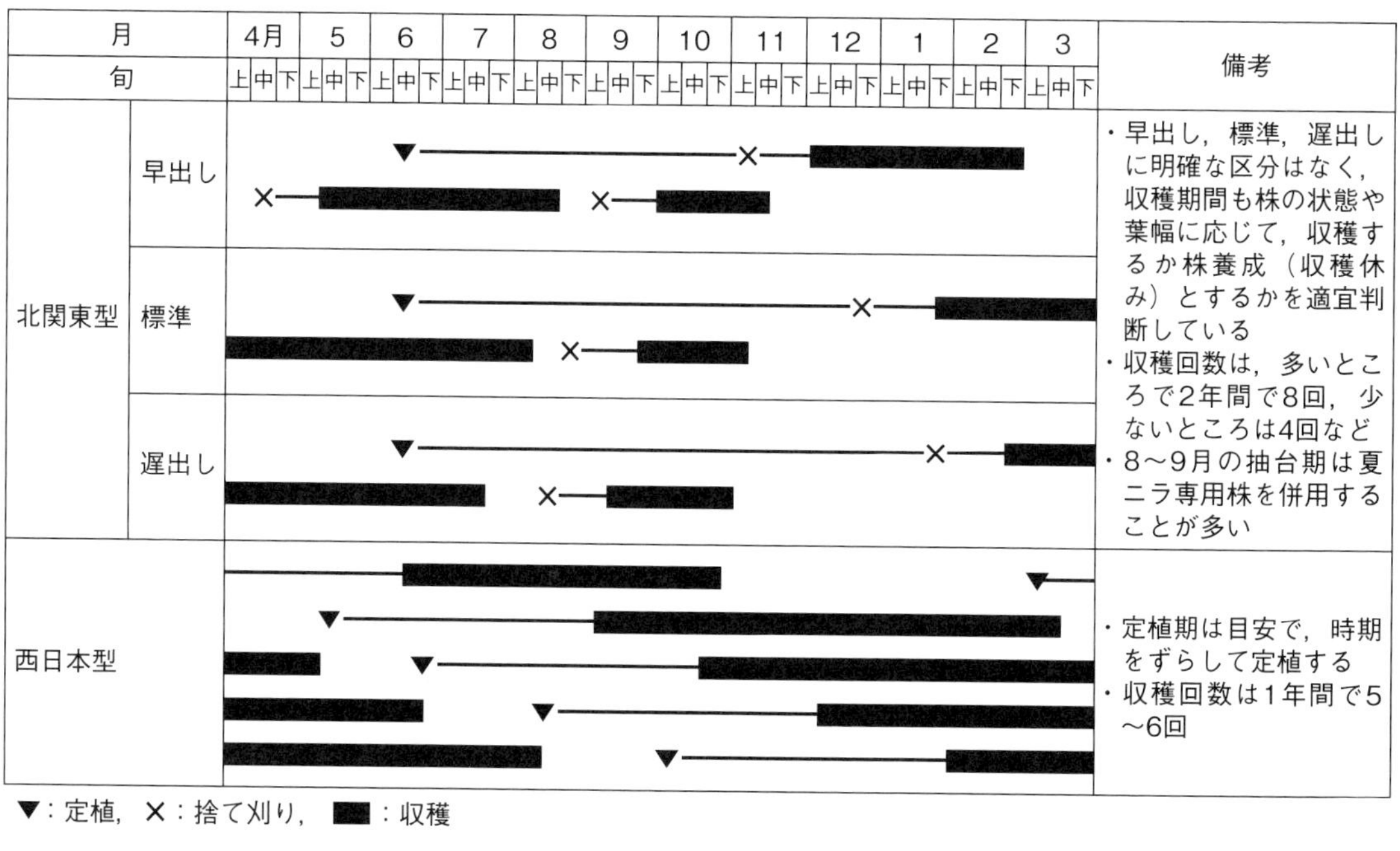
月
4月
5
6
7
8
9
10
11
12
1
2
3
旬
上 中 下
備考
北関東型
早出し
標準
遅出し
・早出し，標準，遅出しに明確な区分はなく，収穫期間も株の状態や葉幅に応じて，収穫するか株養成（収穫休み）とするかを適宜判断している
・収穫回数は，多いところで2年間で8回，少ないところは4回など
・8～9月の抽台期は夏ニラ専用株を併用することが多い
西日本型
・定植期は目安で，時期をずらして定植する
・収穫回数は1年間で5～6回

▼：定植，×：捨て刈り，■：収穫

を組み合わせたニラの専作経営が望ましい。一方で、水稲の裏作として導入された地域が多く、水稲とは組み合わせやすい。

2 栽培のおさえどころ

(1) どこで失敗しやすいか

ニラの栽培は、育苗期、定植期、株養成期、冬の収穫期、春以降の収穫期の5つに区分でき、それぞれ、失敗につながる要因がある。

ニラの育苗方法には地床育苗とセル成型育苗があるが、ともに発芽までの高温による発芽不良には要注意である。定植期では、梅雨入り前後に定植となるため、定植後の湿害による活着不良や生育停滞が起きやすい。本圃での株養成期は病害虫や雑草が多発し、欠株や株の充実不足が起きやすいので、病害虫防除や追肥を適正に行ない、株の充実を図る必要がある。冬の収穫期は、低温による生育停滞や、不適切な換気による葉への障害、白斑葉枯病が問題となる。春以降の収穫期は、高温障害や株疲れによる品質低下が問題となり、追肥や高温対策が求められる。

(2) おいしく安全につくるためのポイント

土つくり　ニラは肥沃で排水性のよい圃場を好む。在圃期間が長いので、良質堆肥による地力向上を図り、pHを適正に調整しておくことが必須である。また、定植する苗の植付け精度を向上させ、活着を促進させるため、耕うん、砕土、均平作業、植え溝切りをていねいに行なう。定植後の湿害を防止するため、排水対策もしっかり行なっておく。湿害を回避することは土壌病害を回避することにつながり、安全なニラ栽培の基本となる。

雑草対策　定植後、雑草が繁茂すると生育が著しく阻害されるので、雑草の発生を抑えることが重要である。栽培面積が小規模の場合は、除草剤を使用せず、手除草や機械除草で行なうとよい。また、マルチを利用することも雑草対策として有効である。

充実した株養成　定植から保温時期までに、養分の貯蔵器官である根群を十分に発達させる。茎葉の病害虫対策と、秋の追肥によって、充実した根株を養成することで、健全なニラが育成され、収量と品質の向上が望める。

保温管理　保温から収穫までは温度管理を適正に行なうとともに、冬の収穫期の重要病害である白斑葉枯病対策のため、晴天時の日中は換気を励行し、湿度を高めないようにする。

(3) 品種の選び方

ニラのハウス周年栽培に使用する品種は、休眠がない、または浅い品種である。現在市販されているニラでは、冬ニラ用や周年用とされている品種で、広い葉幅と多収性を品種特性として持ち合わせている。しかし、分げつの程度と低温期の伸長性、高温期の耐暑性には明確な差が見られる（表3）。この3つの特性は、品質や収量だけでなく、周年安定した収穫・調製作業や出荷の継続に重要な要素となるので、複数の品種を試し、自分に合った品種を探すとよいだろう。また、抽台期はすべての品種が7月下旬～9月上旬であり、この時期の収穫用に夏ニラ専用品種を取り入れることで、より安定した周年出荷が可能になる。

表3　ハウス周年栽培に適した主要品種の特性

品種名	販売元	求められる特性					
		葉鞘長	葉色	草姿	分げつ	低温伸長性	耐暑性
ミラクルグリーンベルト	武蔵野種苗園	長い	濃い	極立性	少ない	中庸	弱い
ワンダーグリーンベルト	武蔵野種苗園	長い	やや淡い	立性	やや多い	強い	中庸
ハイパーグリーンベルト	武蔵野種苗園	長い	濃い	極立性	少ない	強い	弱い
スーパーグリーンベルト	武蔵野種苗園	短い	中庸	開張性	多い	中庸	中庸
ショートスリープ	渡辺採種場	長い	中庸	立性	やや多い	強い	中庸
グリーンロード	サカタのタネ	長い	中庸	立性	やや多い	中庸	強い
タフボーイ	八江農芸	中庸	中庸	やや開張性	やや多い	強い	強い

注1）各種苗会社のカタログなどを参考に，グリーンベルトを基準にした筆者の達観を含む
注2）特性は栽培時期によって変動することがある

3 栽培の手順

(1) 播種

育苗方法は、地床育苗とセル成型育苗に大別される。

地床育苗の苗床は本圃10a当たり1a必要で、施肥は表5を参考に、苗床は図5を参考に、播種3日前までに準備しておく。播種は、裸種子を使用し、手播きや手押し式播種機で条播とする。間引きを行なわないで済む

表4　ハウス周年栽培のポイント

	技術目標とポイント	技術内容
育苗	◎播種の準備	・地床育苗の育苗圃は，施肥し，幅90～100cm，高さ5cmのウネをつくる。セル成型育苗はセルトレイ（220穴）と育苗培土を準備する
	◎播種，育苗	・播種期は3月上～中旬。地床育苗は，条間15cmの条播き。セル成型育苗は1セルに3粒を播種。ともに，播種後は覆土して灌水する。葉色が淡くなったら液肥などで追肥する。雨よけで育苗することが望ましい
本圃の準備	◎土つくり	・好適pHは6～6.5，在圃期間が長いので，堆肥は十分に投入する
	◎施肥基準	・元肥は緩効性肥料を主体に施用する
	◎本圃の準備	・深さ10～15cmの植え溝を掘る。間口4.5mのパイプハウスに，8条または10条植えとする。中央は通路として広めにとる
定植	◎植付け間隔	・条間40cm，株間25～27cmを基本とする
	◎適期定植	・地床育苗は播種から90日程度で分げつし始めの苗，セル成型育苗は播種から60日程度で本葉4～5枚の苗が定植適期の苗
定植後の管理	◎雑草防除	・定植後，土戻し後に除草剤を使用して雑草の発生を抑える
	◎土戻し	・植え溝を埋め戻すように，2～3回に分けて土を戻す
	◎追肥	・8月下旬から追肥を行ない株の充実を図る。1回の追肥量は窒素成分で1～1.5kg/10a，10～15日おきに3～5回に分けて追肥
	◎病害虫防除	・盛夏期の白絹病やアザミウマ類，秋以降はさび病，ネギコガの防除を行なう
保温開始	◎捨て刈り・保温開始	・12月中下旬ころに，それまで生育した葉を刈り取って廃棄する。ハウスの外張りと内張りを被覆する。灌水を兼ねて薬剤を灌注し，マルチを展張する
	◎温度管理	・生育初期は日中は30℃まで，夜から早朝の最低温度は5℃を確保する ・マルチを押し上げるように萌芽してきたらマルチに穴を開ける ・生育後半は日中は25℃まで，最低温度5℃を確保する ・日中は換気を行ない，湿度を下げるようにする
収穫	◎適期収穫	・葉長が45～50cmになったら収穫する。外葉や薄皮，泥汚れを除去し，株元を切り揃え，100gずつ結束し出荷する
	◎調製，出荷	・調製後は予冷庫に入れ，品質，鮮度の保持を図る

図5　地床育苗の苗床のつくり方

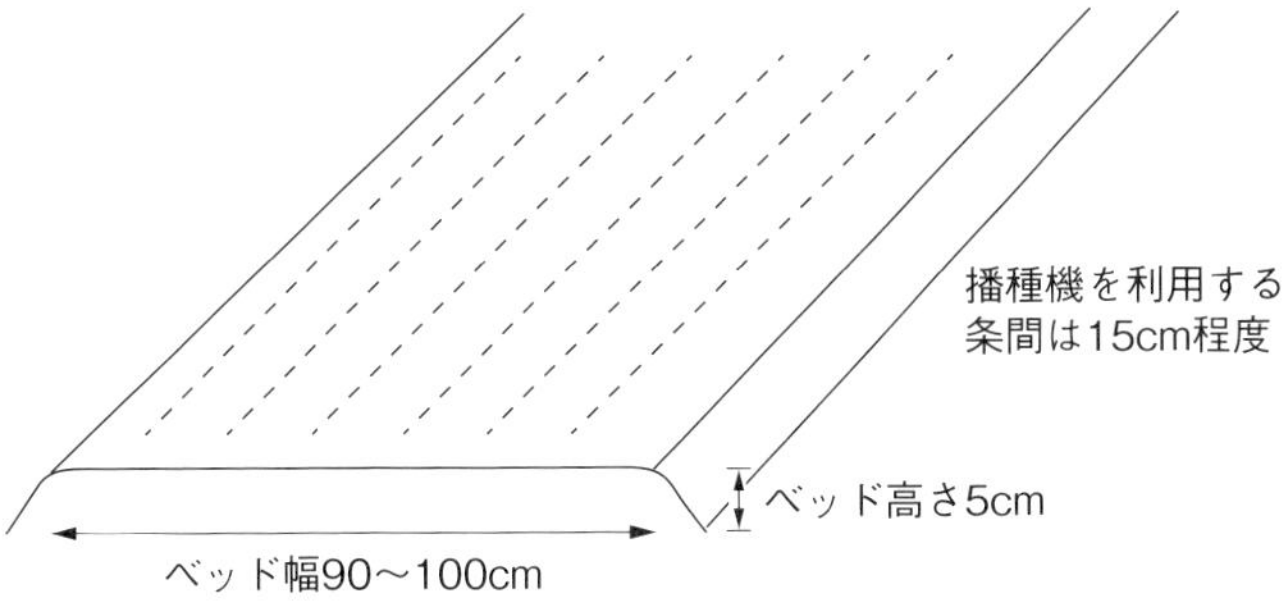

表5　地床育苗の苗床の施肥例

（単位：kg/1a）

成分	施肥量
窒素	2
リン酸	2
カリ	2

注1）このほかに堆肥300kgを施用
注2）pHは6〜6.5に調整

よう、粗めに播種する。

　セル成型育苗は、育苗培土とセルトレイを用意し、播種までに土を詰めておく。育苗培土は60日以上肥効が継続するものを利用する。播種はコート種子を利用し、1穴当たり2～3粒を定数で播種する。

(2) 育苗管理

　地床育苗、セル成型育苗とも、播種後は灌水し、シルバーポリなどで直射日光を遮り、育苗培土の温度上昇を抑える。ニラは最適発芽の温度帯が20～22℃と狭く、25℃を超えると発芽率が著しく低下するので、播種後の地温上昇には厳重に注意する。また、過湿や過乾燥も発芽率を下げる。とくに過湿では苗立枯病の危険性が高まるので、灌水のやり過ぎには注意する。

　春まきの場合、7～10日で発芽してくる。育苗期間は、地床育苗は90日、セル育苗は60日が目安である。育苗期間を通じて、日中は15～25℃、夜間は最低5℃を確保するよう、換気と夜間の保温を行なう。葉色が淡くなったら追肥を行なう。セル成型育苗は倒伏させないよう、途中何度か剪葉を行なうとよい。また、白斑葉枯病やアブラムシ類の発生に注意する。

　定植に適した苗は、地床育苗では2本に分げつするころの苗、セル育苗では、展開葉数4～5枚で、剪葉した草丈15cm程度の苗である。

(3) 本圃の準備

　ニラは定植後2年近くの在圃期間があるので、土つくりが非常に重要である。pH矯正のための土壌改良資材や良質堆肥の施用を行ない、元肥には緩効性肥料を利用する（表6）。

　また、ニラは、乾燥には強いが、湿害にはとても弱い。定植時は10～15cmの植え溝を掘り、溝の底部に植え付けるので、圃場の排水性を改善しておく必要がある。

　雑草が繁茂している場合は、耕うん前に非選択性の茎葉処理剤で枯殺しておくとよい。

(4) 採苗と定植のやり方

　地床育苗の苗は、スコップや鍬などで掘り取り、土を落とす。生育が遅れた苗や葉が黄化した苗を除去し、包丁などで葉先と長すぎる根を切り揃える。この作業は日陰で行ない、苗の調製後は早めに定植する。栽植様式は図6のとおりで、手植えまたは半自動移植

表6　本圃の施肥例

（単位：kg/10a）

作型	目標収量	成分	元肥	追肥						成分合計
				1回目	2回目	3回目	4回目	5回目	6回目	
連続どり	4,000	窒素	20	5	5	3	3	3	3	42
		リン酸	30	―	―	―	―	―	―	30
		カリ	20	5	5	3	3	3	3	42

注1）栃木県農作物施肥基準（平成29年3月）
注2）堆肥は，イナワラ牛糞堆肥を3,000kg/10a施用する
その場合，上記元肥から，窒素＝3kg，リン酸＝8.7kg，カリ＝14.4kg/10aを減らす

図6　栽植様式

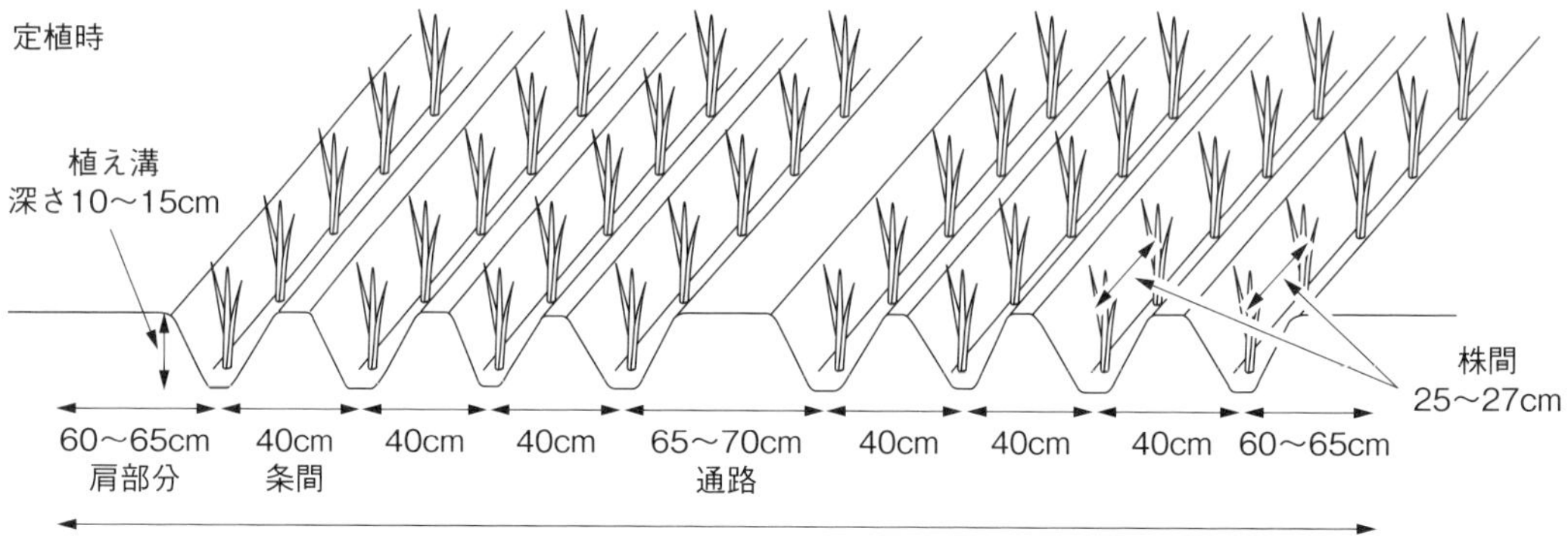

機を利用して定植する。

　セル成型育苗の苗は、手植えまたは移植機を使用して定植する。移植機には、専用のセルトレイを使用する全自動移植機と、汎用の半自動セル成型苗移植機がある（図7）。汎用移植機の場合はセルトレイから苗を抜き取り、図6に準じた栽植様式で定植する。

　定植は、セル成型育苗の場合は4月下旬～5月上旬が適期で、小さい苗を植え付けるので、定植後は灌水をするなどの活着促進が必要である。地床育苗では6月上旬が定植適期で、定植終了後に入梅となるのが理想的だ。定植が遅れると梅雨のため作業が計画通りにいかなくなる。

(5) 定植後の管理

①灌水など、定植直後の管理

　セル成型苗の全自動定植では、植え損じや空白セルの発生で株の欠損が発生する。また、セル成型苗は全般に苗が小さく、ネキリムシ類の食害で欠株になりやすいので、定植後数日内に補植作業を行なう。

　ニラは被覆を外したパイプハウスに、露天の状態で定植することが多いので、定植後、晴天が続き土壌が高温乾燥状態となった場合、とくに苗が小さいセル成型苗は活着が遅れ、枯死することもあるので、必要に応じて灌水し、植え傷みを防止し、活着を促進する。また、ネキリムシ類対策として、定植後に粒剤を施用するとよい。さらに、定植完了後は除草剤を使用し、雑草発生を抑制する。

②土戻し（土入れ）と雑草対策

　ニラは溝の底に苗を定植する。活着後、葉が数枚展開すると葉鞘（ハカマ）部が伸びてくるので、2～3回に分けて溝に土を戻し、最終的に圃場が平らになるようにする。この作業を「土戻し」あるいは「土入れ」と呼んでいる（図8）。

図7　半自動定植機（左）および全自動定植機（右）による定植

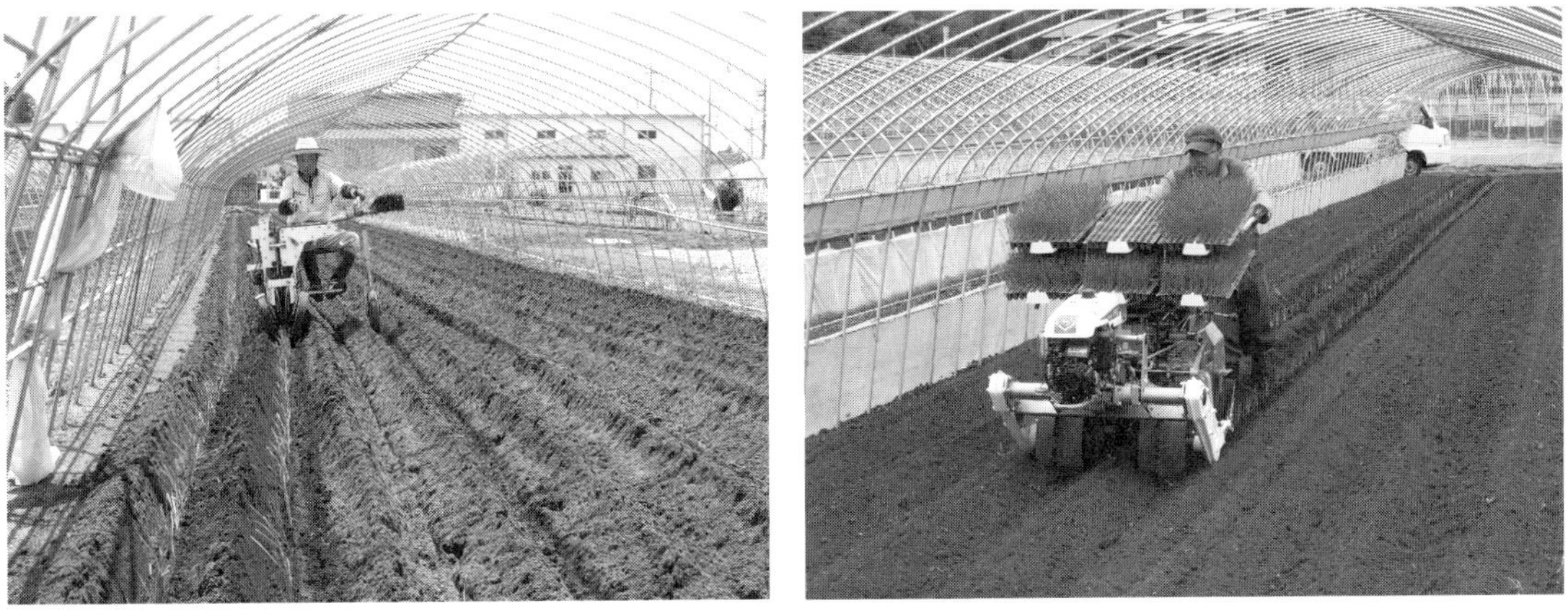

半自動定植機　　　　全自動定植機

図8　土戻し（土入れ）

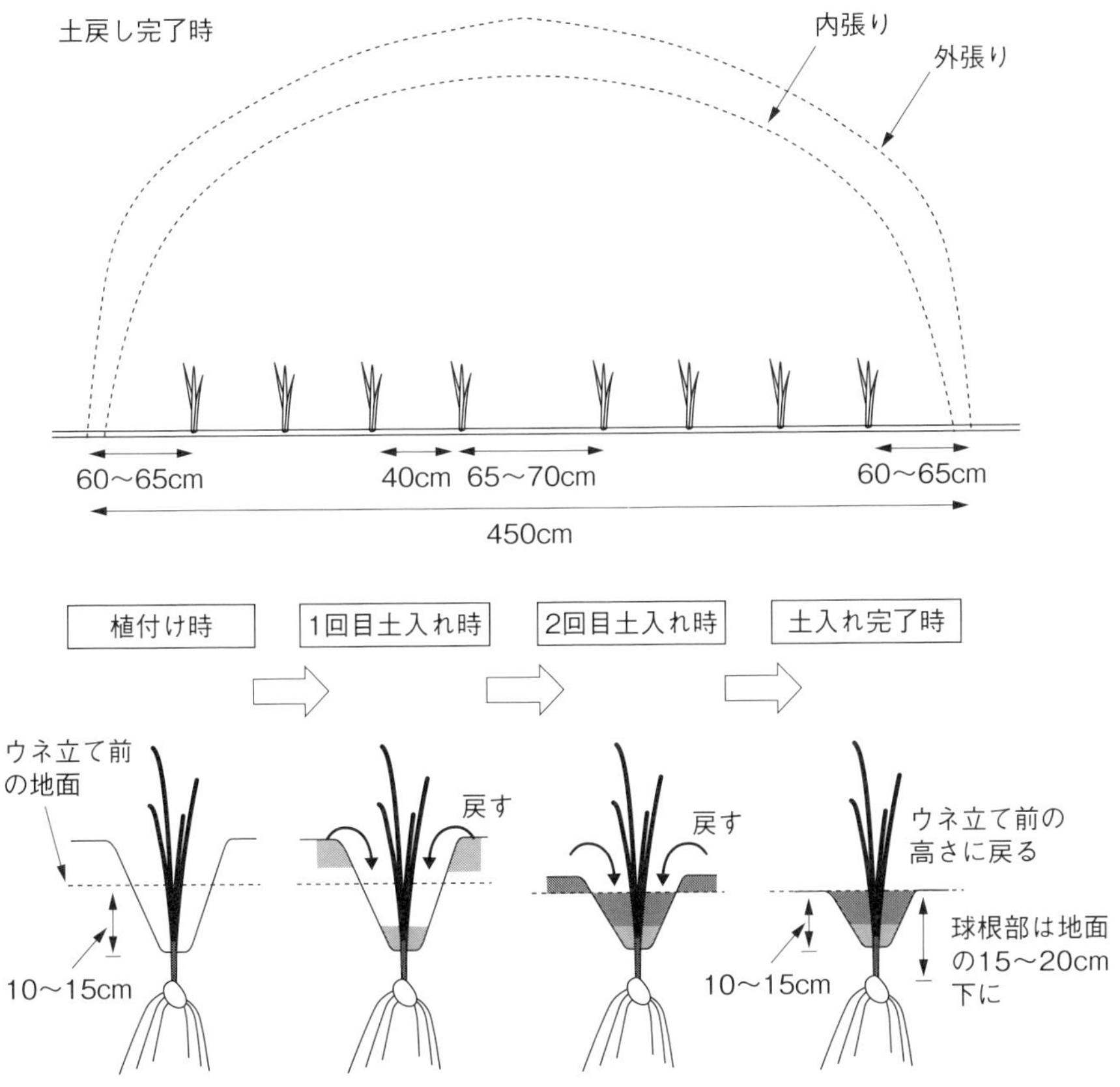

このネギのような栽培法は、関東の周年栽培では一般的に行なわれており、球根部が地中の深い部分に位置するため、過剰分げつが抑制され、株の1本1本が太くできる。また、土壌の乾燥や厳寒期の低地温の影響を受けにくくなる効果もあるようだ。

土戻し作業は晴天日に行なう。この作業によって、小さい雑草が枯死する効果も期待できる。雑草の生育はニラよりも早く、日光が遮蔽され、元肥を奪取されることから、ニラの生育が著しく阻害される。このため、土戻しが完了したら、2度目の除草剤散布を行ない、雑草抑制を図る。

③病害虫防除

定植後から9月前半までは高温多湿条件となるため、白絹病や軟腐病、アザミウマ類などの病害虫が多発する。とくに、白絹病や軟腐病は株が枯死して欠株になることもあるので、排水対策を十分にとり、薬剤による予防に努める。9月後半に気温が低下し始めると、入れ替わるように、さび病やネギコガが発生するようになる。こちらも、定期的な防除を心がける。

④追肥

ニラは、気温が低下し日長時間が短くなる9月ころから旺盛に分げつするようになる。これに合わせて追肥を行なうことで、根量を増やし、葉を広く、厚くし、生産力の高い葉にする。また、この時期は夜温が下がることから、株の消耗が少なくなり、吸肥力が強くなり、球根部への養分転流も始まる。

実際の追肥は、北関東では8月下旬から開始し、10月上旬には終了する。追肥の間隔は10～14日で、1回当たりの追肥量は窒素成分で10a当たり1～1・5kg、トータルで5kg程度、NK化成などを使用し、カリも同量を施用する（表6参照）。量と間隔は株できや天候により加減する。追肥を多くしても、収量が増えることはあまり期待できず、逆に窒素過多となって株が倒伏しやすくなり、病害発生を助長するので、適量を施肥すること。

(6) 捨て刈り、ハウスの保温開始

それまで露天状態で生育させてきたニラは、秋の深まりとともに葉で合成した同化養分を球根部に転流し、外葉から枯れ始める。さび病やネギコガの食害も受け、出荷できる状態ではない。株養成を行なった葉を刈り取って廃棄する作業を「捨て刈り」と呼ぶ。

そして、露天状態からビニール被覆とマルチを行ない、収穫に向けて生育に適した温度で保温する。この作業を「保温開始」と呼ぶ。一般的には多層被覆での保温で、二重ハウスに小トンネルを使用した三重被覆で保温する（図9、10）。

保温開始の時期の決まりはないが、収量・品質の面を考慮すると、球根部に養分が転流し終える、5℃以下の低温が500時間経過してからが望ましいとされる。その時期は北関東では12月中旬以降が適期で、この時期を

図9　3重被覆ハウス（k-15型ハウス）

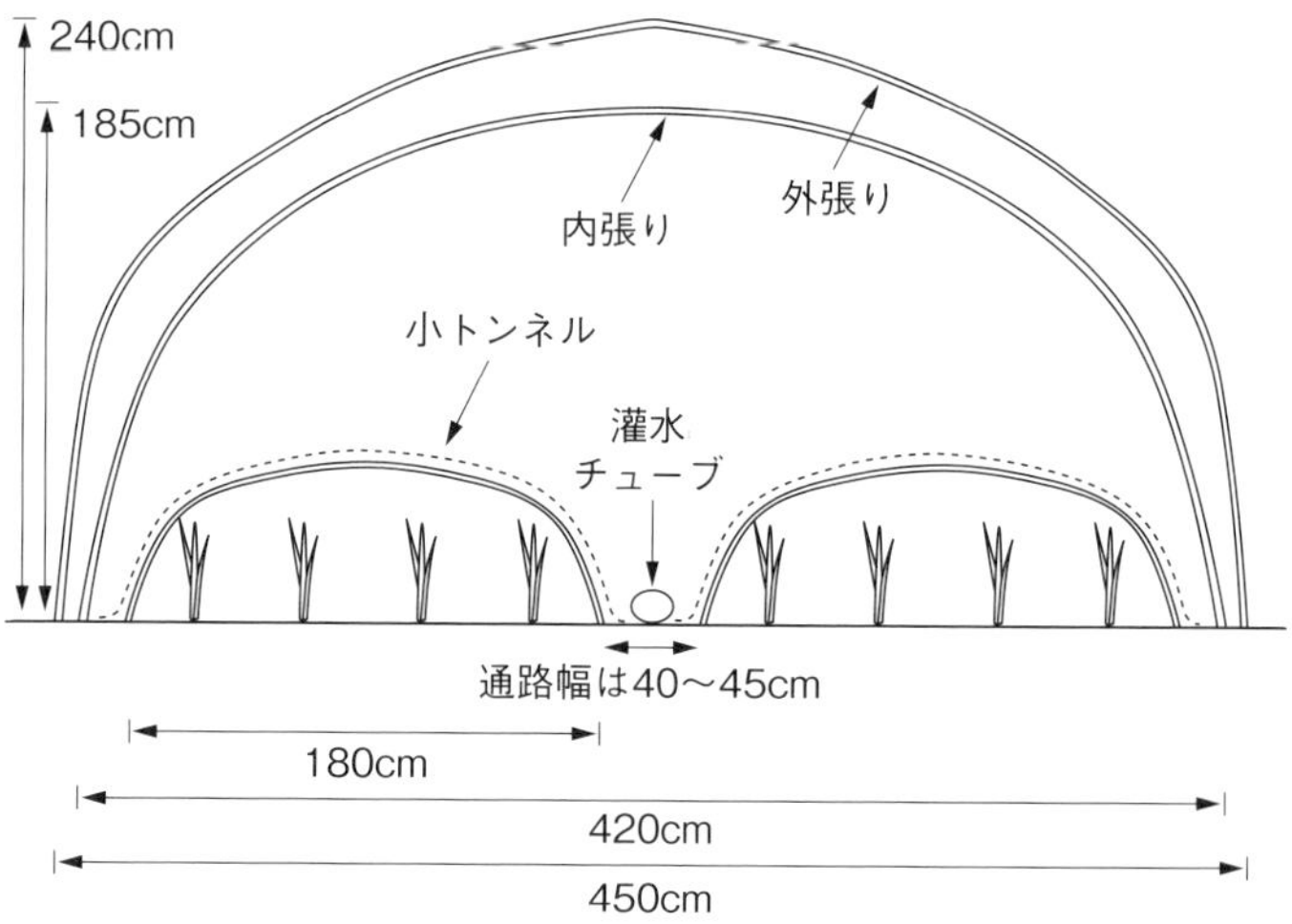

図10　小トンネルによる保温

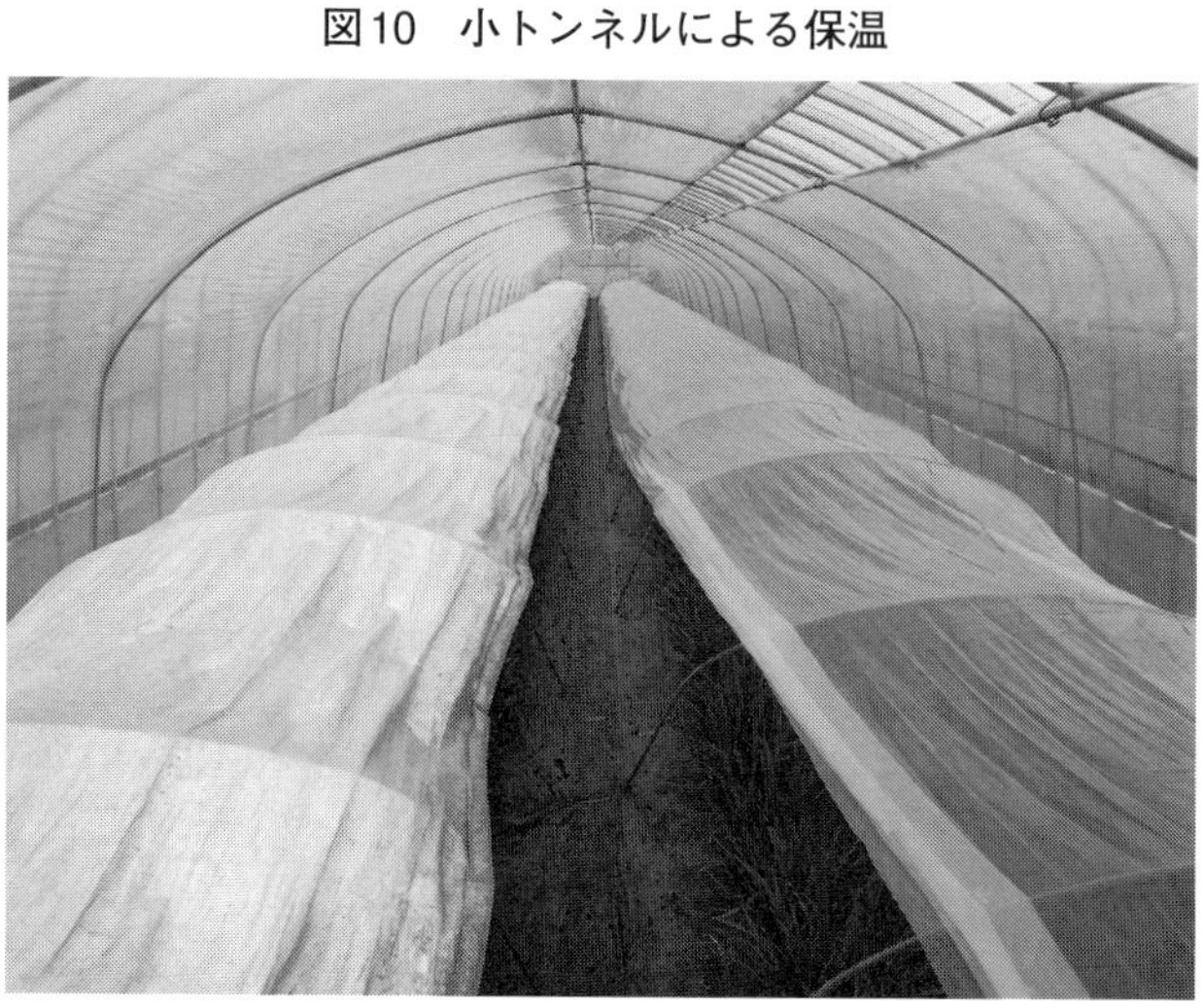

基準に、収量は望めないが単価のよい早期出荷をねらう「早期保温」も行なう。要するに、保温開始時期をずらし、長期間収穫を継続できるようにする。管理温度にもよるが、保温開始後35日前後で収穫となるので、収穫面積や作付け面積などを考慮し、収穫予定日を設定し、捨て刈りと保温開始の作業を計画的に行なう。

また、捨て刈り後は灌水を兼ねて、白斑葉枯病およびネダニ防除のための薬剤灌注を行なう。その後にマルチ（穴無し）を展張し、マルチを持ち上げるように萌芽してきたら、カミソリやバーナーなどでマルチに穴を開ける（切り出し）。厳寒期は地温が低いので、無加温栽培の場合は2月末までは追肥は行なわない。また、生育途中の灌水も2月中ごろまでは行なわず、収穫後に灌水を行なうのみにとどめる。

(7) 収穫までの温度管理

保温開始後の温度管理は、保温初期は萌芽を促進するために昼温30℃前後で管理し、萌芽後は温度を下げ、日中は最高気温を25℃、平均20℃前後で管理する。夜温は、5℃以上を確保する。日中の温度を35℃以上にする「蒸し込み」を行なうと生育速度が速まるが、ハウス内の湿度が高くなって白斑葉枯病を助長し、炭酸ガスの濃度が下がって株の消耗が著しく、次に伸びるニラが細くなる要因となる。また、昼夜間の温度格差（夜温が低く、昼の温度が高い）が大きいと、株の消耗が一層激しくなり、収量と品質の安定は望めない。さらに、厳寒期の生理障害である表皮剥離や葉先の枯れ込みが多発する。ニラの生育適温である20℃前後の温度を保つため換気を励行すると、湿度が下がり、外気が取り込まれる。昼夜間の温度格差をできるだけなくし、ある程度の時間をかけてじっくりと育てることが重要である。

ニラは何度も収穫できる野菜だが、現在葉が伸びているニラの生育日数や温度管理が、次に伸びてくるニラの収量と品質を決定づけるという点を理解し、管理を行なう。収穫後、次に収穫するまでの温度管理も同様で、3月末まではこの温度管理を継続する（図11）。

(8) 収穫・調製

ニラの草丈が45～50cmになったころが収穫適期である。生育期間は時期や管理温度により異なるが、厳寒期は35～40日、春から秋は20～25日で、規定の草丈に伸長する。

刈り取り後の調製作業が最も時間を要するので、調製できない量を収穫しないように注意する。また、連日出荷を行なうためには、1ハウスを何日かに分けて収穫する。

図11　厳寒期の温度管理の一例

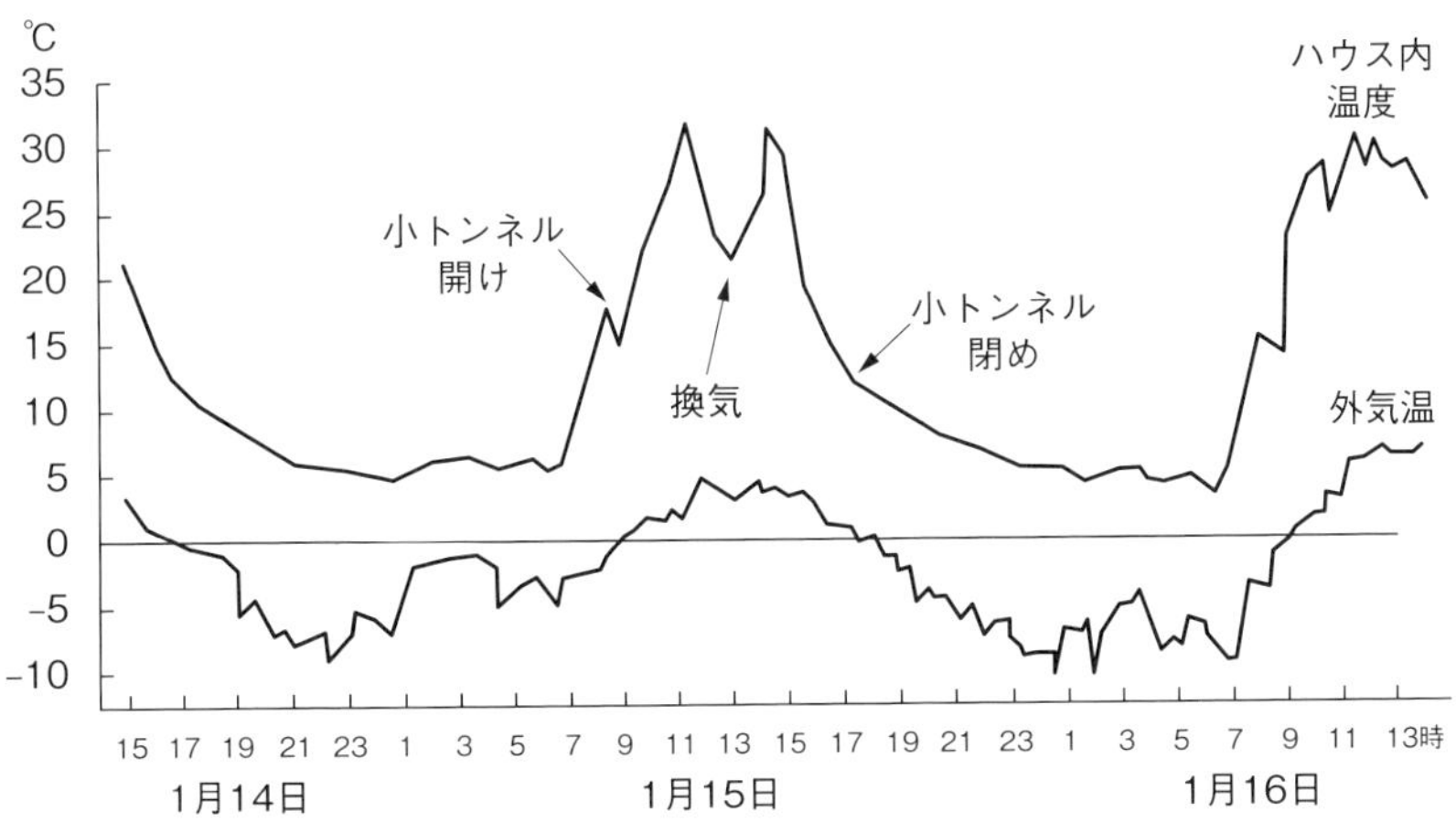

図12　ニラの収穫作業（1株ずつ鎌で刈り取る）

収穫作業はニラを1株ずつ刈り取る（図12）。鮮度や品質保持のため日中の高温時を避け、朝または夕方に行なう。収穫後は、ニラの萎れを防ぐため、直射日光を避けてポリフィルムなどで包み、速やかに予冷庫に入れ、品温を下げる。

ハカマ取り機などで刈り口の土やハカマ部分の枯れ葉を取り除き、テープ結束し、株元を切り揃え、1束当たり100ｇとする（図13）。出荷は10束入りの1袋を4袋入れた段ボール箱で出荷する。出荷まで再度予冷庫に入れ、品質保持を図る。とくに温度が高くなる春～秋どり栽培では、必ず予冷庫を利用するようにしたい。

図13　ニラの調製作業

(9) 暖候期の栽培管理

①灌水と追肥

収穫を継続する場合、雨よけ条件を継続する。3月以降は、気温・地温ともに上昇するので、2月下旬から灌水を開始し、3月以降は追肥を再開する。追肥は収穫ごとに1回当たり窒素成分で1～1.5kg／10aで、粒状化成や液肥を用いる。

②温度管理

3月以降は小トンネルは不要となり、気温上昇に合わせ、二重被覆も不要となる。4月後半からは、ハウスのサイド換気は解放したままでよい。温度管理の目安は、最低気温（外気）が5℃を下回らなくなるかどうかで判断する。

3月以降は日射量が増加し、とくに梅雨の合間や盛夏期は葉先が枯れるなどの生理障害が発生しやすいので、遮光率50％程度の遮光資材を活用し、地温と葉面温度の上昇を抑制するとよい。

③病害虫防除

3月以降は害虫の飛来が多くなる。アザミウマ類、アブラムシ類の早期防除を行なう。また、入梅後は白絹病、軟腐病が多発する。圃場への浸水を防ぎ、多灌水を避けるとともに、殺菌剤による予防を行なう。

④抽台への対処

収穫している株は、長日と気温上昇によって花芽が形成され、8月ころになると花蕾が出てくる。花蕾は出荷するニラに混入させな

表7　病害虫防除の方法

	病害虫名	症状・発生しやすい条件	対策・防除法
病気	白絹病	・地際に白いクモの巣状の菌糸が発生し地中の根が腐敗する。気温低下時には株元に粟粒状の菌核が多数形成される ・高温多湿条件や窒素過多で多発する	・排水対策を徹底し，窒素過多を避ける ・土入れ作業後や大雨の後に発生しやすいので，登録のある殺菌剤で，予防と，発生初期の防除を行なう
		防除薬剤：モンガリット粒剤，リゾレックス水和剤，バリダシン液剤5など	
	さび病	・葉の表面にオレンジ色の胞子塊が付着。進行すると葉が枯死することもある ・秋の気温の較差が大きい時期に発生。肥切れで発生しやすい	・秋の株養成時に肥切れさせないよう，適切に追肥を行なう ・登録のある殺菌剤で，予防と，発生初期の防除を行なう
		防除薬剤：トリフミン水和剤，ストロビーフロアブルなど	
	乾腐病	・葉先が赤紫色に変色し，徐々に葉が細くなる。球根を切断すると褐変が見られる ・連作が長い圃場で多い。土壌の乾湿の変動が多いと発生しやすい	・排水対策を施し，土壌の乾湿の変動を避ける ・発生後は治療できないので，発病株は掘り取り処分し，予防のため殺菌剤を灌注する
		防除薬剤：トップジンＭ水和剤	
	白斑葉枯病	・葉に白い斑紋を生じ，進行すると葉が褐色に枯れる。感染速度が速い ・冷涼な多湿条件で発生しやすく，窒素過多や過繁茂状態で発生を助長する	・窒素過多を避け，軟弱徒長を防止し，日中は換気を励行し湿度を下げる ・登録のある殺菌剤で，予防と，発生初期の防除を行なう
		防除薬剤：トップジンＭ水和剤，ストロビーフロアブル，セイビアーフロアブル20など	
	黒腐菌核病	・外葉から暗褐色に変色し萎れる。掘り取って観察すると地中部分に黒色の菌核が見られる。症状が進むと株が枯死する ・連作が長い圃場で低温期に発生する	・排水対策を行なう ・防除薬剤はない
害虫	アブラムシ類	・2mm程度の黒色のアブラムシ ・分泌物による葉の汚れや，吸汁による葉の奇形，ウイルス病の伝搬が問題となる ・出荷物への混入も問題になる	・育苗ハウス，本圃とも，防虫ネット被覆を行ない，有翅アブラムシの飛び込みを防止する ・登録薬剤を利用し，初期防除に努める
		防除薬剤：ダントツ水溶剤など	
	アザミウマ類	・幅0.5mm，体長1.5mmの微細な害虫で，葉の表面を食害，葉が白化して商品価値が著しく低下する。えそ条斑病を伝搬する ・高温乾燥で多発する	・収穫中の圃場は防虫ネットで被覆し，飛び込み防止に努める ・登録薬剤を利用し，防除に努める
		防除薬剤：アドマイヤー1粒剤，スピノエース顆粒水和剤，ファインセーブフロアブルなど	
	ネギコガ	・幼虫は体長10～15mm，緑白色。小型のガの幼虫。春と秋に多発する ・幼虫が葉を食害し，生育が阻害されるとともに，製品への混入の恐れがある	・発生初期に登録薬剤で防除する ・収穫中の圃場は，防虫ネット被覆などの耕種的防除も有効である
		防除薬剤：アグロスリン乳剤，ディアナSC	
	ネダニ	・体長1mm弱のダニが集団で球根部や地中の葉鞘部を食害する。葉の曲がりや萎縮が発生し，食害痕から腐敗することもある。苗が食害されると欠株となる ・年間発生し，被害が大きい	・連作圃場で年々被害が拡大するので，育苗ハウス，本圃とも，登録薬剤を活用して防除に努める
		防除薬剤：フォース粒剤，トクチオン乳剤，アプロードフロアブルなど	
	ナメクジ類	・多湿条件で発生。主に冬の収穫期に多発する ・出荷物への混入が最も問題になる	・誘因駆除剤を使用する ・できるだけハウス内の湿気を減らす
		誘引駆除剤：スラゴ	
生理障害	表皮剥離	・生長点が黒くなり，心止まりとなる ・厳寒期や乾燥条件，多窒素条件で発生しやすい	・高温や低温を避け，土壌を乾燥させない ・元肥や追肥，とくに窒素を過剰に施用しない ・発生が心配される場合は，カルシウム剤の葉面散布を行なう

いようにする。また、収穫を休んでいるニラの花蕾を放置すると株が消耗し、開花・結実まで放置すると種子がこぼれ落ちて雑草化するので、開花する前に摘み取って株の消耗を防止する。

⑤収穫終了

秋まで収穫を続けると、分げつが進行し、茎数が増加して、1本1本の茎が細くなってくる。また、10月以降は気温低下と日照時間が短くなるため、伸長速度が遅くなる。この時期で収穫を終了し、翌春に改植する。

4 病害虫防除

(1) 基本になる防除方法

ニラに発生する病害虫は表7のとおりで、とくにネダニは防除がむずかしい害虫である。また、春から秋にかけては雑草対策が重要となる。ニラに使用できる農薬は他の野菜よりも少なく、とくに除草剤は種類が少ないので、初期防除に努めることが重要である。

(2) 農薬を使わない工夫

生育期間全般を通じて排水対策を徹底し、根の健全な生育を図る。害虫対策としては、周囲の雑草防除や防虫効果のあるマルチ、防虫ネットの活用などを組み合わせる。病害対策としては、低温・多湿条件下（秋雨の時期）の白斑葉枯病対策が重要で、厳寒期であっても、温度確保と葉先の枯れ込みに注意して、晴天日はできるだけ湿気を抜くため換気を行なう。

雑草対策としては、手押しの除草機など物理的手段を活用し、捨て刈り後の収穫株にはマルチを使用するとよい。

5 経営的特徴

ニラは1度定植すれば複数回の収穫ができる。他の野菜との組合せには不向きだが、作型の組合せや保温開始時期をずらすことで、周年を通じて収穫・出荷が可能で、ニラの専作経営が十分成立する。また、軽量野菜であり、全作業のうち66・1％を収穫・調製が占めているので、女性や高齢者が調製作業に活躍できる。労働力に合わせて規模拡大する際の自由度も高い。他の施設園芸作物と比較して設備投資が少ない点も魅力である。

（執筆：藤澤秀明）

表8　ハウス周年栽培の経営指標

項目		収支構成率（%）	
収量（kg/10a）	4,500		
単価（円 /kg）	488		
粗収入（円 /10a）	2,193,750	100	
経営費（円 /10a）	909,205	41.4	100
種苗費	3,705		0.4
肥料費	45,885		5.0
農業薬剤費	25,473		2.8
小農具費	5,375		0.6
農機具等修繕費	32,697		3.6
諸材料費	16,180		1.8
公課諸負担物件税	13,590		1.5
光熱動力費	44,800		4.9
出荷資材費	375,075		41.3
支払労賃	13,453		1.5
土地改良費および水利費	6,000		0.7
償却費	326,973		36.0
農業所得（円 /10a）	1,284,545	58.6	
労働時間（時間 /10a）	961		

注1）冬ニラ（保温）＋夏ニラ　計80aでの経営収支（平成29年度版栃木県農業経営診断指標）
注2）10a当たりの費用内訳金額は四捨五入をしてあるので，経営費金額との整合性はない

セルリー

表1　セルリーの作型，特徴と栽培のポイント

主な作型と適地

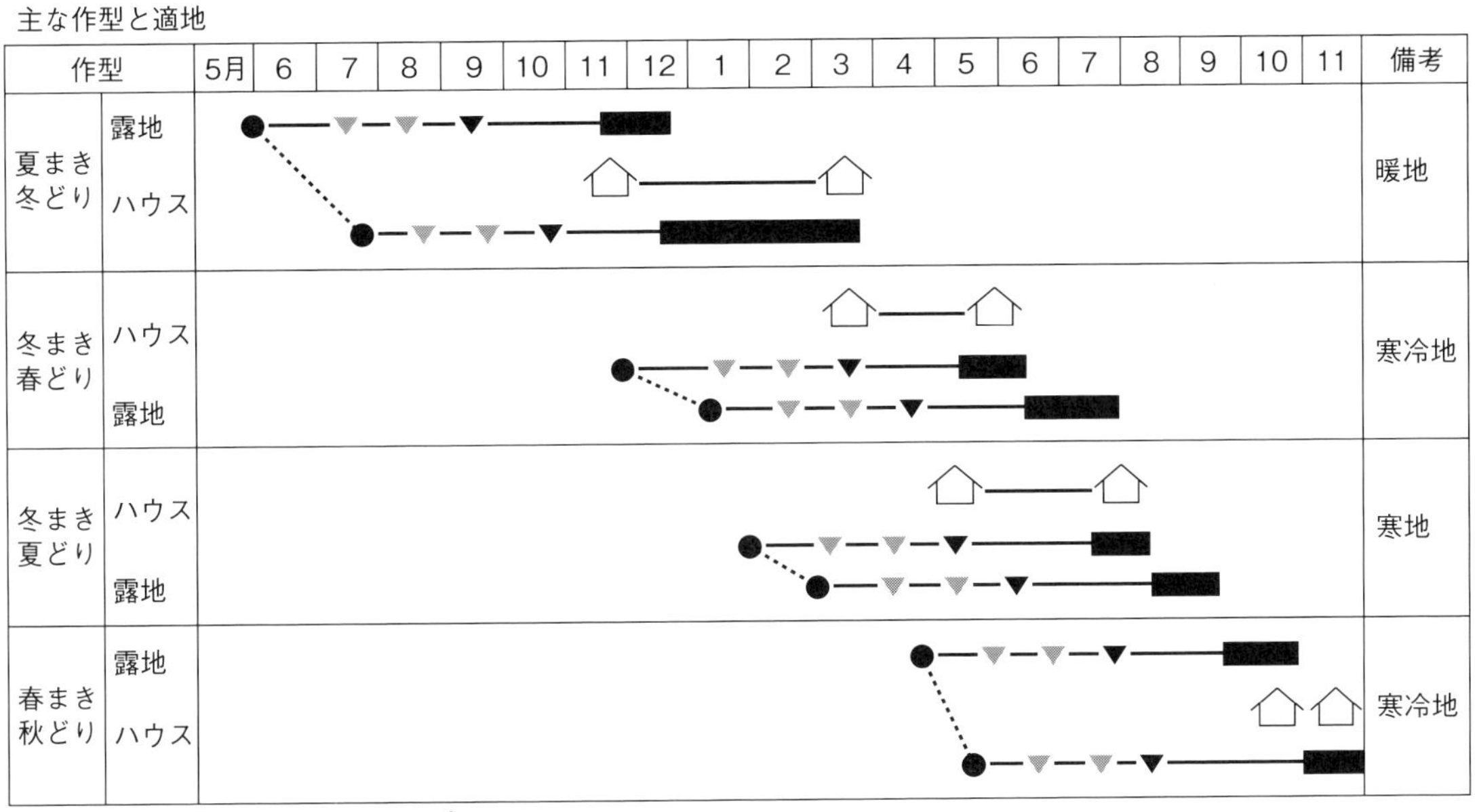

●：播種，▼（灰色）：移植，▼：定植，⌂：ハウス，■：収穫

特徴	名称	セルリー（セリ科オランダミツバ属）
	原産地・来歴	地中海沿岸，インドなど広い範囲が原産地とされる。日本では，昭和初期にアメリカから導入した品種が食用として普及した
	栄養・機能性成分	セダノライド(香気成分)による独特の香りを有する。ビタミンB_1, B_2, カロテンなどを含む。主な食用部位は葉柄だが，葉身にも栄養を多く含む
	機能性・薬効など	強壮，利尿，整腸に効果があるとされる。種子からはセルリーシードオイル，葉からはセルリーリーフオイルが抽出され，食品，化粧用品の香料に利用される
生理・生態的特徴	発芽条件	発芽適温は18～20℃とされ，光が当たる条件のほうが発芽率がよい。好適条件でも発芽まで8～10日程度必要。乾燥に弱く，発芽まで乾燥させないことが必要
	温度への反応	抽台を回避できる範囲での生育適温は昼温23℃，夜温18℃とされる。高温下では葉柄にス入りが増えやすく，0℃以下で凍害が発生する
	日照への反応	光が強いと横繁性，弱いと立性の生育を示す。花芽分化の主な要因は低温だが，長日条件でより促進される
	土壌適応性	排水良好で腐植の多い肥沃な土壌に適する。水分が多いほど生育は旺盛だが，収穫期になると湿害に弱い。最適土壌pHは5.6～6.8とされている
	抽台条件	15℃以下の低温遭遇で花芽分化する。育苗中から花芽分化し，大苗ほど短期間の低温遭遇で花芽分化する

（つづく）

栽培のポイント	主な病害虫	斑点病，葉枯病，軟腐病，硫黄病，萎縮炭疽病，ウイルス病（アブラムシ類），ハダニ類，ハモグリバエ類，ナメクジ類
	他の作物との組合せ	栽培期間が長く，きめ細やかな管理が必要なため，他品目との組合せがむずかしい。ただし，ハウス栽培やミニセルリー栽培では，花き類，軟弱葉物野菜との組合せ事例が見られる

表2　品種のタイプ，用途と品種例

品種のタイプ	用途	品種例
交雑群	生食，調理，ジュース	コーネル619，新コーネル619
緑色種	生食，調理，ジュース	トップセラー，ユタ系
スープ・セルリー群	調理	キンサイ
東洋在来種群	調理	コウサイ，コリアンダー

注）その他黄色種があるが，現在はほとんど見られない

この野菜の特徴と利用

(1) 野菜としての特徴と利用

セルリーは地中海沿岸やインドなど広い範囲が原産地とされ、野生種は湿地に自生していたと考えられる。日本に伝来したのは16世紀という記述があるが、広がったのは昭和10年以降である。当時アメリカで品種改良されたものがいくつか導入され、そのうち消費の嗜好から〝コーネル619〟が普及した。

セルリーの品種は大きく5つに分類され、主に交雑種が生食用に栽培されている（表2）。これは、消費者がスジが柔らかく、独特の香りが少ないセルリーを求めていること、1株ではなく葉を1本ずつかいて販売する形態が多いからである。交雑種の代表的な品種は〝コーネル619〟で、古くから各産地で利用されているほか、産地独自の系統選抜に利用される場合もある。また、緑色種の代表的な品種は〝トップセラー〟であり、生育期間が短く、密植で栽培するミニセルリー生産で主に用いられる。

消費はサラダなど生食が主体で、スープなどの加熱調理やジュースの原材料としての需要も増加してきている。

セルリーは主に葉柄の消費が一般的だが、栄養は葉身のほうが葉柄より優れている。強壮、利尿、整腸の効果があるとされ、ローマ、ギリシャ時代には食用より医薬用として栽培されていた。種子から抽出したセルリーシードオイルや、葉から抽出したセルリーリーフオイルは、食品や化粧品の香料として利用される。

(2) 生理的な特徴と適地

栽培の適地は、冷涼で適度な降雨があり、排水性のよい肥沃な土壌条件のところである。夏秋どりでは長野県が、冬春どりでは静岡県、福岡県、愛知県が主要な産地となっている。

セルリーは品種群によって生理・生態的特徴が異なるが、ここでは、主な栽培品種であるコーネル系品種の生理、生態について述べる。

①温度

生育適温は昼温23℃、夜温18℃、地温23℃の組合せがよいとされている。平均気温が23℃を超えると生育が劣り、軟腐病など病害が多発しやすくなる。0℃より低下すると凍害が発生する。

セルリーは15℃以下の低温遭遇により花芽分化が進むとされ、抽台株は商品性がなくなる。コーネル系品種は花芽分化に対する低温要求量が小さく、極短期間の低温遭遇で花芽分化する。育苗中から低温に感応し花芽分化するため、低温期の育苗はとくに注意が必要である。葉齢が進んだ苗ほど抽台の危険性が高くなる。また、日長も補助的に関係し、日長が長くなるほど抽台が早く、短ければ遅くなる。

そのため、育苗期間の目標管理温度は20℃±2℃とし、低温期には被覆資材、電熱線、温風暖房機を活用する。また、高温の管理では苗が徒長し、株の太りが劣るほか、病害の発生を助長する。育苗は90〜120日の長期にわたるが、細心の温度管理を心がける。

②光

光が弱いと草丈が伸びて、草姿も立性になる。強いと草丈は短く、横に広がる草姿となる。心葉の立ち上がりは、外葉によって内葉が遮光されることによって起こると考えられている。

株の肥大が十分でないうちに心葉を立ち上がらせると、丈は長いが肥大の悪い株になってしまう。肥大のよい株をつくるには、生育初期に十分に光を当て、地表に張りついたような形状の生育を十分に行なわせることが重要である。

③水分

セルリー栽培では、いずれの作型や栽培地でも灌水設備が必要である。生育と土壌水分は密接な関係があり、一般的に多湿条件下で地上部の生育がよい。セルリーは酸素が地上部から根に送られやすいため、水分が多い状態でも耐えられる。そのため、多湿条件下で発達した地下部が旺盛に養水分を吸収することで、地上部の生育を盛んにすると考えられている。

水分が多いほど生育がよいと考えがちだが、実際の畑を調査すると、水はけのよい、乾湿の差がある畑で収量が高い。大株をつくるには、生育初期に根域を十分確保し、この根域の広さによって、収穫期に株の肥大を進める必要がある。土壌水分が多いと根域が十分確保できないため、収量が低くなる。また、収穫間近になると湿害に弱くなる特性もあるため、耕盤破砕、深耕などによる排水のよい畑つくりが重要になる。

逆に乾燥が激しいと、心腐れ症が発生しやすい。心腐れ症はカルシウム欠乏による生理障害であり、心葉部分が黒く枯死する。

④肥料

葉洋菜類としては施肥量が多い品目である。吸収される肥料成分量は他の作物と比較して多くないが、セルリー栽培は灌水量が多く、肥料が流亡しやすい。そのため、肥料を有効利用するため、追肥回数が多いのもこの作物の特徴といえる。また、生育に対応した溶出パターンの緩効性肥料の利用など、減肥と省力を兼ねた栽培も検討されている。

排水性のよい畑をつくるため、堆肥を多く使用するのも特徴的である。灌水で土壌が硬くなるのを防ぐためにも、良質な有機物の補給などの土つくりが重要となる。

商品性を低下させる生理障害に、ホウ素欠乏症がある。茎にひびが入ったり、ささくれたりする。窒素、リン酸、カリの3要素以外に、微量要素の施肥も忘れないようにする。

（執筆：中塚雄介）

春まき秋どり栽培

1 この作型の特徴と導入

(1) 作型の特徴と導入の注意点

秋どり作型は、露地作からハウス作まで栽培が連続する。高冷地の露地秋どり栽培は、セルリーの作型の中では、施設、資材費が少なく、栽培も比較的容易にできる。初めてセルリーを栽培する人にお勧めできる作型である。ハウス作は、無被覆のハウスに定植し、生育途中から被覆を展張する。

気温上昇期に栽培を開始するため、低温遭遇による育苗中の花芽分化のリスクが小さく、無加温育苗が可能である。ただし、定植時期が梅雨明け後の高温や乾燥と重なりやすいため、定植後の灌水が重要である。

比較的安定して栽培できる作型であり、単価はやや低い傾向にある。収量は10a当たり5t程度を目標とする。

(2) 他の野菜・作物との組合せ方

実際の経営事例では、施設を有効に利用するため、花きやホウレンソウなど軟弱野菜との組合せが見られる。

しかし、セルリーは作物の特性上、多くの労力と細心の注意が必要であるため、他の作物との組合せはむずかしい。1作にかかる経費も多く、失敗すると経営に大きな影響を与える。したがって、セルリーの栽培期間中は、他の作物を栽培しないほうが無難だろう。とくに新規の生産者は、セルリー専作で取り組むようにしたい。

ただし、連作圃場では土壌病害発生のリスクが高まる。とくに露地栽培では、薬剤による土壌消毒以外の防除がむずかしいため、セリ科以外の作物との輪作を視野に入れたい。

図1　セルリーの春まき秋どり栽培　栽培暦例

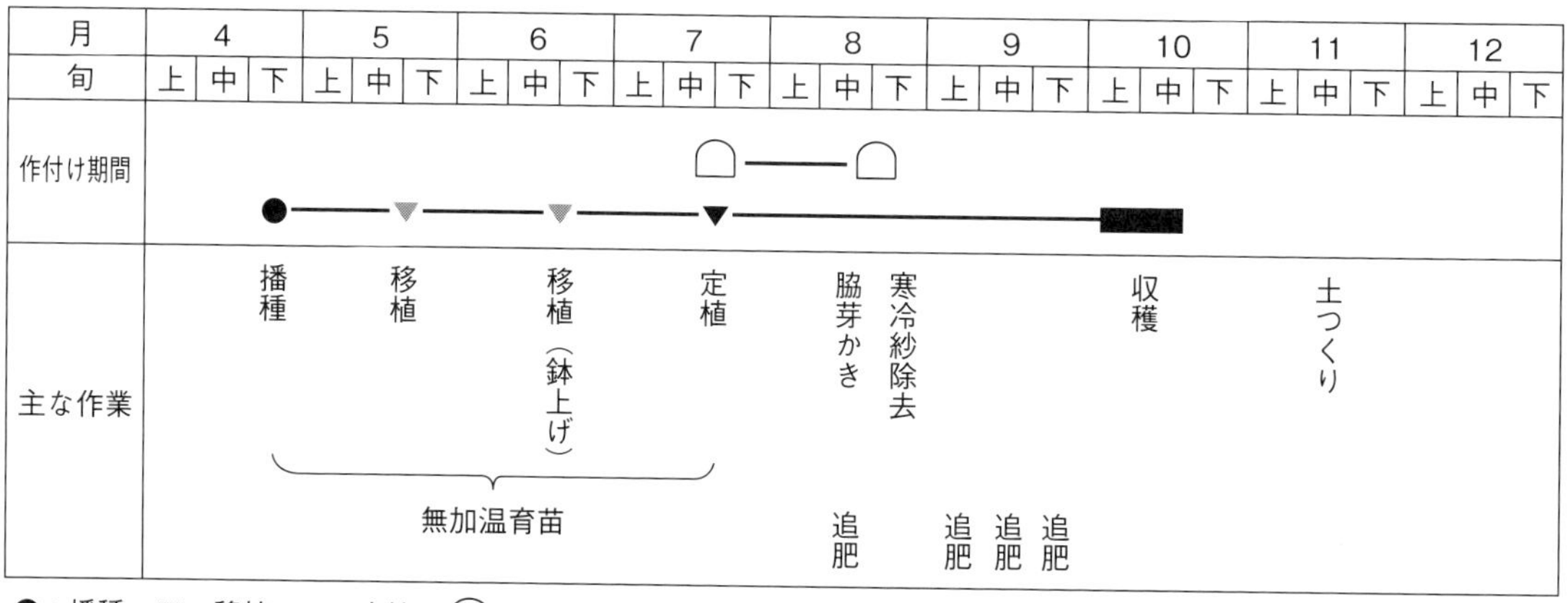

●：播種，▼：移植，▼：定植，⌒：防虫ネットトンネルがけ，■：収穫

2 栽培のおさえどころ

(1) どこで失敗しやすいか

高温期の生育　セルリーは高温期に生育が劣り、病害が発生しやすい。高温期に良好な生育をさせることが栽培のポイントとなる。高温期を過ぎたのち、気温が低下して好適な気象条件になった際に、株の肥大が順調に進むことが望ましい。

病害虫防除　栽培で最も気をつけなければいけない点に病害虫防除がある。セルリーには、防除が適切でなければ全滅するような病害虫が多い。注意する病害には、軟腐病、斑点病、葉枯病、害虫には、アブラムシ類（ウイルス病）、ダニ類、ハモグリバエ類などがある。また、育苗は90日程度の長期にわたるため、育苗中の病害虫防除にはとくに注意する。

(2) おいしく安全につくるためのポイント

柔らかいセルリーほど食味の評価が高い。一方で、葉柄内部にス入りがあると商品性がなくなってしまう。高品質なセルリーを生産するには、生育を停滞させず、生育期間を短くして収穫することが重要である。

重要な病害虫が多いが、農薬を必要以上に散布するのは好ましくない。適期防除を心がけるとともに、耕種的防除技術を組み合わせる。

(3) 品種の選び方

国内で生食用に流通しているセルリーは、2kg程度の大株で出荷され、販売店で一葉ごと個包装される形態が多い。また、品質面では柔らかく、香りが少なく、葉柄部が淡緑のものが好まれる。したがって、耐暑性があり病害に強く大株生産が可能で、市場の要求に応える品質を備える品種が求められる。

しかし、国内でのセルリー育種は盛んではなく、品種数は非常に少ない。古くから、栽培品種は〝コーネル619〟がほとんどである。近年、そろい性を向上させた〝新コーネル619〟として販売種子の切り替えが進んでいる。

3 栽培の手順

(1) 育苗のやり方

育苗に当たってのポイントは3つある。

①防虫ネットをハウス全面に張るかトンネルがけをして、アブラムシ類を徹底的に防除する。

②徒長苗は定植後の活着が遅れ、軟腐病に感染する機会を与えるため、しっかりした苗をつくる。

③斑点病、葉枯病を絶対に発生させない。苗床での発病は急激であり、畑へ持ちこんだ場合は防除が困難となる。

種子は10mℓで1万粒程度と小粒で、育苗箱へのばら播きや条播きとするのが一般的である。発芽率がやや低く、揃いもやや悪いため、1a当たりの播種量は1mℓ／箱が目安となる。床土の深さは5cm程度必要で、床土量が不足すると灌水むらができやすく、生育の不揃いなどにつながる。播種および覆土は均一に薄く実施し、乾燥防止、地温上昇を兼ねて被覆資材で覆う。18～20℃の適温でも、発芽まで8～10日程度を要する。

表3　春まき秋どり栽培のポイント

	技術目標とポイント	技術内容
定植の準備	◎排水性の向上と土つくり	・排水の悪い畑は，深耕などにより排水性の向上を図る。堆肥5,000kg/10a程度を施用する
	◎適正な施肥量	・前年秋に石灰，リン酸を全面散布する。施肥量は10a当たり成分量で窒素50～100kg，リン酸30～60kg，カリ30～70kg程度。露地作型1作の場合，元肥に全施肥量の50～60％を施用し，残りを追肥で4～5回程度に分けて施用する
	◎適正な栽植密度	・ウネ幅135～150cm，株間40～45cm，条間50cm程度，2条千鳥栽培で，3,500株/10aを目標とする
	◎ウネつくり	・湿害対策のため，ウネ高さを20～25cmにする
	◎マルチがけ	・アブラムシ類忌避，地温上昇抑制を目的に，反射マルチ，白黒マルチなどを使用する。マルチのかけ方は，灌水で水の浸入が容易になるように工夫する
育苗方法	◎適正な育苗方法 ・植え傷み防止による軟腐病回避	・育苗箱に播種する。本葉2枚ころに128～200穴セルトレイなどへ1回目の移植を行なう。本葉4枚ころに9cmポリポットに鉢上げし，本葉8枚前後まで育苗する
	・無病土の使用	・土壌病害が発生した圃場の土を使用しない。土壌消毒の徹底
	・無病苗つくり	・斑点病，葉枯病を発生させない。定期防除
	・活着のよい苗をつくる	・徒長させない小苗を目標とする。根巻きさせない
	・均一な生育	・移植時の苗の選抜，苗のずらしによる均一な生育
定植方法	◎適正な定植方法	・植穴と鉢土を密着させる。心葉に土を入れないように注意する
	◎防虫ネットの利用	・アブラムシ類回避のために，定植後防虫ネットをトンネルがけする
	◎活着までの灌水管理	・活着のよしあしが収量に影響する。灌水によって良好な活着を促す。灌水は定植後7～10日までに3～4回，短い間隔で行なう
定植後の管理	◎目標とする草姿	・生育初期は，草姿を地表に張り付いたような形状にし，根張りを促進させる。脇芽かき後に心葉が立ち上がるころから株の肥大を図る
	◎灌水	・活着後，1回の灌水量を若干多くし，間隔を長くとる。脇芽かき直後は傷口からの軟腐病の侵入を防ぐため，灌水を避ける。心葉が立ち始めたころから徐々に間隔を縮めていき，収穫20日前あたりから毎日灌水する
	◎追肥	・株元への施用や局所的な施用は避け，条間やウネ間に追肥する。高温期は軟腐病が発生しやすいため，追肥の種類や量に注意する。液肥で追肥する際は，液肥を散布した後，水だけを数分灌水し，濃度障害による葉の焼けを防止する
	◎脇芽かき	・定植35～40日後を目安に脇芽と下葉をかく。下葉のかきすぎに注意する
	◎防虫ネットの除去	・脇芽かき後，セルリーが防虫ネットを持ち上げるようになったとき，ネットを除去する
	◎心腐れ症対策	・乾燥，高温，多肥などの条件下で発生が多い。発生前から塩化カルシウム0.5％液を予防的に散布することで，ある程度発生を抑えられる
	◎病害虫防除	・予防防除を基本とし，灌水とタイミングをずらして薬散を行なう
収穫	◎適期収穫	・ハウスや露地の適温期では定植後65～80日，晩秋作では定植後90日程度で収穫となる。調製した状態で1.8～2kg程度の大株生産を目標とする。在圃日数が長くなると葉柄部へのス入りが増え，商品性がなくなるため，適期収穫を心がける

秋どり作型は小苗を目標とし、播種から定植までに2回移植を行なう。発芽後、本葉2枚程度まで生育が進んだ時点で128～200穴セルトレイなどへ1回目の移植を行ない、4葉ころまで育苗を行なう（図2）。2回目の移植はポリポットへの鉢上げとなり、9cmポットを用いて、葉数8枚程度まで育苗する。セルリーは断根による植え傷みが直接収量に影響を与えるので、移植の際には根を切らないようにていねいに作業する。8葉程度の小苗を定植するのは、植え傷みによる軟腐病の発生を防止するためである。

(2) 定植のやり方

施肥の配分は前歴によって異なり、年1作の秋どり作型の場合は、元肥に全施肥量の50～60%を施し、残りを追肥で4～5回に分けて施す（表4）。これは夏期の軟腐病対策のためでもある。セルリーは多肥栽培のため軟腐病が発生しやすいので、土質による圃場差、前歴の差による施肥量の違いに注意を払う。

密植ほど収量は多いが、株当たり重量は小さくなる。大株生産が目標のため、ウネ幅135～150cm、株間40～45cm、条間50cm（2条千鳥）、10a当たり3500株程度の栽植密度がよい。

セルリーは多量の灌水が必要だが、一方で根圏が浅く広がり生育後半の過湿に弱いため、できる限り高ウネで栽培する。ウネの高さを20～25cm確保し、根圏の過湿を防ぐ。ウネが低いと過湿になり、生育が劣るだけでなく、軟腐病も発生しやすい。

地温上昇を抑制するための白黒マルチや、アブラムシ忌避効果が期待される反射マルチなどを使用する。マルチのかけ方は、灌水の水が浸入できるように工夫する。これはウネが高いほど重要になる。方法は、①ウネ全体を包まず、床面よりわずか垂れる程度にかける、②ウネの中央部をやや窪ませ、マルチに切れ目か穴をあける、③生育後半にウネの肩の部分を切り、水が入るようにする。また、土の跳ね上がりや雑草発生の防止、栽培終了後の有機物補給のために通路にワラを敷く。

植穴の深さは鉢土の高さと同じくらいとし、苗を入れた後に植穴のまわりに土を入れて水でおちつかせ、鉢土を押さえて土と密着させる。定植時に心葉に土を入れないように注意する。アブラムシ類回避のため、定植後に防虫ネットをトンネルがけする。

図2　200穴セルトレイへの移植の様子

左：移植後1日，右：移植後18日

表4　施肥例　（単位：kg/10a）

	肥料名	施肥量	成分量 窒素	成分量 リン酸	成分量 カリ
元肥	前年秋施用				
	堆肥	5,000			
	炭酸苦土石灰	60			
	重焼燐	60		21.0	
	石灰窒素	40	8.0		
	定植前施用				
	発酵鶏糞	150	4.5	7.5	4.5
	化成肥料	200	26.0	20.0	26.0
追肥	有機質肥料	40	3.2	3.2	3.2
	追肥用化成肥料	40	5.6		5.6
	硫安	20	4.2		
	硝安	20	6.8		
施肥成分量			58.3	51.7	39.3

注1）堆肥の成分量は計算していない
注2）土質，前作によって施肥量を調整する

(3) 定植後の管理

① 灌水

灌水は頭上灌水とし、生育に応じて行なう。定植後10日までは短い間隔で数回、活着後は株張りを促進させるため、1回の灌水量を若干多くし間隔を長くとる。脇芽かき直後は、傷口からの軟腐病の侵入を防ぐため、灌水を避ける。心葉が立ち始めたころから徐々に灌水の間隔を縮めて、収穫20日前ころからは毎日行なう。1回の灌水時間は10～20分程度とし、ウネ間への水のたまる状態を見て、適宜調整する。日中高温時の多量灌水は軟腐病を誘発しやすいため、灌

図4　脇芽かき直後のセルリー

図3　脇芽かきの方法

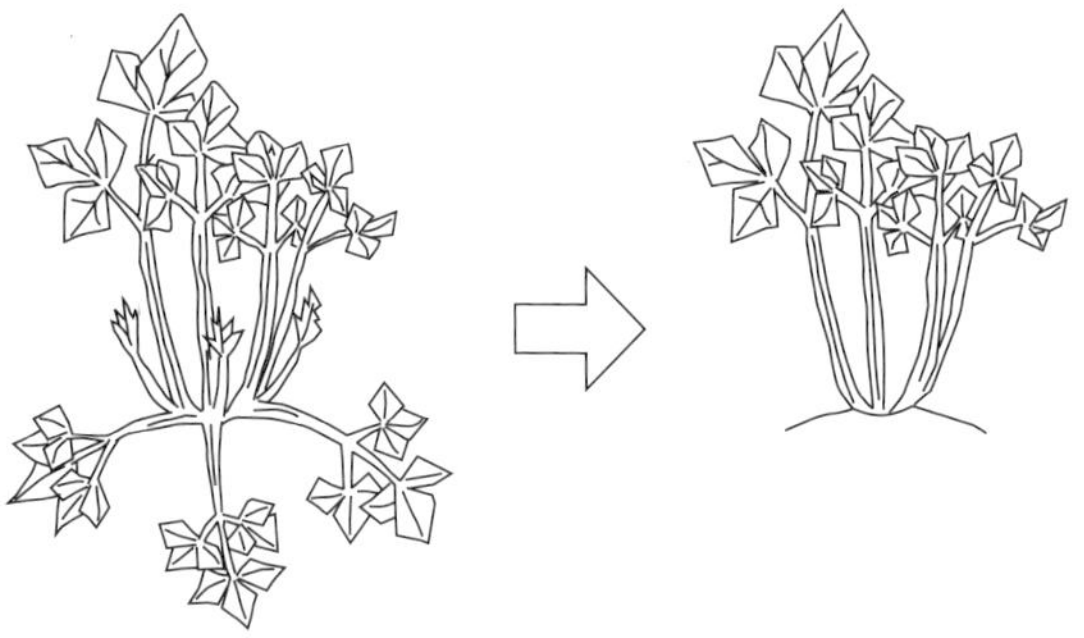

株の肥大を促すために下葉とともに脇芽をかく。かき方が悪いと再度脇芽が発生して，もう一度作業をすることになる。かきすぎると生育が抑制される

水過多に注意しつつ、午前中に実施する。

②脇芽かき

定植後30~40日になると、脇芽が伸びてくる。この脇芽が5~7cmに生長したところで、下葉とともにかき取る（図3、4）。早期にかき取ると生育後期に再度かくことになり、時期が遅いと株の肥大が遅れる。また、下葉をかきすぎると、その後の生育が遅くなる。

脇芽かき後、セルリーが防虫ネットを持ち上げるようであれば、ネットを除去する。

③追肥

セルリーの生育様相に応じた追肥が重要となる。心葉が出始めて、葉が急速に大きくなるころから肥効を高め、収穫前20日前後から

表5　病害虫防除の方法

	病害虫名	防除法
病気	葉枯病 斑点病	1. 発病は急激に拡大し，防除が困難となるため，予防防除を行なう。定期的に薬剤散布する 2. 苗床での高温多湿を避け，育苗中に発病させない 3. 生育後期は灌水の必要があり，薬剤防除がむずかしいため，生育中期までの防除を徹底する 4. 脇芽かき時に，病害葉も除去する 5. 農薬ごとに定められた使用方法，使用時期などを遵守して農薬散布を行なう。耐性菌が出現する可能性があるため，同一系統の薬剤の連用を避ける
	軟腐病	1. 薬剤だけでの防除はむずかしい。定植時の植え傷み防止，肥料過多や灌水過多防止などの耕種的防除に努める 2. 防除薬剤には銅剤などがある
	萎縮炭疽病	1. 薬剤だけでの防除はむずかしい。発病株は抜き取り，圃場外で処分する 2. 敷ワラやポリマルチなどにより土壌の跳ね上がりを防ぐ 3. 種子伝染するため，播種前に種子を温湯消毒する（50℃の温湯に30分浸漬する）
害虫	アブラムシ類（モザイク病）	1. 薬剤だけでの防除はむずかしく，耕種的防除に努める 2. 5月以降播種の作期では，育苗中から定植後30～40日まで防虫ネットをトンネルがけする 3. 発生後，急激に増加するため，初期防除を徹底する 4. 薬剤抵抗性が発達しやすいため，系統の異なる薬剤のローテーション防除を心がける
	ハダニ類	1. 発生初期に防除を徹底する 2. 薬剤が葉裏にかかるよう，ていねいに散布する
	ハモグリバエ類	1. 育苗時から発生しない管理をする 2. 脇芽かき時，被害葉を圃場外へ持ち出して処分する
	ナメクジ類	1. 圃場周辺の雑草を除去する 2. 燐酸第二鉄粒剤を株元に処理し，ナメクジ類の接近を抑える。植物体上に粒が残ると異物混入となるため，処理の際は注意する

収穫までの期間に、肥効が最大になるようにする。そのため、初期の追肥に遅効性の肥料を使用し、徐々に速効性の肥料へ切りかえていく。

追肥は、株元への施用や局所的な施用は避け、条間やウネ間に施用する。高温期には軟腐病が発生しやすいため、追肥の種類や量に注意する。液肥で施肥する場合は、液肥を散布した後に水だけを数分間灌水し、濃度障害による葉焼けを防止する。

④生理障害対策

生理障害では、石灰欠乏により心腐れ症が発生する。乾燥、高温、多肥などにより石灰の吸収が阻害されると発生が多い。20℃を超える高温で発生しやすく、苗床でも、本葉約5枚以上では高温条件で発生する。とくにトンネルなどの被覆内は、晴天日に容易に気温が上昇するため発生しやすい。塩化カルシウム0・5％液を1週間間隔程度で予防的に散布することで、ある程度発生を抑えられる。なお、心腐れ症で壊死した細胞を回復させることはできないので注意する。

(4) 収穫

ハウスや露地の適温期では定植後65～80日、晩秋作では定植後90日程度が収穫の目安となる。外葉などを取り除いて、調製した状態で1・8～2kg程度の大株に仕上げるのを目標とする。大株収穫が目標であるが、在圃日数に注意する。在圃日数が長くなると株が老化し、葉柄部へのス入りが増えてしまう。株の大小よりも品質を重視して適期収穫を心がける。

4 病害虫防除

(1) 基本になる防除方法

病害虫防除は予防と早期防除が基本となり、多発生してからの防除では効果が期待できない。栽培管理に頭上灌水が必須となるため、農薬散布と灌水のタイミングに注意する。軟腐病、萎縮炭疽病、アブラムシ類によるウイルス病など農薬散布だけでは十分な効果が得られない病害虫もあるので、耕種的防除や物理的防除を併用する。

(2) 農薬を使わない工夫

セルリーは、品種の選択肢が非常に限られるため、他品目のような、病害抵抗性品種の利用はむずかしい。また、前述のとおり、薬剤防除と灌水の兼ね合いもある。温湯種子消毒、圃場の排水性改善、マルチや敷ワラによる土の跳ね上がり防止、罹病葉や被害葉の圃場外への持ち出し、防虫ネットのトンネルがけなど、耕種的・物理的防除を活用することが農薬の使用を抑えることにつながる。

表6　セルリー栽培の経営指標

項目	
経営費　（円 /10a）	
種苗費	810
肥料費	62,789
農薬費	51,545
諸材料費	52,637
光熱・動力費	13,520
小農具費	1,500
修繕費	16,659
土地改良・水利費	1,000
償却費（建物・農機具など）	91,243
支払利息	32,907
雇用労賃	16,929
雑費	1,000
流通経費	316,825
生産物収量（kg/10a）	5,000
平均単価（円 /kg）	245
粗収益（円 /10a）	1,225,000
農業所得（円 /10a）	565,636
労働時間（時間 /10a）	343

注1）「農業経営指標」（長野県農政部，平成29年発行）より抜粋，一部改変
注2）露地，ハウス秋作をあわせた経営，JA出荷を想定

5 経営的特徴

セルリーは小口の販売を目的とした経営形態には不向きであり、補助品目的に取り組むのでなく、基幹品目として取り組みたい。最初は作付け延べ面積60a、出荷3000箱程度を目標とし、栽培技術の習熟にあわせて経営規模を拡大していく。

（執筆：中塚雄介）

夏まき冬春どり栽培

1 この作型の特徴と導入

冬春どり栽培は、露地作型およびハウス冬どり作型では定植以降がセルリーの生育に適した温度帯での栽培となるため、最もつくりやすい作型となる。ただし、育苗期が高温期にあたるため、高温障害や病害虫の発生防止に注意を払う必要がある。

ハウス春どり作型は育苗・定植期間が厳寒期にあたるため、春に抽台の発生や生育のばらつきが問題となる。

2 栽培の手順

(1) 育苗のやり方

①播種と育苗の準備

育苗箱に播種する場合は、育苗箱と市販培土を準備する。地床育苗の場合は、本圃10aにつき6㎡用意する。床幅120cm、高さ10cmにし、中央部をやや高めにして水はけを図る。

育苗期が高温・多雨期にあたるため、育苗場所は通風、排水、日

図5　セルリーの夏まき冬春どり栽培　栽培暦例

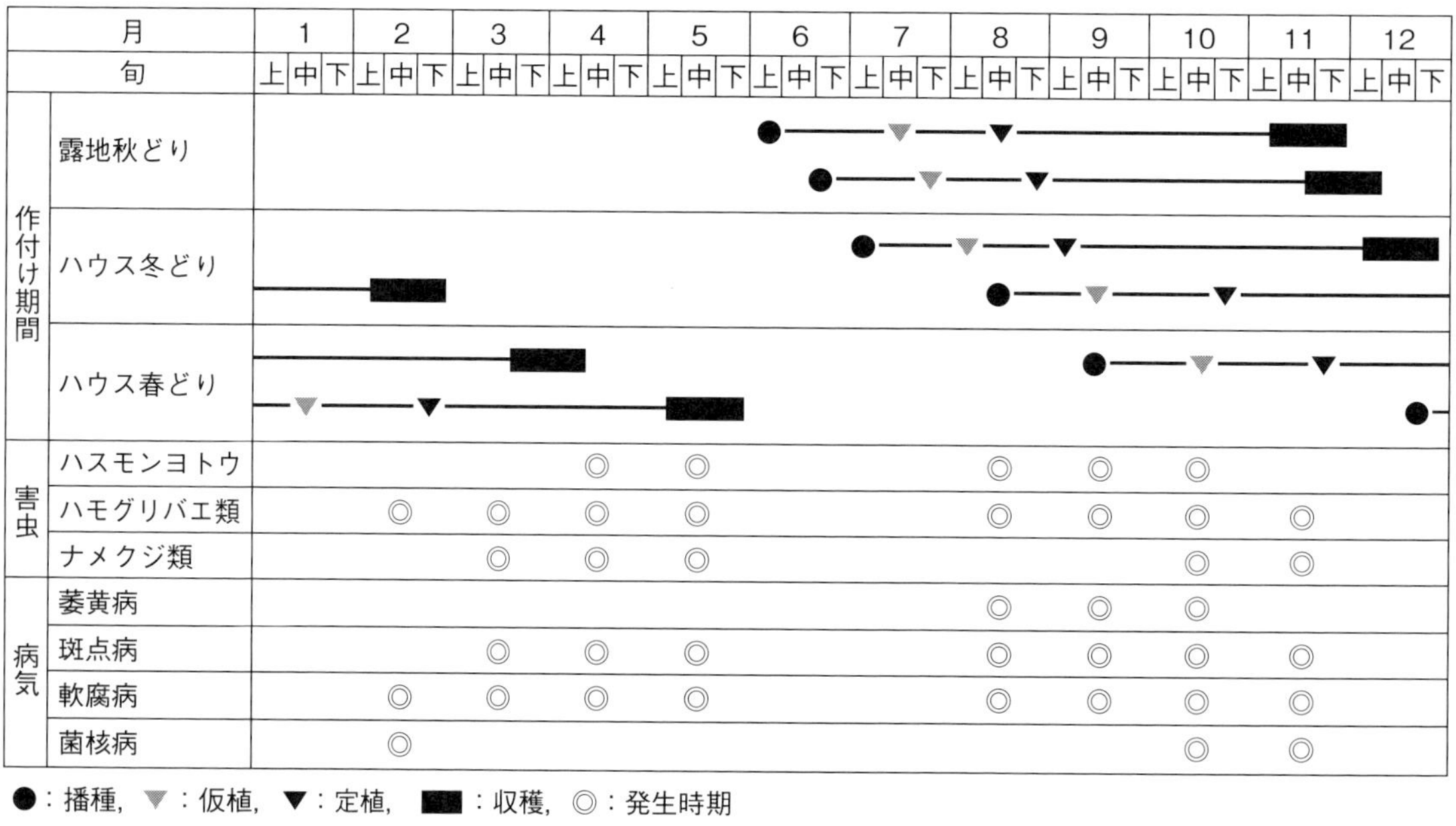

当たりのよいところを選定する。育苗は雨よけハウスで実施する。床土は有機質に富み、保水、排水性がよいものを利用する。アブラムシ類が媒介するモザイク病を予防、また地温・気温の抑制のため、育苗ハウスの全面は白寒冷紗で被覆する。

②播種のやり方と管理

10a当たり20mlの種子を用意する。

育苗箱に市販培土を5cmの厚さに敷き詰め、種子をばら播きにする。セルリーの種子は好光性であるため覆土は薄くかけ、寒冷紗、不織布などをベタがけし、十分に灌水する。地床育苗の場合は6㎡の播種床にばら播きし、ベタがけする。

梅雨明け以降の高温期に播種する場合は、発芽が悪くなるので催芽処理が必要になる。25℃以下の冷房室で1週間催芽処理し、芽ぶいたとき播種する。

発芽までは乾燥させないように、こまめに灌水する。播種後1週間ほどで発芽し始め、10日ほどで揃う。6～7割発芽したときに、ベタがけを外す。急激な環境変化をなくすため、ベタがけの除去は夕方に行なう。除去が遅れると徒長苗になるので注意する。

発芽揃い後は灌水を控えめにする。密植部、不良苗を中心に間引きを行ない、最終的に1・5cm間隔になるようにする。

③仮植のやり方

仮植は播種後25日前後、本葉2～2・5枚の苗を鉢上げする。鉢は16穴連結トレイ（30cm×30cm）または32穴セルトレイ（60cm×30cm）を使用する。培土は、市販培土を使用、鉢の8～9割まで入れる。苗の葉枚数を揃えて仮植することで生育が揃う。

地床の場合は、100㎡当たり苦土石灰10～20kg、配合肥料（8-6-7）10～20kg、完熟堆肥200kgを仮植10日前までに全面施用し、土と十分に混和しておく。本葉2～2・5枚の苗を9cm×9cmの間隔に深植えとならないように仮植する。

仮植後、十分に灌水し、黒寒冷紗などで遮光する。植え傷みを防止するため、活着するまで4～5日間の管理に気をつける。灌水は日中の暑い時期を避け、朝、夕に行なう。

活着後は、灌水を控えめに管理する。灌水が多すぎると、徒長や立枯病の発生を助長する。仮植後15～20日で追肥を行なう。露地およびハウス冬どり作型では育苗ハウス内温度を下げ、徒長を防止するため、ハウスの肩をなるべく高くまで開放する。ハウス内の通気を図るため扇風機や循環扇などを設置して空気を循環させると、徒長防止、病害防止に効果がある（図6）。ハウス春どり作型では、育苗ハウス内の温度を13℃以上に維持する。

(2) 定植のやり方

①定植の準備

8月中～下旬定植、11月下旬～12月上旬収穫では露地栽培、それ以降の作型ではハウス栽培が基本となる。

図6　育苗中のセルリー

施肥例（表7）を参考に、定植10日ほど前までに元肥を全面施用し、ロータリーで耕起して土壌と十分に混和する。排水の悪い圃場ではサブソイラーなどで圧密層を破砕する。萎黄病対策で全作型土壌消毒を行ない、消毒後元肥と土壌改良材を施す。

栽植密度は、ウネ幅130〜150cmの2条植え、条間45cm、株間36〜38cm、10a当たり3500〜4300株を標準とし、早期出荷ほど株間は広く植える（図7）。

ウネはなるべく高くする。作土は40cm程度の深さが理想的。土壌水分の保持、地温の調節、雑草の抑制を目的にマルチを行なう。9月上旬以前の定植では、地温の低下に主眼をおき白黒ダブルマルチを、それ以降は黒もしくは緑マルチを利用する（表8）。

表7　ハウス冬どり栽培の施肥例

（単位：kg/10a）

	施肥時期	成分量			堆肥	苦土石灰	備考
		窒素	リン酸	カリ			
元肥	定植30日前				1,500	100	
	定植7〜10日前	25		40			緩効性肥料
追肥	定植35日後	9	2	9			有機配合
	定植75日後	3	3	3			液肥
計		37	5	52	1,500	100	

図7　連棟ハウスの栽植様式

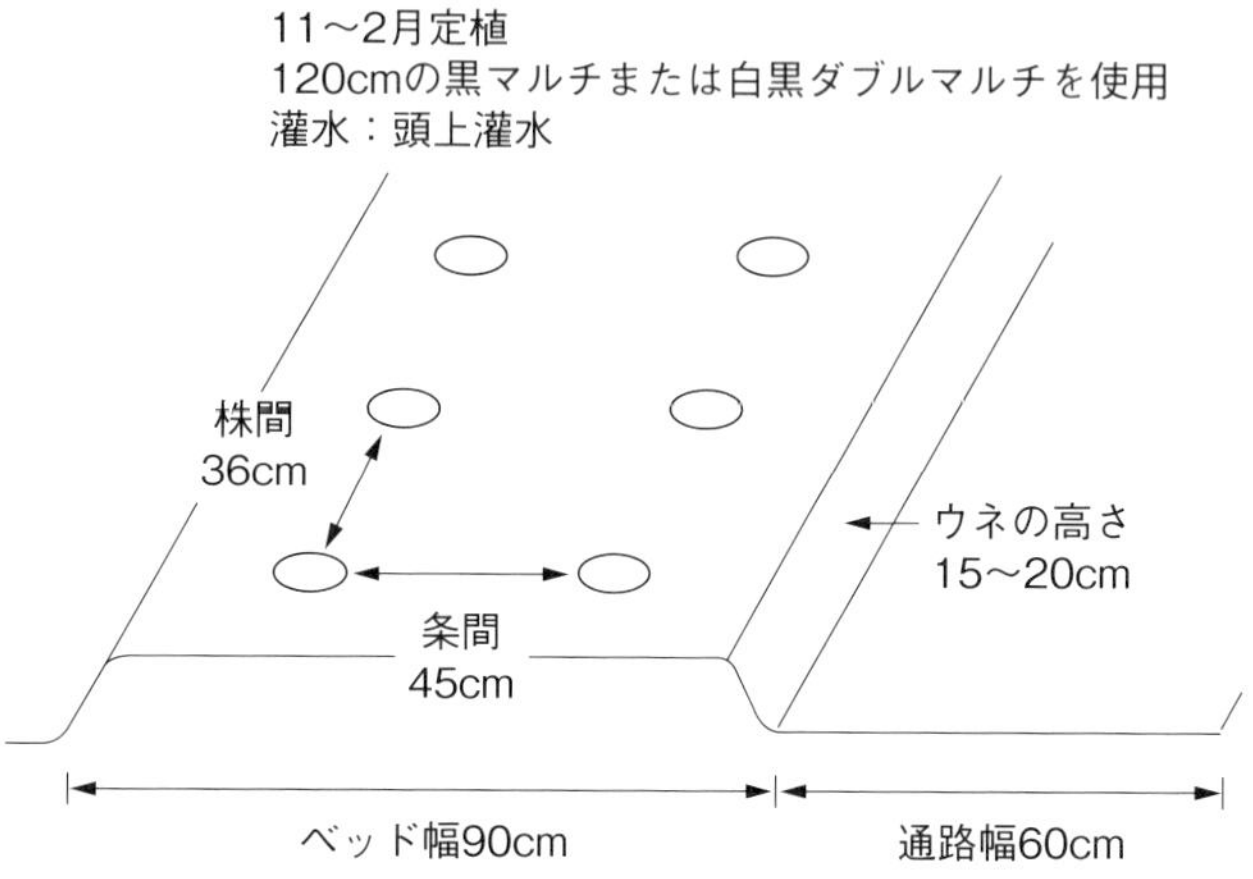

表8　時期別マルチング処理

マルチの種類	地温上昇	抑草	使用時期
白黒ダブル	×	○	9月〜10月上旬定植（露地作）
グリーン	○	△	10月中旬〜2月定植（ハウス作）
黒	○	○	
透明	◎	×	12月〜1月中旬定植（ハウス作）

②定植の方法

本葉7〜8枚くらいの苗が定植適期であり、老化苗の場合は活着が悪くなる。

定植は暑い日中を避け、夕方に行なう。定植後は十分に灌水し、活着を促進させる。定植直後の乾燥は心腐れ症状の発生を助長する。ハウス春どり作型は定植時期が厳寒期にあたるため、早めに定植床をつくり地温を確保する。

(3) 定植後の管理

①株張り期（定植後から30日）の管理

活着後は灌水を控え、根を土中深く張らせるように5〜6日間隔を目安に灌水を行なう。ただし、過度の乾燥は石灰欠乏症による心腐れの発生を助長するため、天候に応じて適宜調整する。追肥は定植30〜35日後にウネ間に施用する。ハウス冬どり作型では害虫防除のため白寒冷紗、高温期には黒やシルバー寒冷紗などを被覆し、遮光・遮温する。ハウス春どり作型では定植後、活着促進と花芽分化対策として寒冷紗のベタがけやハウス内の二重被覆により、ハウス内温度13℃以上を確保する。

脇芽かきは定植後35〜40日くらいに行なう。脇芽の処理が遅れると株の発育を抑制するので、天気のよい日を選んで早めに除去する。

②節間伸長期（定植後40～80日）の管理

吸水量が増加する時期なので徐々に灌水量を増やし、最終的に3～4日間隔で灌水する。

ハウス冬どり作型では、11月中～下旬にビニールを被覆する。被覆後の温度管理は、日中に25℃以上にならないように換気し、夜間は5℃以下にならないように加温する。

ハウス春どり作型では、気温が上がる4月からビニールを除去し、日中のハウス内温度上昇に備える。

③仕上げ期（定植80日以降）の管理

生育が旺盛になるため、灌水量を増やす。収穫の20日ほど前から1日おきの灌水とする。最終の追肥は生育を見ながら液肥で行なうが、この時期の肥料の過不足は品質の低下をまねくので、注意が必要になる。生育と葉柄の肥大促進のため、収穫20日前に濃度50ppmのジベレリンを株当たり5mℓ散布する。

(4) 収穫

定植後約120日で収穫適期になる。日持ちをよくするため、収穫直前の灌水は

図8　定植30日後のセルリーの生育（ハウス栽培）

図9　収穫期のセルリー（ハウス栽培）

表9　病害虫防除の方法

	病害虫名	特徴・対策
害虫	ハスモンヨトウ	定植後の株の葉や新芽および葉柄が食害される。卵塊から孵化した幼虫は集団で食害し，成長すると移動分散し食害量が増えて葉がなくなる。春および秋に発生が多い，孵化幼虫が集団で食害している時期の薬剤防除が効果的となる
	マメハモグリバエ	葉に成虫による吸汁痕と幼虫による絵書き状の食害痕が生じる。殺虫剤による防除のほか，植物残渣や雑草に寄生しているため除草に心がけるとともに，寒冷紗などを活用する
	ナメクジ類	とくにハウス栽培で加害がある。生育後期～収穫期に加害されると商品性が低下する。周囲の雑草が住処となるため，除草に心がける。また，圃場内はベイト剤を活用し，防除する
病気	萎黄病	気温25℃以上の日が続くと多発するため，発生の多い圃場では可能なかぎり定植を遅らせる，または土壌消毒を徹底する。灌水や雨で病原菌の入った土が跳ね上がり飛散するため，マルチ資材の活用や排水性の改善を図る
	斑点病	葉でははじめに水浸状の小斑点が生じ，病斑は灰褐色～暗褐色の円形となり，葉が黄化する。下葉での発生が多い。育苗時から殺菌剤を活用して防除する
	軟腐病	葉柄の基部に水浸状の病斑ができる。病勢が進むと株全体が萎れ，病斑部は軟化・腐敗し悪臭を発する。罹病株が二次感染源となるため，確認したら圃場外に持ち出し処分する
	菌核病	生育初期は葉柄基部に発生，発病部位に白色綿状のカビを生じ，菌核を形成する。生育後期では，株全体が萎凋し，黄化する。発病部は軟腐しても悪臭はない。土壌伝染を防ぐため，連作を回避，土壌消毒を行なう。罹病株は切り株含め，圃場外に持ち出し処分する

控えめとする。収穫が遅れるとス入りになって品質が低下するため、適期収穫を心がける。

3 病害虫防除

表9を参考にし、病害虫防除を実施する。

（執筆：中村大樹）

ミニセルリーの春まき秋どり栽培

1 この作型の特徴と導入

(1) 作型の特徴と導入の注意点

2kg程度の大株で収穫するセルリーに対して、1kg程度で収穫するものをミニセルリーと呼ぶ。栽培の流れや必要な資材などは概ねセルリーと同様だが、ミニセルリーは栽培品種や栽培期間、栽植密度に特徴がある。

セルリー同様、露地秋どり栽培は、施設・資材費が少なく、栽培も比較的容易にできる。また、セルリーより生育期間が短いため、播種を何回かに分けて連続的に生産することができる。一方で、品質が低下しやすく、個人による品質差が出やすい点に注意が必要である。

(2) 他の野菜・作物との組合せ方

セルリーより生育期間が短いため、比較的他の作物と組み合わせやすい。また、セルリー同様、連作圃場では土壌病害発生のリスクが高まるため、輪作を視野に入れたい。

作業機械や施設を共有できるので、露地の葉洋菜との組合せ事例が多く、レタスやハクサイなどの葉洋菜を経営の基幹品目とし、ミニセルリーを補助作物として位置付けている。

図10　ミニセルリーの春まき秋どり栽培　栽培暦例

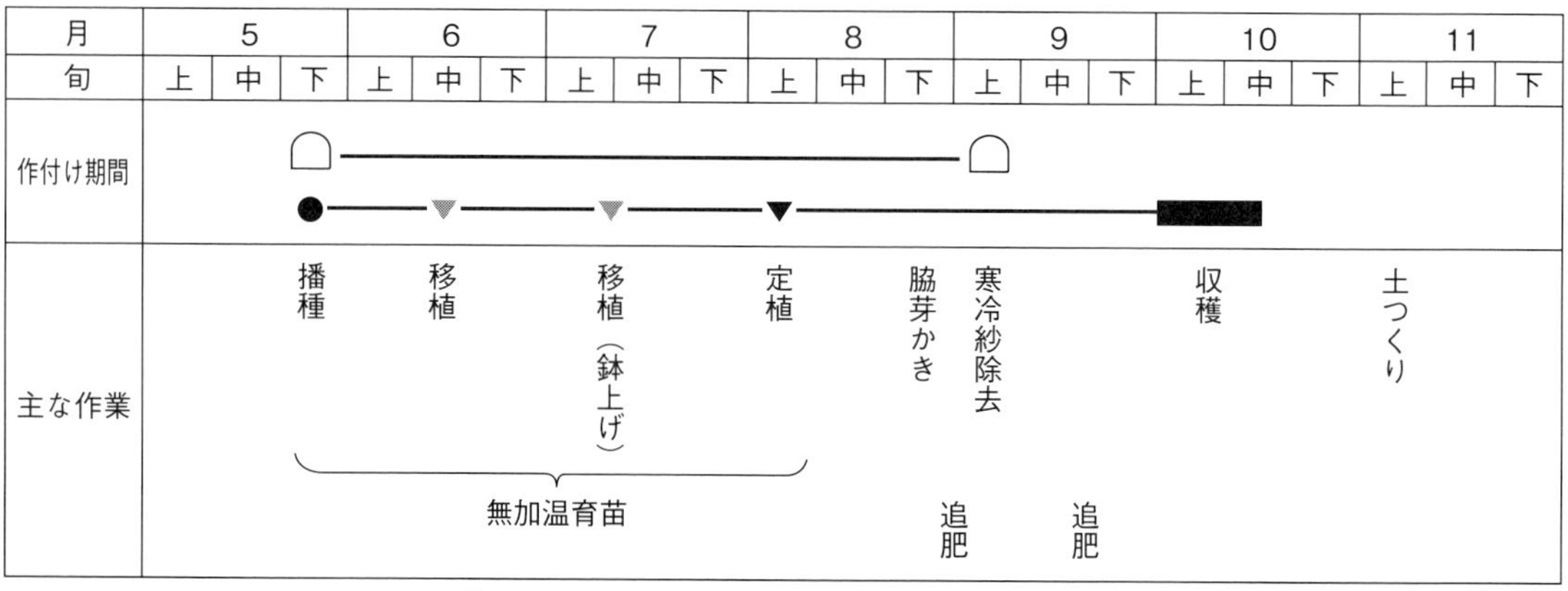

●：播種，▼：移植，▼：定植，⌒：防虫ネットトンネルがけ，■：収穫

2 栽培のおさえどころ

(1) どこで失敗しやすいか

ミニセルリーで失敗しやすい点は概ねセルリーと同じだが、その程度に違いがあるため注意が必要である。

ス入りによる品質低下　ミニセルリーは、セルリーよりもス入りによる品質低下が激しい。収穫適期を逃さないことが重要となる。

心腐れ症　ミニセルリーは生育期間は短いが、使用する品種の特性から心腐れ症が発生しやすい。育苗時から発生することもあるため注意する。

(2) おいしく安全につくるためのポイント

短期間に生育させ、ス入り、スジのない良品生産が目標となる。具体的には、定植から収穫までの期間は60日を目安とする。これより長くなると急激にス入りが進行する。

(3) 品種の選び方

セルリー同様国内での育種は盛んではなく、〝トップセラー〟が古くから用いられている。〝トップセラー〟は低温感応性が鈍く、抽台が遅い。生育期間が短く、立性の生育をするため、密植に耐える。モザイク病と葉枯病に強い抵抗性を持っているが、心腐れの発生が多い。大株生産に用いるコーネル系品種よりも栽培しやすい。

なお、〝トップセラー〟は緑色系の品種であり、スジが硬く、香りが強くなりやすい。生食用としては消費者の嗜好に合わないこともあるが、加熱調理など一定の需要がある。

3 栽培の手順

(1) 育苗のやり方

育苗に当たってのポイントは3つある。①防虫ネットを用いてアブラムシ類を防除する。②徒長させず、しっかりした苗をつくる。③斑点病を発生させない。〝トップセラー〟は葉枯病に抵抗性を持つが、斑点病には罹病するため、育苗時から注意する。

播種は、育苗箱へのばら播きや条播きとする。1a当たりの播種量は1～2ml／箱が目安となる。床土の深さは5cm程度必要で、床土量が不足すると灌水ムラができやすく、生育の不揃いなどにつながる。播種および覆土は均一に薄く実施し、乾燥防止、地温上昇を兼ねて被覆資材で覆う。18～20℃の適温でも発芽まで8～10日程度を要する。

小苗を目標とし、播種～定植までに1～2回移植を行なう。発芽後、本葉2枚程度まで生育が進んだ時点で128～200穴セルトレイなどへ1回目の移植を行ない、4葉ころまで育苗を行なう。2回目の移植はポリポットへの鉢上げとなり、9cmポットを用いて、葉数8枚程度まで育苗する。

なお、ミニセルリー栽培ではセル成型苗直接定植も可能で、育苗期間が短縮され省力的である。2回目の移植と同様のタイミングで本圃へ定植する。1回目の移植までの管理は前述と概ね同様だが、1株（1穴）当たりの育苗培土が少ないほど苗が老化しやすいので、72～128穴セルトレイなど用い、定植適期を逃さないことが重要となる。

断根による植え傷みが直接収量に影響を与えるので、移植の際には根を切らないようにていねいに作業する。8葉程度の小苗を定植するのは、植え傷みによる軟腐病の発生を防

表10　ミニセルリーの春まき秋どり栽培のポイント

	技術目標とポイント	技術内容
定植の準備	◎排水性の向上と土つくり	・排水の悪い畑は，深耕などにより排水性の向上を図る。堆肥5,000kg/10a程度を施用する
	◎適正な施肥量	・前年秋に石灰，リン酸を全面散布する。施肥量は10a当たり成分量で窒素40～90kg，リン酸20～50kg，カリ20～60kg程度。露地作型1作の場合，元肥に全施肥量の60～70％を施用し，残りを追肥で2～3回程度に分けて施用する
	◎適正な栽植密度	・ウネ幅110cm，株間25～30cm，条間30cm程度，2条千鳥栽培で，6,000～7,000株/10aを目標とする
	◎ウネつくり	・湿害対策のため，ウネ高さを20～25cmにする
	◎マルチがけ	・アブラムシ類忌避，地温上昇抑制を目的に，反射マルチ，白黒マルチなどを使用する。マルチのかけ方は，灌水で水の侵入が容易になるように工夫する
育苗方法	◎適正な育苗方法 ・植え傷み防止による軟腐病回避	・育苗箱に播種する。本葉2枚ころに128～200穴セルトレイなどへ1回目の移植を行なう。本葉4枚ころに9cmポリポットに鉢上げし，本葉8枚前後まで育苗する
	・無病土の使用	・土壌病害が発生した圃場の土を使用しない。土壌消毒の徹底
	・無病苗つくり	・斑点病を発生させない。定期防除
	・活着のよい苗をつくる	・徒長させない小苗を目標とする。根巻きさせない
	・均一な生育	・移植時の苗の選抜，苗のずらしによる均一な生育
定植方法	◎適正な定植方法	・植穴と鉢土を密着させる。心葉に土を入れないように注意する
	◎防虫ネットの利用	・アブラムシ類回避のために，定植後防虫ネットをトンネルがけする
	◎活着までの灌水管理	・活着のよしあしが収量に影響する。灌水によって良好な活着を促す。灌水は定植後7～10日までに3～4回，短い間隔で行なう
定植後の管理	◎目標とする草姿	・生育初期は，草姿を地表に張り付いたような形状にし，根張りを促進させる。脇芽かき後に心葉が立ち上がるころから株の肥大を図る
	◎灌水	・活着後，1回の灌水量を若干多くし，間隔を長くとる。脇芽かき直後は傷口からの軟腐病の侵入を防ぐため，灌水を避ける。心葉が立ち始めたころから収穫まで灌水の頻度を増やす
	◎追肥	・株元への施用や局所的な施用は避け，条間やウネ間に追肥する。高温期は軟腐病が発生しやすいため，追肥の種類や量に注意する。液肥で追肥する際は，液肥を散布した後，水だけを数分灌水し，濃度障害による葉の焼けを防止する
	◎脇芽かき	・定植30～40日後を目安に脇芽と下葉をかく。下葉のかきすぎに注意する
	◎防虫ネットの除去	・脇芽かき後，セルリーが防虫ネットを持ち上げるようになったとき，ネットを取る
	◎心腐れ症対策	・乾燥，高温，多肥などの条件下で発生が多く，育苗時から発生することもある。発生前から塩化カルシウム0.5％液を予防的に散布することで，ある程度発生を抑えられる
	◎病害虫防除	・予防防除を基本とし，灌水とタイミングをずらして薬散を行なう
収穫	◎適期収穫	・定植後60日程度で収穫となる。調製した状態で1～1.2kg程度の大きさを目標とする。在圃日数が長くなると葉柄部へのス入りが増え，商品性がなくなるため，適期収穫を心がける

止するためである。

育苗中から心腐れ症が発生することがあり、本葉約5枚以上では高温条件で発生する。気象経過に応じて、育苗後期から塩化カルシウム0・5％液を散布する。

(2) 定植のやり方

施肥量はセルリーより少なく、元肥の比率を若干高くする。施肥の配分は前歴によって異なり、年1作の秋どり作型の場合は元肥に全施肥量の60～70％を施し、残りを追肥で2～3回に分けて施す（表11）。

ミニセルリーでは、葉柄の内側に赤ぎれ状の横裂が入るホウ素欠乏症がセルリーよりも発生しやすい。対策として、元肥とともにホウ砂を10a当たり1kgの割合で施用する。ただし、ホウ素は微量要素であり、施用量過多はホウ素過剰症の発生をまねく恐れがある。欠乏症の発生程度に応じて次作のホウ砂施用を判断する。

ミニセルリーは密植栽培で短期間に生育させる。ウネ幅110cm程度、株間25～30㎝程度の2条千鳥植え、10ａ当たり6000～7200株程度の栽植密度にする（図11）。ウネの高さを20～25㎝確保し、根圏の過湿を防ぐ。

セルリー同様、灌水がウネ内に入りやすい工夫を施し、白黒マルチや、反射マルチなどを使用し、通路にはワラを敷く。定植時は鉢土と植穴を密着させ、心葉に土を入れないように注意する。アブラムシ類回避のため、定植後に防虫ネットをトンネルがけする。

表11　施肥例　（単位：kg/10a）

	肥料名	施肥量	成分量		
			窒素	リン酸	カリ
元肥	前年秋施用				
	堆肥	5,000			
	炭酸苦土石灰	60			
	重焼燐	60		21.0	
	石灰窒素	40	8.0		
	定植前施用				
	化成肥料	200	26.0	20.0	26.0
追肥	追肥用化成肥料	20	2.8		2.8
	硝安	20	6.8		
施肥成分量			43.6	41.0	28.8

注1）堆肥の成分量は計算していない
注2）土質，前作によって施肥量を調整する

(3) 定植後の管理

① 灌水

気象条件によっては灌水をしなくても栽培できるが、品質のよい株を生産するためにはぜひ灌水を行ないたい。とくに定植後と収穫前の灌水が重要。定植後10日までは短い間隔で数回灌水する。脇芽かき直後は、傷口からの軟腐病の侵入を防ぐため、灌水を避ける。収穫前の心葉が立ち始めるころから、太い茎が立ちあがるように灌水する。灌水方法は頭上灌水で、1回の灌水時間は10～20分程度とし、ウネ間への水のたまる状態を見て適宜調整する。日中高温時の多量灌水は軟腐病を誘発しやすいため、灌水過多に注意しつつ、午前中に実施する。

図11　ミニセルリーの栽植様式

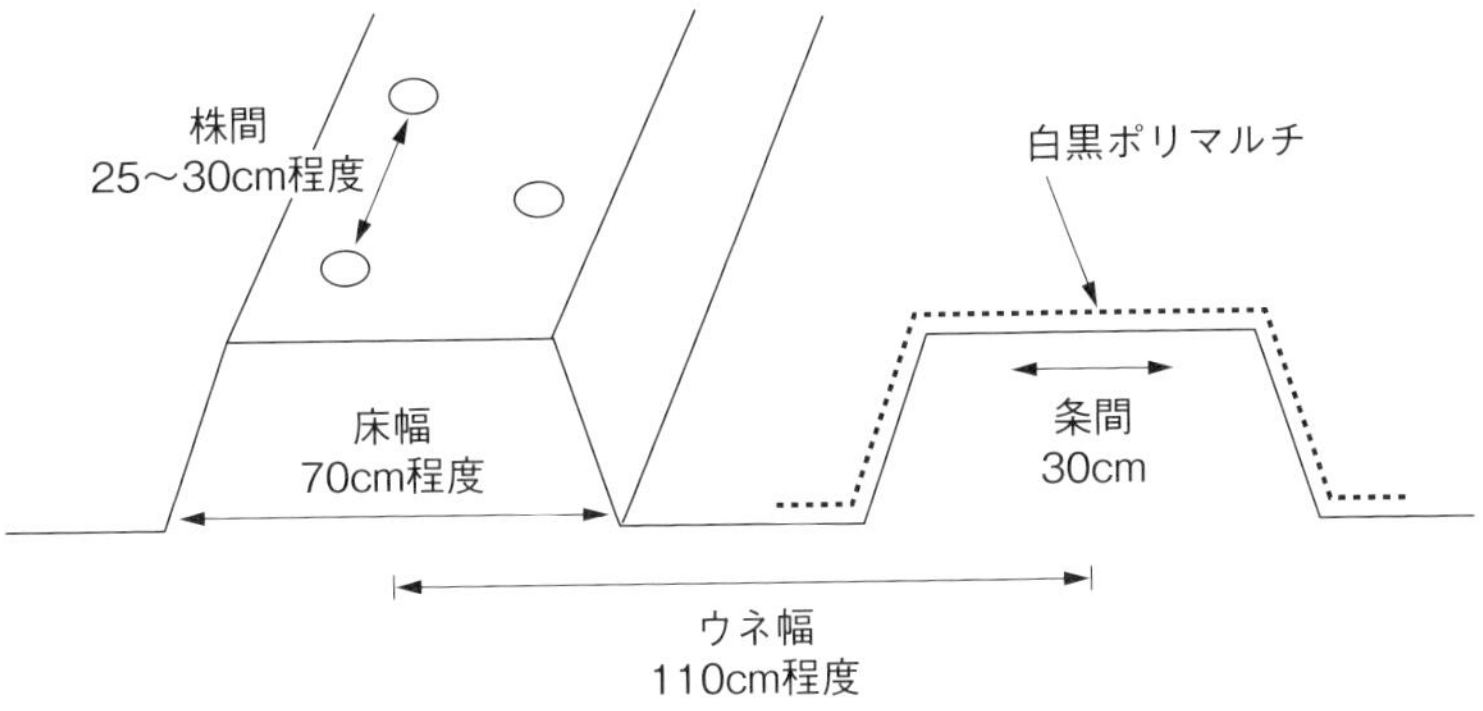

② 脇芽かき

定植後30～40日になると、脇芽が伸びてくる。この脇芽が5～7㎝に生長したところで、下葉とともにかき取る。早期にかき取ると生育後期に再度かくことになり、時期が遅いと株の肥大が遅れる。また、下葉をかきすぎると、その後の生育が遅くなる。

③ 追肥

心葉が出始めて株が急速に大きくなるころから肥効を高め、収穫までの期間に最大になるようにする。定植後30～40日での追肥をすると効果が高い。脇芽かきに続いて追肥を実施する。

追肥は、株元への施用や局所的な施用は避け、条間やウネ間に施用する。高温期には軟

腐病が発生しやすいため、追肥の種類や量に注意する。液肥で施肥する場合は、液肥を散布した後に水だけを数分間灌水し、濃度障害による葉の焼けを防止する。

④生理障害対策

心腐れ症はセルリーの場合より発生しやすい。急激に生長する時期に乾燥、高温、多肥などにより石灰の吸収が阻害されると発生が多い。塩化カルシウム0・5％液を1週間間隔程度で予防的に散布することで、ある程度発生を抑えられる。

(4) 収穫

定植からおよそ60日後、調製した株で1～1・2kg程度の大きさになったころ、収穫期になる。在圃日数が長くなると葉柄部へのス入りが急激に増え、スジも硬くなる。品質を重視し、適期収穫に細心の注意を払う。収量は10a当たり6～7t程度を目標とする。

4 病害虫防除

(1) 基本になる防除方法

〝トップセラー〟はコーネル系品種と比較して病害には強いとされており、栽培期間も短いが、適切な防除が必要である。予防防除と早期防除を基本とし、病害虫を多発生させない。頭上灌水を行なう場合は、農薬散布と灌水のタイミングに注意する。農薬散布だけでは十分な効果が得られない病害虫もあるので、耕種的防除や物理的防除を併用する。

表12　病害虫防除の方法

	病害虫名	防除法
病気	斑点病	1. 発病は急激に拡大し，防除が困難となるため，予防防除を行なう。定期的に薬剤散布する 2. 苗床での高温多湿を避け，育苗中に発病させない 3. 生育後期は灌水の必要があり，薬剤防除がむずかしいため，生育中期までの防除を徹底する 4. 脇芽かき時に，病害葉も除去する 5. 農薬ごとに定められた使用方法，使用時期などを遵守して農薬散布を行なう。耐性菌が出現する可能性があるため，同一系統の薬剤の連用を避ける
	軟腐病	1. 薬剤だけでの防除はむずかく，耕種的防除に努める 2. 防除薬剤には銅剤などがある
	萎縮炭疽病	1. 薬剤だけでの防除はむずかしい。発病株は抜き取り，圃場外で処分する 2. 敷ワラやポリマルチなどにより土壌の跳ね上がりを防ぐ 3. 種子伝染するため，播種前に種子を温湯消毒する（50℃の温湯に30分浸漬する）
害虫	アブラムシ類（モザイク病）	1. 薬剤のみによる防除はむずかしく，耕種的防除に努める 2. 5月以降播種の作型では，育苗中から定植後30～40日まで白寒冷紗 #300をトンネルがけする 3. 発生後，急激に増加するため，初期防除を徹底する 4. 薬剤抵抗性が発達しやすいため，系統の異なる薬剤のローテーション防除に心がける
	ハダニ類	1. 発生初期に防除を徹底する 2. 薬剤が葉裏にかかるよう，ていねいに散布する
	ハモグリバエ類	1. 育苗時から発生しない管理をする 2. 脇芽かき時，被害葉を圃場外へ持ち出して処分する
	ナメクジ類	1. 圃場周辺の雑草を除去する 2. 燐酸第二鉄粒剤を株元に処理し，ナメクジ類の接近を抑える。植物体上に粒が残ると異物混入となるため，処理の際は注意する

(2) 農薬を使わない工夫

セルリー同様、品種選択による病害対策はむずかしく、薬剤防除と灌水との兼ね合いもある。圃場の排水性改善、マルチやワラ敷による土の跳ね上がり防止、罹病葉や被害葉の圃場外への持ち出し、防虫ネットのトンネルがけなど、耕種的・物理的防除を活用する。

5 経営的特徴

ミニセルリーの場合、セルリーより販売単価が安く、収益が低い。したがって、いかに経費を節約するかが成功の鍵となる。技術を習得できれば、補助品目的な取組みが可能であり、他の品目と組み合わせて経営の安定を図るのがよいと思われる。

安定的に品質のよいミニセルリーを生産できる技術を習得すれば、小口の販売を目的とした経営形態も可能である。

（執筆：中塚雄介）

パセリ

表1　パセリの作型，特徴と栽培のポイント

主な作型と適地

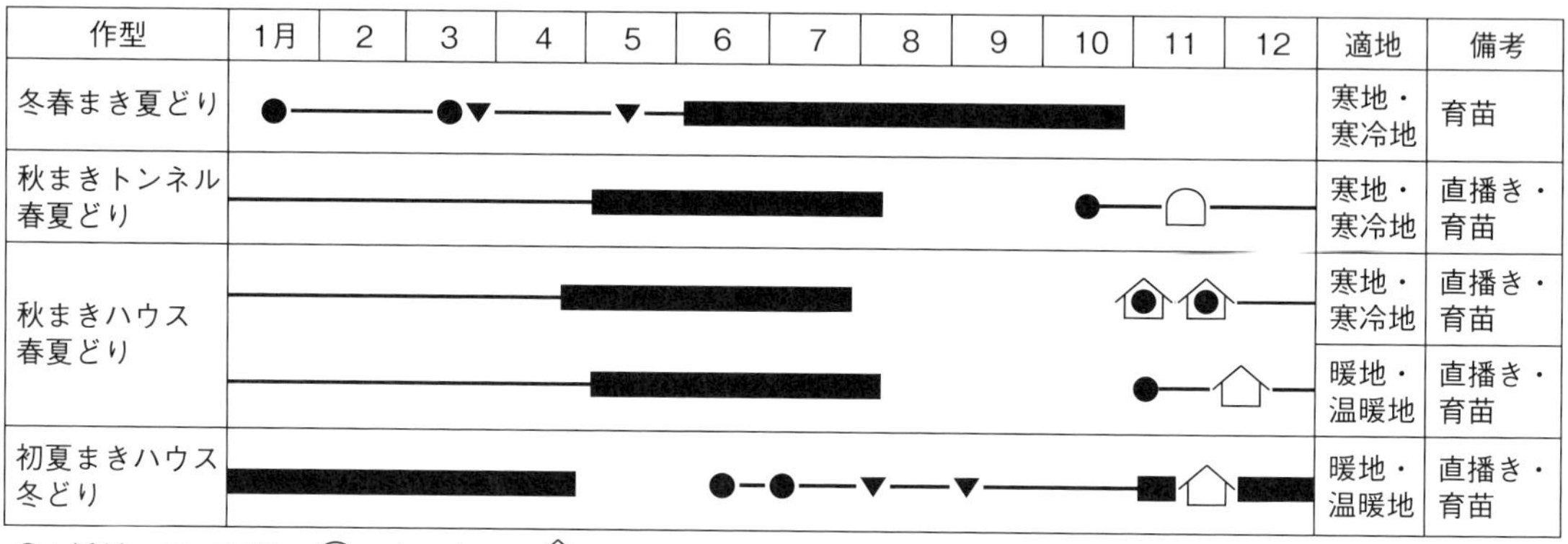

●：播種，▼：定植，⌒：トンネル，⌂：ハウス，■：収穫

特徴	名称	パセリ（セリ科オランダゼリ属），和名：オランダゼリ
	原産地・来歴	原産地はヨーロッパ中南部からアフリカ北部の地中海沿岸とされる。わが国へは18世紀（江戸時代）にオランダから長崎に渡来したため「オランダゼリ」の和名がある
	栄養・機能性成分	鉄やカルシウム，カリウムの含量は野菜で最も多く，ビタミンB_2，ビタミンC，カロテン，食物繊維もトップクラスで，栄養・機能性成分に富む。青臭くほろ苦い香りの成分は，アピオールやピネン，ミリスティシンからなる
	機能性・薬効など	鉄やカルシウム，カリウム，ビタミンB_2，ビタミンC，カロテン，食物繊維の機能性・薬効に加え，香りの成分には，魚や肉の臭みをとるほか，口臭抑制，食欲増進，腸内悪玉菌の増殖抑制，整腸作用がある
生理・生態的特徴	発芽条件	発芽適温は11～18℃，25℃以上になると発芽が抑制される。発芽に日数を要し，適温でも発芽するまでに10日ほどを要する
	温度への反応	生育適温は15～20℃，最低気温が5℃あれば収穫を継続できるが，0℃で生育が止まる
	日照への反応	光合成に強い光は必要としないが，日照条件のよい場所で栽培する
	土壌適応性	好適土壌pHは6～6.5で，pH5以下では生育が著しく抑制される。土壌はあまり選ばないが，耕土が深く水はけがよい土壌が適する
	開花習性	緑植物春化型植物で，本葉3～4枚以上の苗が0℃以下の低温に1,000時間以上遭遇すると花芽分化し，その後は高温・長日で花芽の発育・抽台が促進される
栽培のポイント	主な病害虫	病気は軟腐病，うどんこ病，害虫はアブラムシ類，ハダニ類，アザミウマ類が発生する
	他の作物との組合せ	ダイコンやキャベツ，レタス，線虫対抗植物や緑肥作物などと組み合わせ，3～4年の輪作を行なう

この野菜の特徴と利用

(1) 野菜としての特徴と利用

パセリはセリ科の二年生草本で、原産地はヨーロッパ中南部からアフリカ北部の地中海沿岸とされる。わが国へは18世紀（江戸時代）にオランダから長崎に渡来したため「オランダゼリ」の和名がある。

２０２０（令和２）年の全国の作付け面積は１７０ha、出荷量２７５０ｔで、産地は千葉県が70haで最も多く、次いで長野県が48ha、静岡県13haで、そのほかは10ha未満である。

パセリは料理の添え物というイメージが強いが、葉に含まれる鉄やカルシウム、カリウムの含量は野菜で最も多く、ビタミンB_2、ビタミンC、カロテン、食物繊維もトップクラスで、栄養・機能性成分に富む。青臭くほろ苦い香りの成分は、アピオールやピネン、ミリスティシンからなり、魚や肉の臭みをとるのに使えるほか、口臭抑制、食欲増進、腸内悪玉菌の増殖抑制、整腸作用がある。料理の飾りやみじん切りにしてスープやサラダに加えるほか、てんぷらやお浸し、ソースの具などに使ってもっと食べたい野菜である。

現在、わが国で栽培される品種は葉が縮れるちりめん種が一般的であるが、原産地である地中海沿岸のパセリは、葉に縮みがない平葉種でイタリアンパセリと呼ばれる。太くなった根を食用にする品種もある。イタリアンパセリは、ちりめん種に比べて香りや味にクセがなく、近年、レストランなどで使われるようになり、契約生産や直売所向けの生産が見られるようになっている。

(2) 生理的な特徴と適地

パセリは冷涼な気候を好む野菜で、発芽適温は11～18℃と低く、25℃以上になると発芽が抑制される。発芽に日数を要し、適温でも発芽するまでに10日ほど要し、発芽率は60～80％と低い。生育適温は15～20℃で、最低気温が５℃程度であれば収穫を継続できるが、０℃になると生育が止まり、霜よけ程度の簡易な防寒で越冬できる。

緑植物春化型植物で、本葉３～４枚以上の苗が10℃以下の低温に１０００時間以上遭遇すると花芽分化し、その後は高温・長日で花芽の発育・抽台が促進される。このため、秋まき栽培では越冬時の苗の大きさおよびこれを決める播種期が重要になる。

根は直根性で深さ25～30cmまで伸び、湿害に弱いため、耕土が深く水はけのよい土壌が適する。好適土壌pHは６～６・５で、pH５以下では生育が著しく抑制される。初夏まき冬どり栽培において10ａ当たり３ｔの収量を上げるのに要する養分吸収量は、窒素24kg、リン酸４kg、カリ49kg、石灰14kg、マグネシウム３kgである。

作型は、冬春まき夏どり栽培、秋まき春夏どり栽培、初夏まき冬どり栽培がある。冷涼な気候を好むため夏に生育・収穫する作型は暖地・温暖地には適さず、寒地・寒冷地・高冷地が適地になる。秋から春まで収穫する作型は冬季温暖な地域が適する。

（執筆：川城英夫）

初夏まき冬春どり栽培

1 この作型の特徴と導入

(1) 作型の特徴と導入の注意点

初夏まき冬春どり栽培は、6～7月に播種し、秋から抽台・開花する春まで収穫する作型で、冬季温暖な暖地・温暖地が適地になる。直播きと育苗して移植する栽培が行なわれる。冬季はハウス被覆やトンネル被覆を行なうことで、生育温度を確保して収穫を続ける。播種から生育中期までが高温・多雨で、気温が低下して品質が良好になる秋から春に収穫する。このため、高温・多雨期の病害虫防除と、厳寒期の生育・収量を確保することが栽培上のポイントである。

パセリは耐寒性が強いため暖地や温暖地では暖房装置を導入しなくてもよいが、最低0℃以上を確保することが必要で、トンネルやハウスに加えて、ベタがけや内トンネル、カーテンによる二重保温が必要である。トンネル栽培もできるが、生育を進めるための保温力や作業面からパイプハウス栽培が勧められる。

(2) 他の野菜・作物との組合せ方

直まき栽培では在圃期間が10カ月あまりになるため、他の作物を導入することがむずかしいが、移植栽培では作付け期間の短い葉物野菜やコカブなどを後作に導入できる。また、収穫を早めに切り上げれば、キュウリなどの果菜類を導入することも可能である。

2 栽培のおさえどころ

(1) どこで失敗しやすいか

播種から収穫前の高温・多雨期には病害虫による被害がでやすく、厳寒期は生育を遅延させると減収をまねく。パセリは固定

図1　パセリの初夏まき冬春どり栽培　栽培暦例

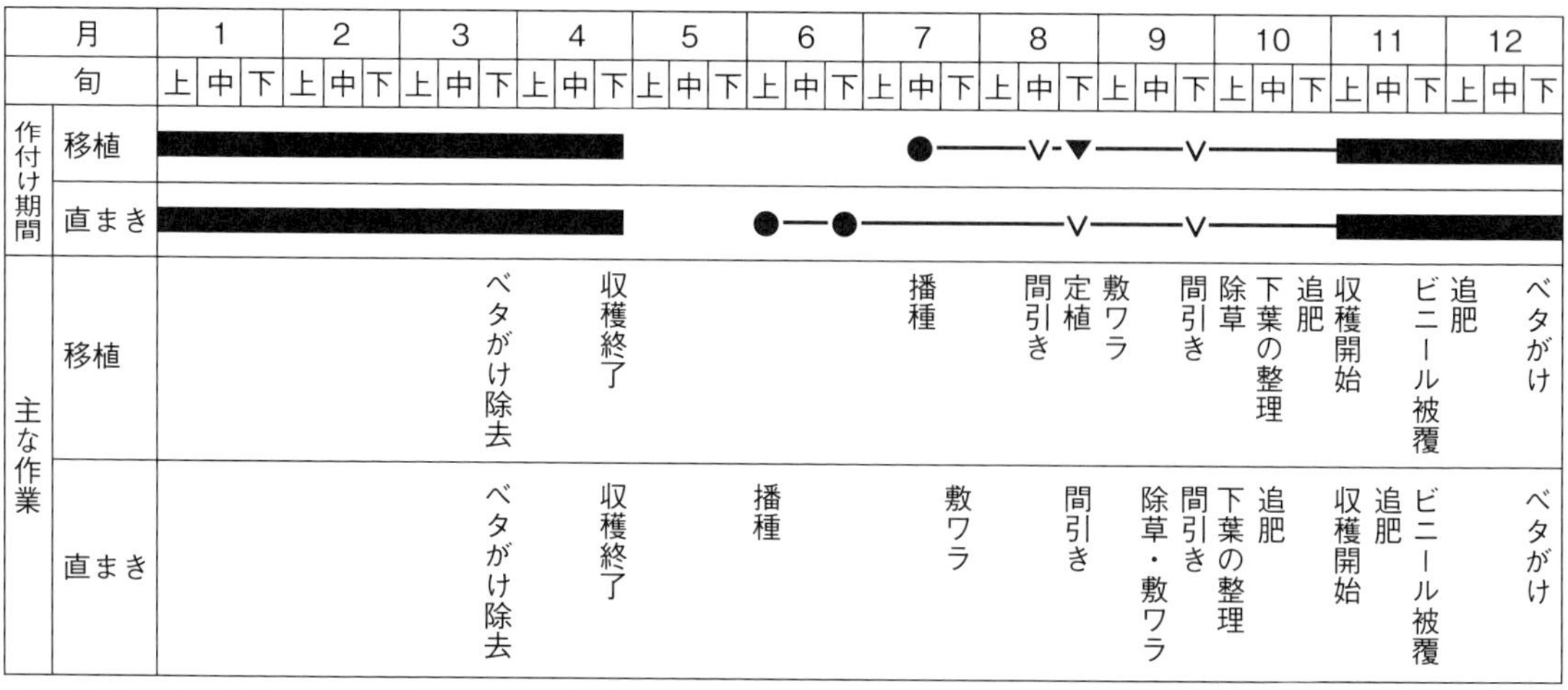

●：播種，▼：定植，V：間引き，■：収穫

種で、形質の揃いがあまりよくないため、間引きで形質を揃えることが重要である。

病害の回避　パセリは葉にわずかな病斑が発生すると商品価値を失うため、病気の防除が重要である。発生する病気の多くは降雨により発病が助長される。このため、ハウスで育苗を行ない、播種から収穫までの全期間を雨よけ下で栽培することが勧められる。ハウス栽培では育苗期間中の高温の抑制、収穫期の品質を向上させるための換気が重要な管理となる。

表2　初夏まき冬春どり栽培に適した主要品種の特性

品種名	販売元	特性
US パラマウント	横浜植木	低温伸長性が優れ，低温期は葉の縮みも安定して維持されるが，春季の温度上昇により生育が急激に旺盛になると葉のカールが開き気味になることがある
グランド	カネコ種苗	葉色濃緑色で葉の縮みが強く，高温期でも葉の縮みが揃ってよい。'US パラマウント'に比べると低温伸長性が劣るため厳寒期の収量が少ないが，二重被覆などにより温度を確保できれば収量が増える

厳寒期の生育確保　パセリは5℃で生育停滞、0℃で生育を停止する。無加温で栽培することから、厳寒期は凍害防止と収穫を継続するため、ベタがけやトンネルなどの二重被覆を行なう必要がある。また、厳冬期は生育も緩慢になり、生育遅延を防止するため、収穫後の葉は多めに残すようにする。

間引きで良質のものを残す　パセリは形質の揃いがあまりよくないので、2回の間引きが重要である。7月に行なう1回目の間引きは、株の特性が表現されていないため、とくに生育の劣るものや奇形のものを除く。定植後の9月上中旬に行なう2回目の間引きは、収穫物の形質に大きく影響するもので、葉色が濃く、縮みの優れるものを残す。

(2) おいしく安全につくるためのポイント

品質のよいパセリを生産するためには、完熟堆肥を十分施用し、肥切れ、水切れを起こさないように適宜追肥と灌水を行なって養水分を適度に保ち、耕種的方法を組み合わせて少ない農薬で病虫害を回避することが、おいしくて安全につくるポイントになる。

(3) 品種の選び方

パセリは、葉が厚くて濃緑色で、光沢があり、よくカールしたものが市場性が高い。さらに、冬どり栽培では厳寒期の生育が良好な品種が適する。産地によっては、地域適応性の高い品種を確保するため、自家採種を行なっているところもある。

本作型では、'USパラマウント'などのパラマウント系と'グランド'が使われる（表2）。

3 栽培の手順

初夏まき冬春どり栽培の栽培暦は図1、栽培のポイントは表3のようになる。直まき栽培と移植栽培が行なわれる。直播きは根張りがよく草勢を維持しやすいが、在圃期間が長いので、畑を有効利用するためには育苗して移植を行なう。

(1) 育苗

雨よけをするため、パイプハウスなどを利用して育苗する。

表3　初夏まき冬春どり栽培のポイント（ハウス・トンネル移植栽培）

	技術目標とポイント	技術内容
育苗	◎病気の発生防止のための育苗	
	・雨よけ，セル育苗	・病気を予防するため，ハウスなどで雨よけし，セルトレイで育苗する
	◎一斉発芽	
	・高温抑制と覆土	・発芽適温に近づけるために，ハウスサイドの開放，遮光ネットを展張する ・覆土は種子が隠れる程度にする
	◎良質苗の確保	・1穴の播種数は5～8粒とする
	・間引き	・間引きによって生育，形質を揃える ・本葉が展開したら生育不良，徒長，奇形葉のものを間引き，1穴2～3本残す
	・徒長防止	・ハウスのサイドを開放し，雨よけ状態にする
	・肥切れ防止	・子葉の色が淡くなってきたら液肥で追肥を行なう
定植準備	◎圃場の選定	・日当たり，水はけがよく，耕土が深い圃場を選定する
	・排水性の改善	・水田転換畑などは暗渠や明渠を設置する
	◎土壌消毒	・土壌病害が発生する圃場では，土壌消毒を行なう
	◎施肥・ウネ立て	・堆肥，元肥を施用して耕うんする
	・適度な深さの作土の確保	・深耕し，排水不良畑では高ウネにする
定植とその後の管理	◎圃場の状態に応じた栽植様式	・水はけがよければ株間25～30cm，条間30～35cm，4条植えとし，排水不良畑では高ウネ2条植えとする
	◎活着促進	
	・敷ワラ，灌水，遮光	・株間，条間に切りワラを敷く ・活着するまで遮光し，土壌を乾かさない
	◎優良株の選抜と管理	
	・間引き	・定植後1カ月，本葉6～7枚ころに最終間引きをする
	・下葉の整理	・下葉を整理し，脇芽を除去する
	・換気	・ハウス栽培では，日中25℃以下になるように換気する
	◎病害虫防除	・アブラムシ類，ヨトウムシ類を収穫が始まる前に防除する
収穫と収穫中の管理	◎収穫開始	
	・収穫開始と収穫間隔	・生葉数が12～13枚展開後に収穫を開始する ・収穫は1回に2～3葉とし，収穫後に展開した生葉数が8～10枚残るようにする ・約2週間おきに収穫する
	◎品質向上と生育促進	
	・保温開始	・11月下旬以降に夕方サイドを閉める保温を開始する ・トンネル栽培では，トンネルを展張する
	・ベタがけ	・凍害防止と最低気温5℃を確保するため，12月下旬に不織布をベタがけする。ハウス栽培では中にカーテンを設置してもよい
	・ハウスの換気	・日中は20～25℃を目標に換気する
	・追肥	・草勢，葉色を考慮して適宜追肥を行なう
	◎病害虫防除	・収穫直前と気温が上昇する3月にうどんこ病の防除を徹底する

10a当たり7000～8000株、種子は10a当たり4～6dℓ用意する。セルトレイで育苗し、128～220穴のセルトレイを使用する。窒素成分量150mℓ／ℓ程度の培養土を1トレイ当たり約3ℓを入れ、トレイを5cmくらいの高さから2～3回落としてショックを与えながら均一に詰める。水稲育苗箱に入れて、たっぷり灌水する。

播き穴をあけ、播種板などで1穴5～8粒播種し、種子が隠れる程度に薄く覆土を行なったのちに再度、軽く灌水してから架台の上に置く。発芽が揃うまでに10～15日要する。この間、土壌が乾かないように適宜灌水する。乾燥防止のため、芽が出始めるまで不織布をベタがけをしてもよい。

発芽後は培養土が過湿にならないように注意し、土の表面の乾き具合を見て1日1～2回灌水する。本葉が展開したらハサミを使って間引き、1穴2～3本にする。生育が遅いものや徒長したもの、奇形葉のものを間引く。播種後1カ月後ころ、子葉の葉色が淡くなってきたら液肥で追肥を行なう。播種後40～50日、本葉4～5枚まで育苗する（図2）。

(2) 畑の準備

疫病や根腐病、ネコブセンチュウなどの土壌病虫害が発生する畑では、作付けの3週間前までにガスタード微粒剤で土壌消毒を行なうか、太陽熱消毒を行なう。

多窒素は病気の発生を助長する一方、葉色が濃く、新葉が連続して展開するために肥切れをさせず肥効が持続する肥培管理が求められる。このため施肥例は、表4のように肥効が長期間持続する肥効調節型肥料を利用するとよい。

元肥は全面に散布した後に耕起し、幅140～150cm、通路幅50～70cm、高さ10～15cmのベッドをつくる。

図2　定植前のパセリの苗

表4　施肥例　（単位：kg/10a）

	肥料名	施用量	成分量		
			窒素	リン酸	カリ
元肥	牛糞堆肥（前作）	2,000			
	苦土石灰	50			
	苦土重焼燐（0-35-0）	40		14	
	パセリ専用（8-10-7）	200	16	20	14
	スーパーロング220日タイプ（14-12-14）	100	14	12	14
追肥	燐硝安加里S604（16-10-14）	60（30×2回）	9.6	6	8.4
施肥成分量			39.6	52	36.4

(3) 直播き

ゴンベイなど手押し播種機やシードテープを利用して播種する。株間25～30cm、条間30～35cmで、1カ所5～6粒播種する。

本葉2～3枚時に、株が混んでいる部分を中心に、徒長気味のものや奇形葉の株を間引いて1カ所2～3株にする。

本葉5～8枚時には、病虫害を受けたものや徒長したもの、生育不良、葉の縮みが悪いものを除いて形質を揃え、1カ所1本にする。

(4) 定植から活着まで

気温が高い時期に定植すると活着不良を起こしやすいので、定植は8月下旬以降にする。本葉4～5枚で根鉢が形成された苗を、1ベッド4条、条間30～35cm、株間25～30cmに植え付ける（図3、4、5、6）。10a当たり7000～8000株を目安とする。

定植後活着までに10～14日を要する。定植直後にたっぷり灌水し、その後活着するまで水分不足にならないように適宜灌水する。チューブ灌水に加えて株元灌水も行なう。高温抑制と乾燥防止を兼ねて活着するまで遮光

図4　パセリの定植苗（200穴セル成型苗）

図3　パセリの初夏まき冬春どり栽培（トンネル栽培）の栽植例

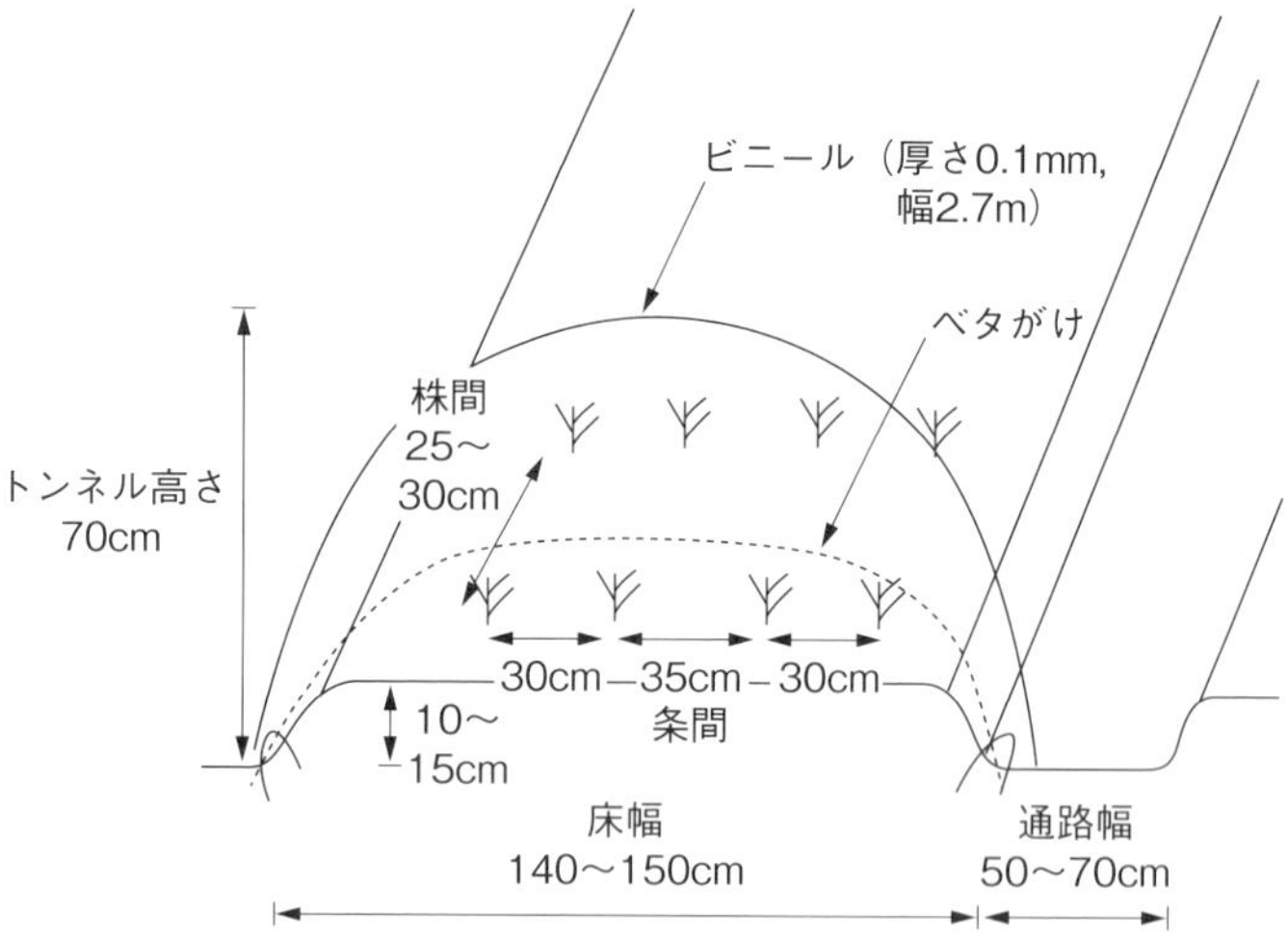

率60％程度のネットを被覆する。株間や条間、通路に切りワラを敷いて地温を下げ、土壌水分の蒸発を抑制する。

(5) 活着後の管理

定植1カ月後、新葉が完全に展開する6～7葉期に最終間引きを行なう。葉色の淡いものや葉の縮れが少ないものなど、形状の悪いものをハサミなどを用いて切り取り、1カ所1本にする（図7）。

(6) 下葉の整理

本葉10枚くらいになると脇芽が発生する。本葉10枚以上になり収穫開始10日前の10月中下旬に下葉を整理する。下の古い葉や脇芽を除去し、株元の通風を良好にして徒長を抑制する。

図5　定植したパセリ

図6　パセリの初夏まき冬春どり栽培（ハウス栽培）の栽植例

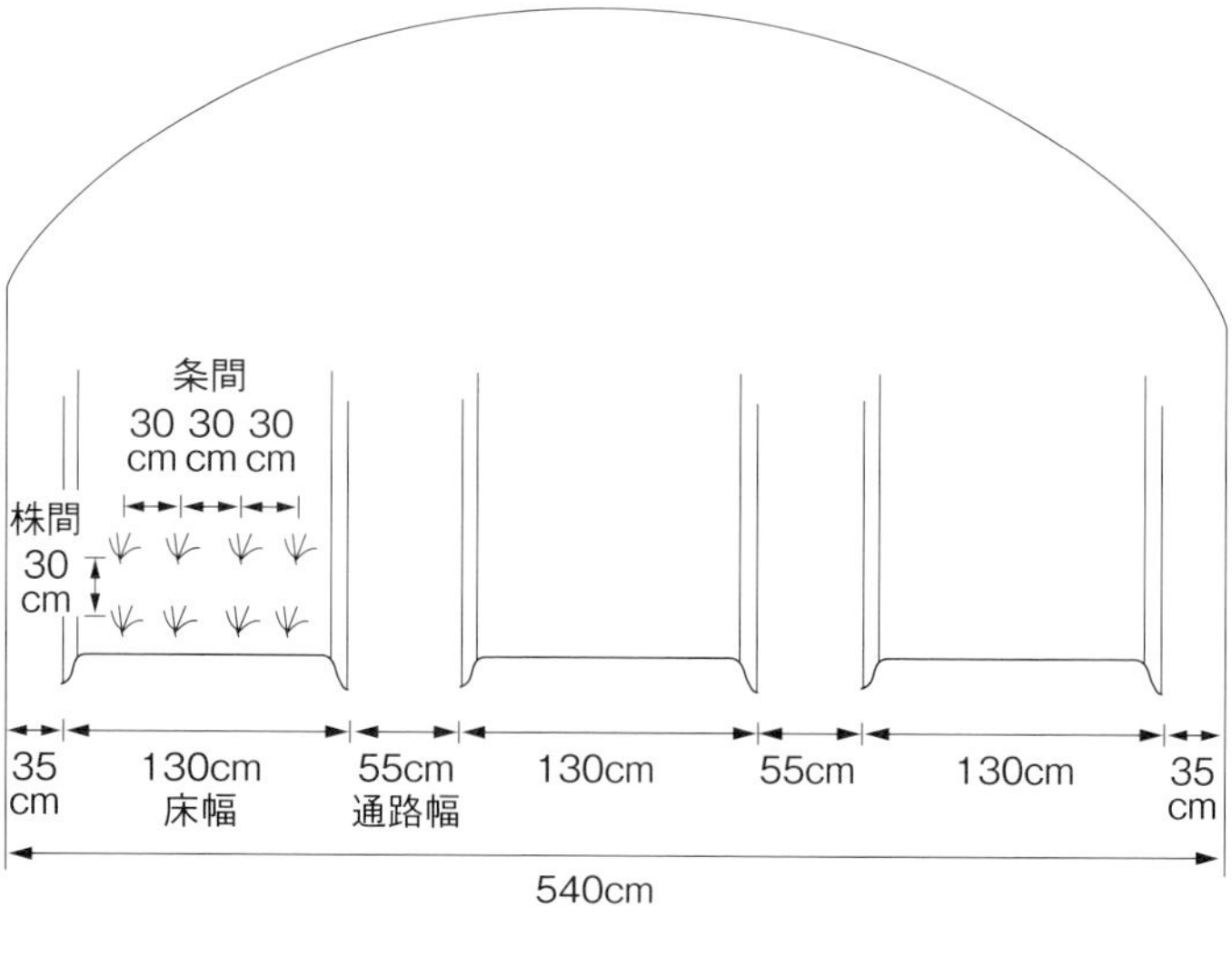

(7) 収穫・出荷

葉数が12～13枚になったら収穫を開始する。

葉は、葉柄のつけ根から手でかき取って収穫する。収穫と同時に発生した脇芽もかき取る。1回に収穫する葉数は2～3枚とし、常に8～10枚程度残るようにする。その後は葉の展開に応じて2週間ほどの間隔で収穫していく。収穫後に残す葉数が少ないと生育が停滞するので、とくに厳寒期は10枚ほど残すようにする。葉身が縮み、濃緑色のものを収穫する。若どりを避ける一方で、収穫間隔が広すぎると葉が開いて品質が低下するので注意する。

収穫したものは病気のものや凍害を受けたもの、細い葉などを除き、葉柄を切り揃え、200gずつFG袋などに入れ、25袋詰め段ボールで出荷する（図8）。

図7　間引きの目安

	子葉	本葉
間引くもの	とがっている葉 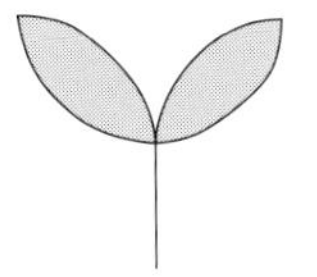	葉先のとがっているもの 
残すもの	丸い葉 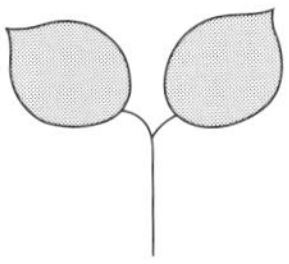	葉先の丸いもの 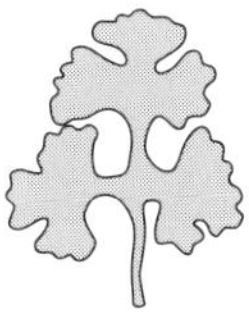

図8　パセリの出荷形態

(8) 収穫期の温度・肥培管理、収穫終了

定植後、11月中旬ころまではハウスのサイドを昼夜開放し、高温にならないようにする。

初霜が降りる前の11月下旬～12月上旬から夕方ハウスサイドを閉めて保温する。ハウス外張り被覆を行なっていない場合はビニールを展張する。トンネル栽培は、この時期にトンネルを設置し、ビニールを被覆する（図9）。

外気温がさらに低下してくる12月下旬に不織布をベタがけやトンネル二重被覆をして1～3月の凍害防止と低温期の生育促進を図る。

ハウス内は日中20～25℃を目標とし、30℃以上にならないように換気する。暖かくなる3月下旬にベタがけ資材を除去し、日中はしっかり換気を行なう。

葉色や草勢を観察し、生育に応じて追肥を行なう。燐硝安加里などの速効性肥料を10a当たり窒素成分で5kg、条間に施用し、肥効を安定させるために灌水を行なう。12月～2月までの間に1～2回追肥を行なう。灌水チューブを使用して液肥で追肥してもよい。この場合、1回の施用量は10a当たり窒素成分で1～2kgとし、短い間隔で施用する。灌水は天候や生育に応じて1～2週間間隔で行なう。

3月下旬ごろから抽台が発生するようになる。さらに気温の上昇とともに品質が低下してくるため、4月下旬が収穫終了の目安になる。

10a当たり収量は2.5～3tである。

図9　パセリの初夏まき冬春どり栽培（トンネル被覆後）

表5　パセリの病害虫防除の方法

	病害虫名	症状と発生条件	防除法
病気	うどんこ病	葉と葉柄が白粉に覆われたようになる。うどんこ病菌は高温・乾燥を好み，7～9月や気温上昇が始まる春以降に急激に発生する。多肥や軟弱徒長で発生が助長される。圃場周辺の雑草からも感染する	・圃場周辺を除草し，発病した茎葉は取り除く。発病初期から，カリグリーン800倍液などで予防する ・発生がやや多くなった場合には，スコア顆粒水和剤2,000倍液，ストロビーフロアブル3,000倍液を散布する。なお，使用時期（収穫前使用日数）に注意する
	疫病	疫病菌は高温・多湿を好み，7～9月に発生しやすい。葉の黄化を伴わずに株全体が萎凋し，急速に褐変枯死する。地際部がくびれて褐変し，心腐れ症状を呈する	・排水をよくするために高ウネにする。病原菌は水または土で伝染するため，発病株は早めに抜き取る ・病原菌は高温性のため夏期に発生し，秋期以降は抑制される。発生初期からユニフォーム粒剤を，株元中心に12kg/10a散布する
	軟腐病	地際部や葉柄基部から発生しやすい。水浸状の病斑があめ色に変色し，特有の悪臭を発する。多肥で軟弱な生育になると発病しやすい	・細菌病で，高温・多湿を好み，7～9月の高温期に発生しやすい。雨で跳ね返った土とともに細菌が傷口などから感染する。排水をよくするため，高ウネにする。発病株はすぐに抜き取る。台風などで茎葉が傷ついた場合は，銅剤などを散布する ・発病初期から，Zボルドー800倍液を散布する
	白星病	葉に淡黄色の丸い病斑を生じ，のちに褐色になり，1～2mmの輪郭のはっきりした病斑ができる。古い葉から発生し，新葉に広がる。発病適温は22～29℃で，多湿を好み，降雨の多い6月末～9月に発生しやすい	・ハウスやトンネルで雨よけをすると発病をかなり抑制できる
	斑点病	葉に黄緑色，水浸状の斑点を生じ，ついで暗緑色で円形から不整形，さらに輪郭のはっきりした褐色円形病斑を生じる。葉柄や茎は褐色の水浸状になる。発病適温25～30℃と高温・多湿で発病しやすく，6～11月に発病しやすい	・ハウスやトンネルで雨よけをすると発病をかなり抑制できる
害虫	アブラムシ類		・寄生が認められたら，アドマイヤー1粒剤3kg/10aを株元散布する。またはモスピラン顆粒水溶剤8,000倍液を散布する
	ハスモンヨトウ		・夏から秋にかけて発生のピークがある。孵化した幼虫が分散しないうちに，アファーム乳剤2,000倍液，プレバソンフロアブル5の2,000倍液などを散布する

4 病害虫防除

(1) 基本になる防除方法

主な病害虫は、病気ではうどんこ病、軟腐病、疫病、白星病、斑点病で、害虫はアブラムシ類やハスモンヨトウである。発生しやすい条件と防除法は表5のとおりである。使用できる農薬が少ないので病気は予防を中心に、害虫は発生初期に防除を行なう。

(2) 農薬を使わない工夫

土壌病害虫の防除は、太陽熱消毒や土壌還元消毒が行なえる。パセリの主要病害は降雨に伴う多湿条件下で発生するものが多い。このため、育苗期から本圃を通して雨よけ栽培を行なえばかなり病気の発生を抑制でき、農薬使用量を減らすことができる。

5 経営的特徴

ハウスを利用する初夏まき冬春どり栽培は、パイプハウスなどの簡易な施設で多くの資材を使わずに栽培できる。耕うん、ウネ立て作業以外はほとんどが軽作業のため、高齢者や女性でも取り組みやすい。

10a当たり粗収益は３００万円程度を見込め、土地生産性はかなり高い。狭い面積で収入を得るにはよい作物である。一方、労働時間は10a当たり約１５００時間と多く、そのうち収穫・調製・出荷に１３００時間ほど、全体の85%を要する（表６）。

栽培できる面積は、収穫・調製労力に規定され、1人当たり３～５ａである。ハウスの外張り被覆資材に農ＰＯを使用し、長期展張することで張替え労力・コストを削減できる。高温期は雨よけ栽培にすれば病気の抑制にもつながる。労働生産性を高めるためには、出荷形態の簡素化や調製作業の機械化・省力化を図り、調製に要する労働時間を削減することが重要である。

（執筆：川城英夫）

表6　初夏まき冬春どり栽培の経営指標

項目	
収量（kg/10a）	2,750
単価（円 /kg）	1,100
粗収入（円 /10a）	3,025,000
種苗費　（円 /10a）	10,000
肥料費	100,000
薬剤費	50,000
資材費	100,000
動力光熱費	80,000
農機具費	60,000
施設費	800,000
流通経費	550,000
荷造経費	250,000
農業所得（円 /10a）	1,025,000
労働時間（時間 /10a）	1,500

秋まき春夏どり栽培

1 この作型の特徴と導入

(1) 作型の特徴と導入の注意点

この作型では、晩秋に播種して、花芽分化しにくい幼苗で越冬させ、晩春から収穫を始める。寒冷地では、5月中旬～8月ころまで収穫できる。温暖地では、5月中旬～晩秋まで、さらにトンネルやハウスで保温すれば翌年の4月ころまで連続して収穫できる。

パセリは、本葉3～4枚以上の苗が0℃以

図10　パセリの秋まき春夏どり栽培（直まき栽培）　栽培暦例

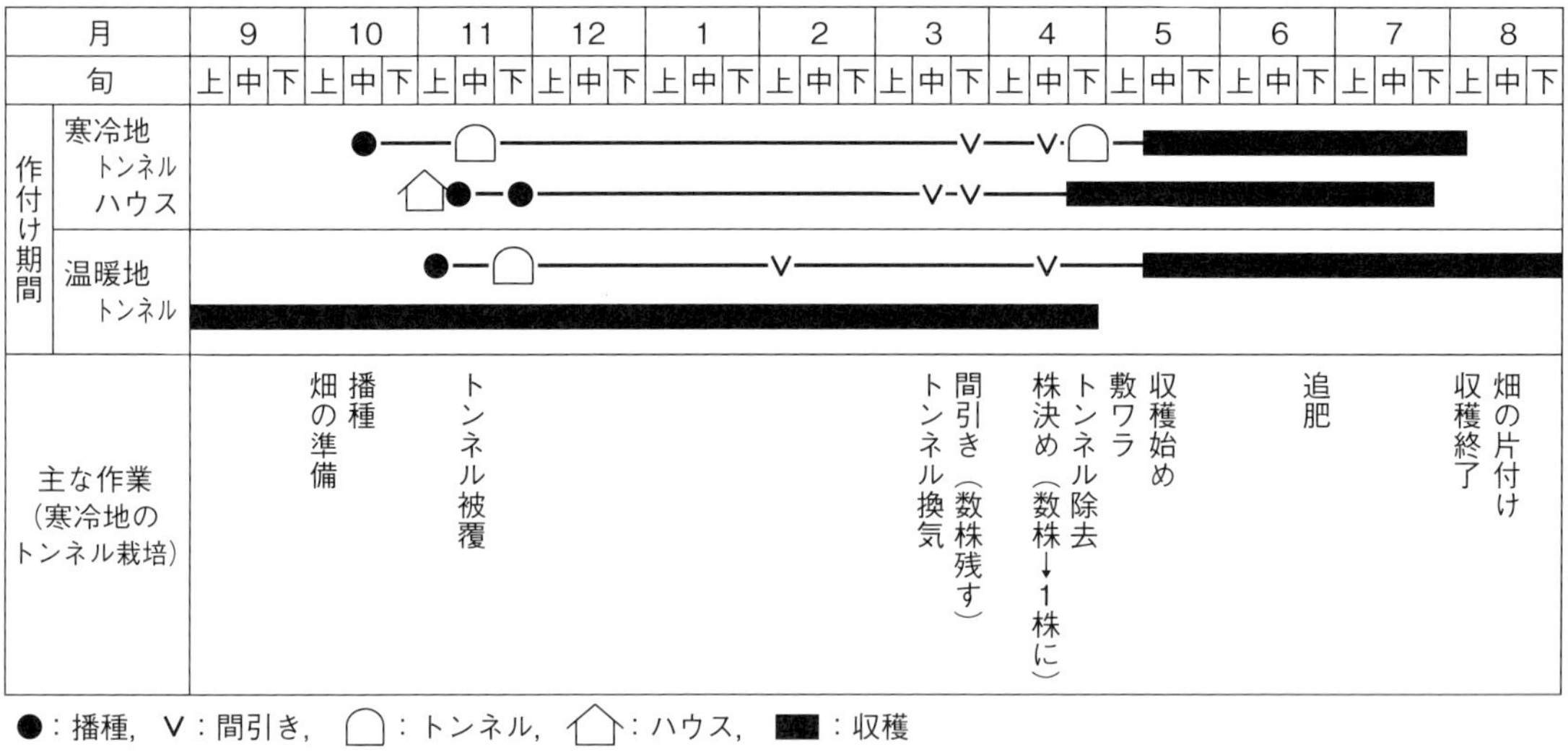

下の低温に2カ月以上遭遇すると、花芽が分化する。したがって、寒冷地では越冬前に生育が進み過ぎないように播種時期に注意すること、温暖地では最低気温を5℃以上に保つことが大切になる。

(2) 他の野菜・作物との組合せ方

パセリを連作すると土壌病害が発生しやすいので、輪作を行なうとよい。たとえば、パセリの後作として、サニーレタス、チンゲンサイなどが栽培できる。さらにその後作に、線虫対策としてマリーゴールドを2〜3カ月栽培し、茎葉をすき込んだ後、再びパセリを栽培する。

2 栽培のおさえどころ

(1) どこで失敗しやすいか

早播きによる抽台　基本作型より早播きした場合、12月が温暖な年には苗が大きくなり、春先から抽台して収量が少なくなるので、播種時期を厳守する。

多肥栽培　多肥栽培は軟腐病を誘発し、心腐れ症などのカルシウム欠乏症が出やすいので、注意する。

収穫葉数　1回に収穫する葉数を多くする（収穫後に残す葉数が少ない）と、その後の生育が劣り、収量も減少する。

(2) おいしく安全につくるためのポイント

パセリ栽培には直まき栽培と移植栽培がある。直まき栽培のほうが直根が深く発達し、よい生育、多収穫が望めるが、移植栽培よりも種子量が多く必要となる。また、有機質肥料を主体とした施肥にすると、葉色が濃く、ビタミン類が高くなる。

(3) 品種の選び方

流通・消費面から、葉が厚く、日持ち性がよく、外観が優れているものが好まれる。葉の揃いがよく、濃緑色で、光沢があり、よくカールしたものがよい。栽培面から、晩抽性で早期から上物収量が高い品種が求められる。こうした背景から'グランド'、'洗馬系'などが栽培されている（表7）。

3 栽培の手順（直まき栽培）

(1) 畑の準備

畑は、肥沃で排水性がよく、風通しのよいところを選定する。完熟堆肥と苦土石灰を全面散布して、耕起する。次に、元肥の20％をベッドの中央に溝施用し、残りの80％を全面散布して、耕起する（表9）。

ベッド幅50～70cm、通路幅50～70cm、ウネ高さを10～15cmとし、有孔の黒ポリマルチ（幅75～95cm、孔間隔30cm×30cm）を被覆する（図11）。

(2) 播種のやり方

適温下でも発芽までに10日前後を要し、播種後15日前後で発芽揃いとなる。発芽率が70～80％と低いため、催芽処理（一晩流水に浸し、播種する2～3時間前に陰干しをする）を行なうことで発芽を促進する。

1穴に10～15粒を点播する。覆土が厚すぎ

表7　秋まき春夏どり栽培に適した主要品種の特性（長野）

品種名	販売元	特性
グランド	カネコ種苗	春まきで最も能力を発揮する。秋まき栽培にも対応可能。太茎で伸長性に優れる多収性品種。カールが美しく，葉色は濃緑
洗馬系	長野県原種センター	春まき，秋まきともに対応可能で，秋まき栽培で最も能力を発揮する。カールが美しく，葉色は濃緑。ボリュームがあり多収性

表8　秋まき春夏どり栽培（直まき栽培）のポイント

	技術目標とポイント	技術内容
定植の準備	◎排水性の向上と土つくり	・排水の悪い畑は，深耕などにより排水性の向上を図る。堆肥3,000kg/10a程度を施用する
	◎施肥	・元肥は有機質や肥効調節型肥料を主体とする。6月中旬以降，生育状況を見ながら速効性肥料を用いて追肥する
	◎ウネ立て，マルチ	・ベッド幅50～70cm，ウネ高さを10～15cmとし，有孔の黒ポリマルチを被覆する
播種方法	◎種子の催芽処理	・一晩流水に浸し，播種の2～3時間前に陰干しする
	◎適正な播種方法	・1穴に10～15粒を点播する。覆土が厚すぎると発芽しにくい。モミガラに土を少量混ぜたもので薄く覆土する
	◎播種時期	・早播きでは春先の抽台の危険性が，遅播きでは冬季の凍上害の危険性が高まる。適期播種が重要となる
播種後の管理	◎トンネル管理	・11月中旬にトンネルをかけ，3月下旬（お彼岸ころ）までは基本的にトンネルを密閉する ・晴天時の日中など，トンネル内の気温が25℃以上にならないように裾をあけて換気する ・最低気温が5～6℃以上になるころにトンネルを除去する。適期に除去するよう注意する
	◎間引き	・本葉が3～4枚のころに，1回目の間引きを行ない，数株を残す。生育が中位で葉の縮みがよいものを残す。その後，本葉が4～5枚時に2回目の間引きを行ない，株を1本に決める
	◎敷ワラ	・トンネル除去後は株元や通路に敷ワラをして，泥跳ねや地温の上昇を防ぐ
	◎脇芽かき	・本葉が10枚前後になると脇芽が発生し始める。収穫を開始する前に，黄化や老化した下葉とともに脇芽を摘み取り，株元をきれいにして，風通しをよくする
	◎追肥	・株元への施用や局所的な施用は避け，条間やウネ間に追肥する
	◎病害虫防除	・予防防除，初期防除を徹底するとともに，耕種的防除を取り入れる
収穫	◎適期・適量収穫	・成葉が13～14枚まで生育が進んだ後，10日程度の間隔で株当たり3～4枚を収穫する ・1回の収穫葉数を多くすると，その後の生育が劣る。収穫時には，株当たり10枚程度の葉を残す ・濃緑色で葉身の縮みがよい葉を，葉柄を付けて基部からかき取る ・常温下では鮮度や品質の低下が著しい。屋内など比較的涼しい場所で出荷調製を行なう

表9　施肥例　（単位：kg/10a）

	肥料名	施肥量	成分量		
			窒素	リン酸	カリ
元肥	堆肥	2,000			
	苦土石灰	120			
	IB化成1号	100	10	10	10
	LP50-7	60	9	9	9
	BM苦土重焼燐	60		21	
	FTE	4			
施肥成分量			19	40	19

注1）IB化成1号とLP50-7は，緩効性窒素（IBやLPコート）を含む緩効性の化成肥料
注2）FTEは，マンガン，ホウ素などを含む微量要素肥料
注3）追肥は，硫安を用いて，6月下旬から2週間間隔に2～3回，通路に施用し，灌水する。1回の施用量は窒素成分で10kg/10aとする

ると発芽しにくいので、モミガラに土を少量混ぜたものを薄くかけるとよい。播種後十分灌水して、発芽まで乾燥させないように管理する。

冬季の凍上害（しみあがり）を防ぐことができる限界まで播種期を遅らせ、本葉2～3枚の低温感応性の低い苗齢で越冬させることで抽台回避を図る。

図11　ベッドつくり

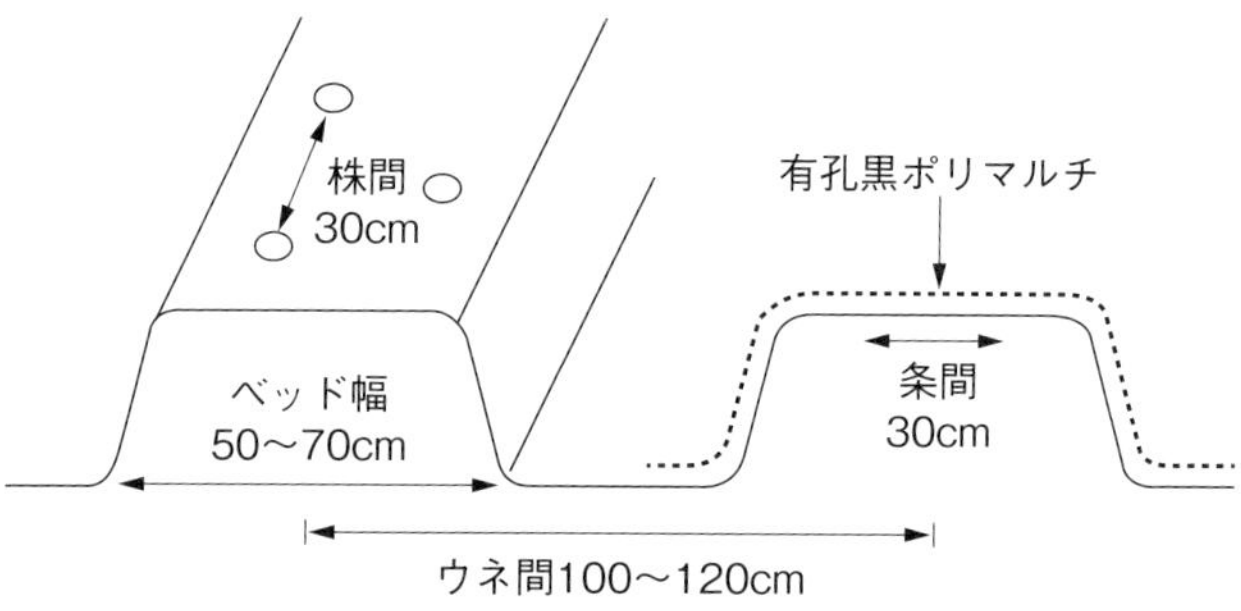

(3) 播種後の管理

①トンネル管理

寒冷地では、11月中旬にトンネルをかけるまで、とくに管理を必要としない。3月下旬（お彼岸ころ）までは、トンネルを密閉し、その後、晴天日の日中に裾をあけて換気する。最低気温が5～6℃以上になる4月下旬にトンネルを除去する。

温暖地では、播種後、不織布をベタがけし、11月下旬にトンネルをかける。日中、25℃以上にならないように、裾をあけて換気し、3月上旬に不織布を除去する。

トンネル除去が遅れ、高温環境下での生育期間が長くなると、軟弱気味に生育し葉色も淡くなって上物率が低下するので注意する。

②間引き

本葉が3～4枚のころに、ハサミやナイフなどを使って混み合っているところを間引く。このとき、生育が中位で葉の縮みがよいものを残すようにする。その後、本葉が4～5枚時に株を1本に決める。

③敷ワラ

播種から越冬時にかけて、地温確保のため黒ポリマルチを利用するが、越冬後は株元や通路に敷ワラをして、泥跳ねや地温の上昇を防ぐ。

④下葉と脇芽の整理

本葉が10枚前後になると脇芽が発生し始め、大株になるほど発生が多くなる。これを放任すると、主茎と脇芽で栄養分などの競合が起こり、収穫葉の重量や品質が劣る。また、株が過繁茂になることで病害や黄化葉が発生しやすい。

収穫開始前、また、収穫開始以降も随時脇

芽を摘み取り、株元をきれいにして、風通しをよくする。このとき、黄化葉や老化葉も同時に除去する。

(4) 収穫

成葉が13～14枚になったら、3～4枚収穫する。その後は10日くらいの間隔で収穫し、常時10枚前後の葉数を確保しておく。濃緑色で葉の縮みがよいものを順次、葉柄を付けて基部からていねいにかき取るように収穫する。

収穫間隔が長すぎると、葉のカールが展開して商品性が低下するとともに、脇芽の伸長が旺盛となり、収量や品質の低下につながるので注意する。

パセリは鮮度を要求されるが、常温下では品質の低下が著しい。気温が低い時間帯に収穫し、屋内など比較的涼しい場所で出荷調製を行なうなど、収穫・調製段階での対応が重要である。

4 病害虫防除

(1) 基本になる防除方法

フザリウムによる萎凋病や根くびれ病が発生しやすい（図12）。栽培する畑の選定や、セリ科以外の品目との輪作を心がける。

図12　フザリウムによる地際部の褐変

パセリは登録農薬が少なく、葉がカールしており薬液がかかりにくいため、病害虫が多発してからでは薬剤でも防除しきれない。病害虫が発生しにくい環境づくりと、初期の防

表10　病害虫防除の方法

	病害虫名	防除法
病気	軟腐病	1. 水田転換畑や排水不良の畑では，高ウネにするなど排水をよくする 2. 多肥，軟弱徒長，過繁茂は発生を助長するので，施肥管理に注意する
	斑点病	1. 梅雨期から夏の高温期にかけて，発病にとくに気を付ける 2. 下葉や脇芽の整理を行ない株元の風通しをよくする 3. 病葉は圃場外へ搬出し，埋めるなどの処置をする
	うどんこ病	1. 多肥，軟弱徒長，過繁茂は発生を助長するので，施肥管理に注意する 2. 下葉や脇芽の整理を行ない株元の風通しをよくする 3. 照射強度20 $\mu W/cm^2$ で夜間（0時～3時）に UV-B を3時間照射する
害虫	ハスモンヨトウ	1. 幼虫1～2齢期の発生初期防除が重要 2. 初期被害葉を害虫とともに圃場外へ搬出，処分する
	アブラムシ類	1. 発生初期の防除を徹底する 2. ストライプマルチ（反射マルチ）などの資材を利用する

除を徹底することが大切。また、葉裏まで薬剤がかかるように、ていねいに薬剤散布を行なう（表10）。

(2) 農薬を使わない工夫

軟腐病対策として、収穫を晴天日に行ない、収穫時の傷口が早く乾くようにする。また、雨よけ栽培も効果がある。さらに、多肥栽培を避け、敷ワラをして地温を下げる。

うどんこ病に対しては、100V電源を有することが条件となるが、紫外線（UV-B）照射が有効である。UV-B電球型蛍光灯を用いて照射強度20μW／cm²で夜間（0時～3時）にUV-Bを3時間照射することで、うどんこ病の発病を抑制できる。

害虫ではアブラムシ類、ヨトウムシ類が問題となる。ストライプマルチの利用、ハウス栽培の場合には防虫ネットを活用するなどの耕種的防除を行なう。

5 経営的特徴

栽培期間を通じて軽作業ながら収穫には多くの労力が必要である。管理作業のうち、収穫・調製にかかる時間が全体の60％程度を占める。収穫期の労力に栽培面積が制限されるため、栽培は小規模となる。また、葉の調製や結束する出荷作業は熟練を要し、これらの労力軽減のために袋詰めのシーラー機械を導入することは、作業能率の向上に効果的である。

鮮度が求められる品目なので、収穫後鮮度保持フィルムで包み、予冷して出荷する。経費として、肥料代と鮮度保持フィルム代や予冷費などがやや多いが、パセリ栽培の所得率は高い。

（執筆：中塚雄介）

パクチー

表1　パクチーの作型，特徴と栽培のポイント

主な作型と適地

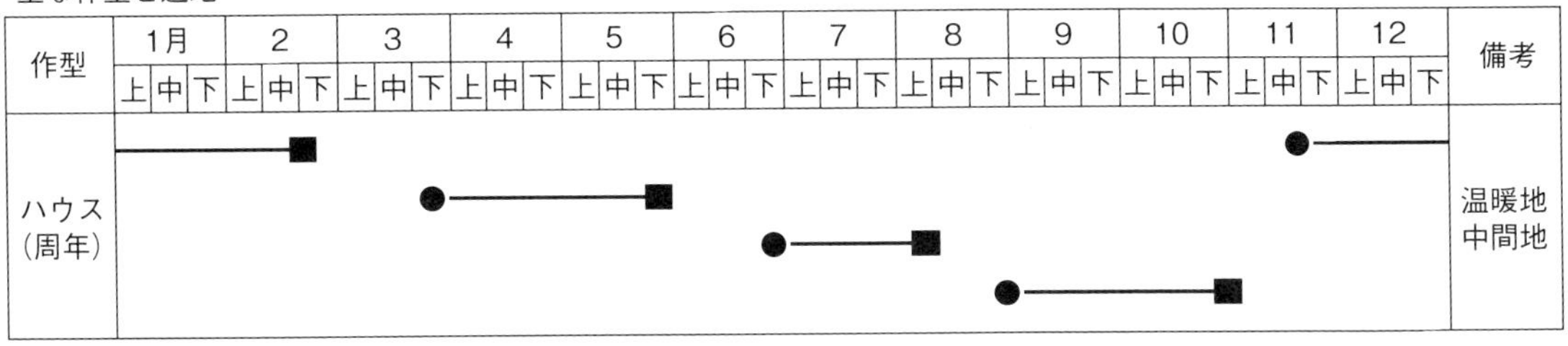

●：播種，■：収穫

注）生育期間（目安）夏季：45日，冬季：80～90日

特徴	名称	パクチー（セリ科コエンドロ属），別名：シャンツァイ，香菜，コリアンダー
	原産地・来歴	地中海沿岸部
	栄養・機能性成分	栄養価は高く，とくに鉄分，β-カロテン，ビタミンE，ビタミンK，カルシウムが豊富に含まれている また，クセのある強い香りを持ち，料理の香りつけや肉料理の臭み消しに用いられる独特な香りの主な成分はリナロールである
	機能性・薬効など	鉄分には貧血予防効果，β-カロテンおよびビタミンEには抗酸化作用，ビタミンKおよびカルシウムには骨粗鬆症予防効果が期待できる。リナロールには食欲増進・整腸作用があり，古くから薬用としても利用されてきた
生理・生態的特徴	発芽条件	好光性種子であり，明るい条件下で発芽が促進される。1粒の種から2株発芽する。発芽まで約2週間程度を要する。また，種子を一晩浸水すると，発芽を1週間程度に短縮できる
	温度への反応	生育適温は18～25℃。高温には弱いため，夏季栽培はむずかしい
	花芽分化	高温，長日，乾燥条件で花芽ができる。種子を確保する場合は5～7月に播種する
	土壌適応性	好適土壌pH5.5～6.5。極端な酸性土壌を嫌う。保水性がよく，やや粘質の土壌が栽培に適する
	開花習性	高温，長日，乾燥条件で抽台する。遮光資材の活用（遮光率20～30％）や，土壌を乾燥させないよう灌水をこまめに行なう
栽培のポイント	主な病害虫	アブラムシ類，立枯れ症
	他の作物との組合せ	パクチーは連作に弱いため，セリ科葉菜類の連作を避ける

この野菜の特徴と利用

(1) 原産地・来歴

パクチーの原産地は地中海沿岸部とされている。セリ科コエンドロ属の一年草。学名は *Coriandrum sativum* L.、英名は coriander、Chinese parsley、和名はコリアンダー、コエンドロである。属名はカメムシを意味するギリシャ語 koris と、アニスを意味する annon からきており、葉や種子の独特な香りにちなむと考えられる。

ヨーロッパでは古くから利用され、紀元前1500年にすでにエジプトでは薬用や食用として用いられていた。古代ギリシャ・ローマではこれから薬をつくり、また肉などの保存のために使われた。中国にはシルクロードを通り、西域から伝えられた。漢名は胡荽《こすい》で、薬草として利用されていた。日本では平安時代の『和名類聚抄《わみょうるいじゅしょう》』『延喜式』あるいは江戸時代の『農業全書』にも名前が記されており、香辛野菜として知られていたが、それほど普及はしていなかった。

日本では、もともと種子をスパイスとして活用していたが、近年では葉をサラダや炒め物で食すようになった。

(2) 生理的な特徴と適地

パクチーの生育には日照が重要であり、発芽適温は20～25℃、生育適温は18～25℃程度である。暑さには弱いため、夏季は収量が落ちやすい。冬季は生育適温を保つため、ハウスの内張りやトンネル、暖房などによる保温が必要である。また、パクチーはセリ科植物のため、水を多く必要とする。高温、長日、乾燥条件で抽台する。

（執筆：園部愛美・濵砂佐都実）

パクチーの栽培

1 この栽培の特徴と導入

(1) 栽培の特徴と導入の注意点

圃場は、日当たりがよく、保水性のある土地を選ぶ。また、こまめな灌水が必要であるため、灌水チューブを設置し、灌水ができる準備を行なう。

(2) 他の野菜・作物との組合せ方

パクチーは連作に弱いため、セリ科葉菜類の連作を避ける。

2 栽培のおさえどころ

(1) どこで失敗しやすいか

抽台対策　パクチーは高温，長日，乾燥条件で抽台する。抽台すると茎が太く硬くなり，商品価値が低下する。とくに5～7月播種の栽培で発生しやすい。遮光資材の活用（遮光率20～30％）や，土壌を乾燥させないよう灌水をこまめに行なう。

立枯れ症対策　パクチーでは立枯れ症が発生しやすい。対策として，連作を避けること，太陽熱土壌還元消毒を行なうこと，被害残渣の圃場外への持ち出しなどを行なうこと。

(2) おいしく安全につくるためのポイント

病害対策として，作付け前に太陽熱土壌還元消毒を行なう。また，虫害対策として圃場周辺の除草を行なう。

(3) 品種の選び方

表2を参照のこと。

3 栽培の手順（ハウス栽培）

(1) 作付けの準備

保水性がよく，やや粘質の土壌が栽培に適する。圃場には，十分完熟した堆肥を，土質

表2　主な品種と特性

品種名	販売元	作型	特性
サワディ	トキタ種苗	春季～秋季	抽台しにくい。調製しやすい
サバイ	トキタ種苗	夏季	夏季の発芽率がよい。やや調製しにくい
ぱくぱくパクチー	サカタのタネ	春季～秋季	晩抽性，立性で調製しやすい

表3　パクチー栽培のポイント

	技術目標とポイント	技術内容
作付けの準備	◎圃場の選定と土壌改良	・日当たりがよく，保水性のある圃場を選定する
	・用水の確保	・灌水のための用水と灌水資材を準備する
	・適正な土壌改良	・完熟堆肥を1～2t/10a施用して耕うんする
	◎適正な施肥	・苦土石灰などの施用（土壌pH5.5～6.5程度） ・元肥は成分量で窒素，リン酸，カリ10kg/10a程度の施用
	◎ウネつくり ・マルチの利用	・平ウネとし，乾燥対策，雑草対策に穴あきマルチを利用
播種作業	◎十分な灌水	・作付前に圃場に十分灌水する
	◎直播き	・発芽まで2週間程度を要するが，種子を一晩浸水すると，発芽を1週間程度に短縮できる ・真空播種機などを用いて播種する ・株間5～8cm，条間20cm程度とするが，夏季は蒸れやすいため，株間を広げる
作付け後の管理	◎灌水管理	・水分を多く必要とするため，土が乾かないよう少量多灌水を行なう
	◎温度管理	・初期生育が遅いため，乾燥させないよう注意する
	◎病害虫対策・防除	・アブラムシ類に注意し，早期防除する ・立枯れ症に注意し，被害残渣を圃場外に持ち出す ・圃場周辺の除草を行なう
収穫	◎適期収穫	・地上部30～40cm程度で収穫する ・根付きで出荷するため，農業用フォークなどで掘り起こし，収穫する

表4　施肥例　（単位：kg/10a）

	肥料名	施肥量	成分量			施用時期
			窒素	リン酸	カリ	
元肥	完熟堆肥	2,000				
	苦土石灰	100				作付け2週間前
	マイルドユーキ888	120	9.6	9.6	9.6	作付け5～7日前

図1　パクチーの種子

に応じて10a当たり1～2t程度を施用し、耕うんする。作付け約2週間前に、苦土石灰などを施用し、土壌pH（KCl）5・5～6・5程度に調整する。さらに元肥を作付け5～7日前に施用し、よく混和する。元肥は、10a当たり窒素、リン酸、カリ各10kgを目安に施用する（表4）。平ウネとし、乾燥対策、雑草対策に穴あきマルチを利用する。

(2) 播種作業

好光性種子であり、明るい条件下で発芽が促進される。1粒の種子から2株発芽する。

発芽まで約2週間程度を要する。また、種子を一晩浸水すると、発芽を1週間程度に短縮できる。真空播種機などを用いて播種する。株間5～8cm、条間20cmが目安だが、夏季は蒸れやすいため、株間を目安よりも広げる。春に播種すると夏に抽台しやすいため、抽台しにくい品種を選ぶ。また、連作に弱いため、同じセリ科野菜の連作を避ける。

図2　生育中のパクチー

(3) 作付け後の作業

灌水管理　水分を多く必要とするため、土が乾かないよう少量多灌水を行なう。ただし、夏季はトロケなどを防ぐため、収穫間際になったら水をきる。初期生育が遅いため、乾燥させないように注意する。乾燥は抽台の要因となる。

温度管理　生育適温は、18～25℃。日中は蒸れないように換気を行なう。夏季は適宜遮光する。冬季はハウス内の内張りやトンネル、暖房などで保温する。

(4) 収穫

草丈30～40cm程度で収穫する。根付きで出荷する場合は農業用フォークなどで掘り起こし、収穫する。出荷規格は表5のように定められている。

4 病害虫防除

(1) 基本になる防除方法

登録農薬が少ないため、早期発見、早期防除により被害を拡大させないようにする。

表5　パクチーの出荷規格（茨城県青果物標準出荷規格より）

区分	選別標準	調製	容器	内容量	荷造方法
発泡	・品質良好で葉茎に傷みのないもの ・葉茎30cm以上40cm未満 ・根の長さ5cm以上	①根をよく洗い，枯葉をよく取り除く ②水切り不足によるトロケが出るので，水切りには十分注意する ③袋からはみ出さないこと ④病害虫のないもの ⑤2株以上入れること	発泡	1.5kg	・100g×15束 ・テープ使用
D・B	〃	〃	D・B	1kg 500g 900g	50g×20袋 50g×10袋 30g×30袋

表6　病害虫防除の方法

	病害虫名	特徴と対策
害虫	アブラムシ類	とくに春，秋に発生しやすい。吸汁により葉が縮んだり，巻いたりする。登録農薬を活用し，初期防除を行なう。圃場周辺の除草を徹底する
病気	立枯れ症	とくに春先から夏にかけて発生しやすい。発芽した苗の生育が悪くなり，やがて枯れてしまう。対策として，連作を避けること，太陽熱土壌還元消毒を行なうこと，被害残渣の圃場外への持ち出しなどを行なう

図3　収穫時期のパクチー

(2) 農薬を使わない工夫

アブラムシ類対策として、圃場周辺の除草、立枯れ症対策として、連作を避けること、作付け前の太陽熱土壌還元消毒の実施、被害残渣の圃場外への持ち出しを行なう。

5 経営的特徴

パクチーの1作当たりの平均収量は550～650kg／10a程度であるが、夏季は収量が落ちやすい。とくに夏季は連作障害回避のためにも、他の品目との輪作が望ましい。また、特殊な機械は必要ないものの、出荷調製時には根の洗浄、枯葉の除去といった作業が必要となる。自家労賃を費用から除くと、所得率は40％程度となる。

（執筆：園部愛美）

葉ジソ

表1　葉ジソの作型，栽培と特徴のポイント

主な作型と適地

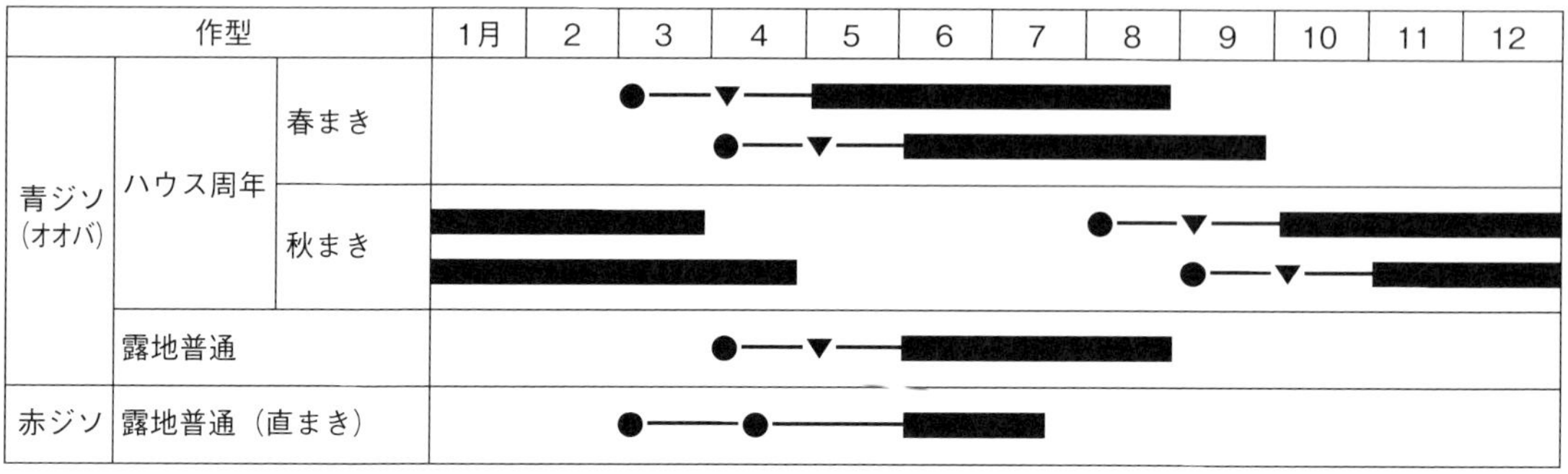

●：播種，▼：定植，■：収穫

特徴	名称	シソ（紫蘇，シソ科シソ属）
	原産地・来歴	原産地は，ヒマラヤからミャンマー，中国とされ，山野に自生する一年生草本である。わが国への渡来は古く，各地の縄文時代の遺跡からシソの種子が出土している
	栄養・機能性成分	青ジソは各種ビタミン，ミネラルが多く，とくにカロテンとカルシウムは野菜の中ではトップクラスである。赤ジソはカロテン含量は青ジソに劣るものの，他の栄養成分は青ジソと変わらない。香り成分はペリルアルデヒドで，他にポリフェノールの一種のロズマリン酸を含む
	機能性・薬効など	カロテンは抗酸化作用，粘膜強化，免疫力向上，老化防止，目の機能維持，ガンや心臓病予防効果などがある。ペリルアルデヒドには抗菌・防腐作用，胃酸の分泌を促して食欲を増進する，ロズマリン酸にはアレルギー症状を緩和する抗炎症作用がある
生理・生態的特徴	発芽条件	発芽適温は20～25℃である
	温度への反応	生育適温20℃前後で，高温には強いが，低温には弱く，降霜で枯れる
	土壌適応性	好適土壌pHは5.5～6.5。土質は選ばず，土壌適応性は広い。土壌が乾燥すると生育が悪くなる
	開花習性	絶対的短日植物で，14時間以下の日長になると花芽分化して抽台する
栽培のポイント	主な病害虫	病気：さび病，斑点病，ハウス栽培では灰色かび病や菌核病が発生する 害虫：アブラムシ類，アザミウマ類，ハダニ類
	抽台防止	抽台を防止するために電照を行なって日長を長くする
	他の作物との組合せ	ハウス栽培で周年生産する産地が多い。露地栽培では，葉ジソ栽培の前後にホウレンソウやコマツナなど葉物を導入できる

この野菜の特徴と利用

(1) 野菜としての特徴と利用

シソは、シソ科シソ属の一年生草本である。原産地は、ヒマラヤからミャンマー、中国南西部に続く地域である。わが国へは縄文時代に渡来し、栽培されるようになったのは奈良時代以降とされる。

２０２０（令和２）年の葉ジソの作付け面積は４８９ha、出荷量８２７０ｔで、産地は愛知県が１３６haで最も多く、次いで宮崎県が68ha、静岡、群馬、大分、三重県、京都府が20ha以上ある。

さわやかな香りとさっぱりした味わいが特徴のシソは、香味野菜として古くから栽培され、和製ハーブの代表格といえる。各種ビタミン、ミネラルが多く、とくにカロテンとカルシウムは野菜の中ではトップクラスである。芳香成分はペリルアルデヒドで、ポリフェノールの一種のロズマリン酸も含む。カロテンなどの各種健康増進作用に加え、ペリルアルデヒドには抗菌・防腐作用、胃酸の分泌促進による食欲増進効果、ロズマリン酸にはアレルギー症状を緩和する抗炎症作用がある。

シソは、利用形態によって摘んだ葉を利用する葉ジソ、発芽後間もない幼植物を利用する芽ジソ、開花中のものや開花後の穂を利用する穂ジソに分けられる（図１）。

芽ジソは刺身の添え物などに利用され、葉ジソは梅干しの色づけに用いる赤ジソとつま物や天ぷらなどに利用する青ジソがある。穂ジソは料理の添え物に、花が終わった後は実ジソとして醤油漬けなどに利用される。この中で青ジソの若葉であるオオバは、東京都中央卸売市場に年間１２５０ｔほどの入荷があり、芽ジソや穂ジソに比べて生産量がはるかに多い。

(2) 生理的な特徴と適地

シソは絶対的短日植物で、秋が近づくと花芽分化し、8月下旬～9月に花穂が現れ（図2）、開花後1～2カ月で種子が成熟する。

種子は採種後から翌年の2～3月まで自発休眠し、寿命は1～2年である。また、種子は外皮が硬い硬実で、一度乾燥すると水分吸収が著しく不良になる。発芽適温は20～25℃で

図1　シソの収穫物と利用法

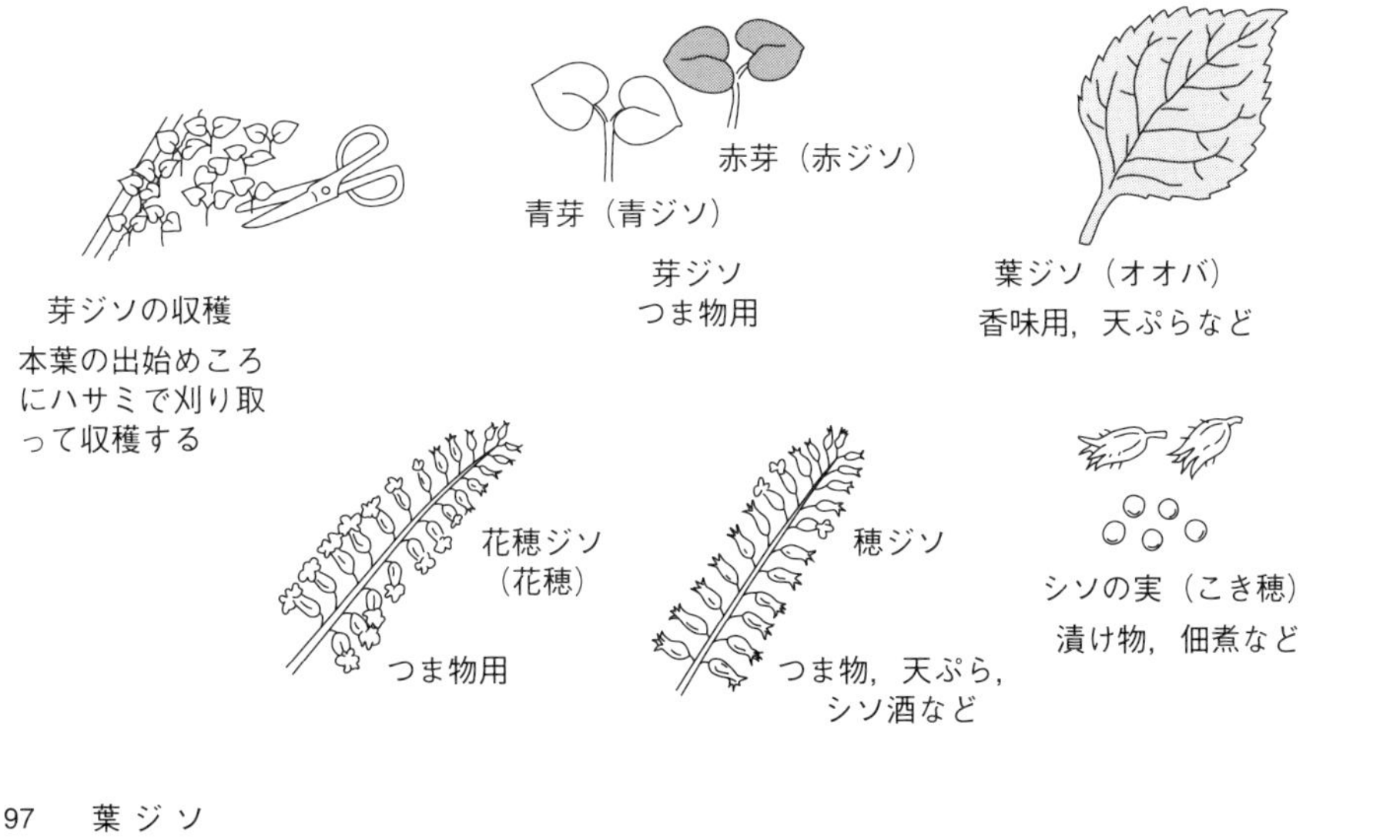

図2　青ジソの花穂

図3　青ジソ

好光性である。

生育温度は15～30℃、生育適温は20～23℃で、高温には強いが、低温に弱く、夜温が10℃以下になると生育が停滞し、降霜に遭うと枯れる。

土壌はとくに選ばず、栽培の適地は広いが、土壌水分が不足すると葉が小さく硬くなるので、土壌水分管理には気を配る。

品種は、葉色により赤ジソ、青ジソに大別される（図3）。「紫蘇」という漢字からもわかるように、本来シソとは赤ジソのことで、緑色のシソは赤ジソの変種である。全国各地で長い年月をかけて品種系統が選抜淘汰され、形態的にはアントシアニン色素の多少や葉のチリメンの強弱に、生態的には日長感応性などに変異が見られる。

作型は、用途や利用目的から分化が見られ、芽ジソ栽培、穂ジソ栽培、葉ジソ栽培がある。葉ジソ栽培では、自然条件下で栽培する露地普通栽培と、ハウスなどの施設を利用し、日長調節のための電照や冬季加温などにより周年生産をするハウス周年栽培があり、養液栽培も行なわれる。

（執筆：川城英夫）

青ジソの露地普通栽培

1　この作型の特徴と導入

(1) 作型の特徴と導入の注意点

葉ジソの栽培は、葉色が赤紫色の品種を利用する赤ジソ栽培と緑色の品種を用いて若葉を収穫する青ジソ（以下、オオバ）栽培がある。赤ジソ栽培は露地普通栽培のみであるが、オオバは露地普通栽培と施設を利用した周年栽培がある。

露地普通栽培は、3月中下旬～5月上旬にかけて播種して育苗を行ない、定植後30～40日で収穫を開始し、花穂が出てくる前の8月

図4　青ジソの露地普通栽培　栽培暦例

月	3			4			5			6			7			8			9			10			11			12		
旬	上	中	下	上	中	下	上	中	下	上	中	下	上	中	下	上	中	下	上	中	下	上	中	下	上	中	下	上	中	下
作付け期間			●	●			▼	▼		■	■	■	■	■	■	■	■	■												
主な作業			施肥	播種			定植			収穫	追肥		追肥		追肥		追肥		抽台始め											

●：播種，▼：定植，■：収穫

に収穫を終了する。

栽培は比較的容易で栽培期間中の労力は少ないが、収穫・調製・荷造りに全体の労力のおよそ9割を要する。

以下、青ジソ（オオバ）の栽培を中心に記述する。

(2) 他の野菜・作物との組合せ方

オオバは、ハウス栽培でいくつかの作型を組み合わせて周年生産する産地が多い。露地普通栽培では、オオバの前後にトンネル栽培のダイコンやニンジン、コカブのほか、ホウレンソウやコマツナなど短期間に収穫できる軟弱野菜を導入できる。

2 栽培のおさえどころ

(1) どこで失敗しやすいか

①肥切れ、水切れさせない

オオバは葉が大きくて丸みを帯び、香りの高いものが好まれる。

肥料切れや土壌水分不足になると葉が小さく、色が淡くなり、商品価値を大きく損なう。完熟堆肥の施用やマルチによる土壌水分の蒸発抑制、収穫が始まったら定期的に追肥を行ない、土壌が乾いたら灌水を行なって肥切れ、水切れを起こさないようにする。

②病害虫の被害を防止する

オオバは葉に病害虫による被害を受けると売り物にならなくなる。病気ではさび病や斑点病、連作をすると青枯病が発生する。害虫では春から夏にかけてハダニ類やアザミウマ類、アブラムシ類が発生し、高温乾燥が続くと急速に増殖して被害を与える。9月以降になるとハスモンヨトウが発生し、食害を受ける。病気は予防を重点に、害虫は畑をこまめに見回って早期発見、早期防除に努める。

(2) おいしく安全につくるためのポイント

品質のよいオオバを生産するためには、完熟堆肥を十分施用し、肥切れ、水切れを起こさないように、適宜追肥と灌水を行なって養水分を適度に保ち、さまざまな防除法を組み合わせて病虫害を回避することが、おいしくて安全につくるポイントになる。

(3) 品種の選び方

品種は、葉色により赤ジソ、青ジソに大別され、葉面のシワの程度や日長感応性に変異が見られる。産地では長い年月をかけて葉の形状や生育の早晩性、日長感応性の異なる系統を独自に選抜し、自家採種によって保存してきた。

表2　シソの主な品種の特徴と用途

品種系統	特徴	用途
赤チリメン	晩生で，葉と茎は赤紫色で，表面が濃く裏面は淡い。葉は大きく裏面に縮みが多い。花は淡色である	主として芽ジソ，葉ジソに利用するが，穂ジソにも利用する
青ジソ	葉が大きく，表裏鮮緑色で，葉縁の欠刻深く，葉の表面に細かい縮みがあり，芳香が強い。花色は白	主として葉ジソ，芽ジソに利用するが，穂ジソ，シソ実にも利用する
青チリメン	中生で，葉が大きく，表裏鮮緑色で，縮みが多い。葉縁は切れ込み鋭く，香りが強い。花穂が大きく，花弁は白色である	主として葉ジソ，芽ジソに利用するが，穂ジソ，シソ実にも利用する
ウラアカ	青チリメンとエゴマの自然交雑種といわれ，茎葉，花ともにエゴマに似ている。葉の表面が緑で，裏面が赤紫色のためウラアカと呼ばれ，花穂の着き方が粗く，香気が強い	花，種子とも大きく，主として花穂，芽ジソに利用する

シソの主な品種系統の特徴と用途は表2のようになる。オオバは、葉が鮮緑色、広卵形で大きく、葉縁の欠刻深く、葉面に細かい縮みがあって香りが強いものが好まれる。生産上は、生育旺盛で分枝が多く、花芽分化・抽台が遅いものがよい。これらの特性を持つ〝大高〟や〝青チリメン〟が使用される。8月まで収穫する場合は早生種を、その後も収穫を続ける場合は晩生種を利用する。新たに栽培を始める場合は、産地から種子を入手するか、市販の種子を使用する。

なお、梅干し用に利用される赤ジソは、葉色が濃赤紫色でテリが強く、縮れがよく出る品種が好まれる。業務用には葉色が赤紫色で葉が厚く歩留まりのよい品種が求められ、〝赤チリメン〟や〝大葉赤ジソ〟などが使用される。一方、穂ジソでは、花穂の色が鮮やかなものや小花の着生が密なものが好まれる。

3 栽培の手順

露地普通栽培の栽培暦は図4のように、

表3　露地普通栽培のポイント

	技術目標とポイント	技術内容
育苗	◎種子の予措 ◎一斉発芽	・採種後6カ月以上たった種子を用い，播種前に流水に浸して吸水させる ・播種後，覆土をせずに，発芽するまで濡れ新聞紙をかぶせ，シルバーポリフィルムでトンネル被覆する
定植準備	◎施肥・ウネ立て	・元肥施用・耕うん後，ベッド幅80～100cm，通路幅60cm，高さ10～20cmのベッドをつくる
定植	◎適期定植 ◎栽植様式	・5～6葉期に定植する ・1ベッド3条，株間25～30cmとし，1カ所1株植え付ける
定植後の管理	◎活着の促進 ◎追肥・灌水 ◎病害虫防除	・定植直後に十分灌水し，その後水分不足にならないように適宜灌水する ・収穫開始後から20日おきに窒素成分で3～4kg/10a，NK化成などで追肥する ・水切れをさせないように，夏季には晴れたら毎日灌水する ・ハダニ類，アザミウマ類，ハスモンヨトウなどのチョウ目害虫を防除する
収穫	◎適期収穫	・本葉10枚以上になってから収穫を始める ・気温の低い時間帯に収穫する ・上位節の葉幅が4～6cmになる展開葉を葉柄を付けて摘み取る

技術目標は表3のようになる。

(1) 育苗

パイプハウスなどを利用して育苗する。種子は10a当たり2dℓ用意する。自家採種した種子は、高温・多湿下に置くと発芽率が低下するので、採種後は種子を小分けにして冷蔵（温度0～3℃、湿度50％）し、必要量だけを取り出して使用する。播種2～3日前にガーゼなどに包んで流水に浸して吸水させ、播種前に脱水機などで水を切っておく。水稲育苗箱に培養土を詰めて種子をバラ播きし、覆土をせずに濡れ新聞紙を被覆し、さらにシルバーポリフィルムでトンネル被覆をする。

表4　オオバの施肥例　（単位：kg/10a）

	肥料名	施用量	成分量		
			窒素	リン酸	カリ
元肥	牛糞堆肥	2,000			
	苦土石灰	100			
	ジシアン555（15-15-15）	100	15	15	15
追肥	NK化成17号（17-0-17）（合計）	80	13.6		0
施肥成分量			28.6	15	15

注）追肥は1回20kgを4回施用する

図5　オオバの栽植様式

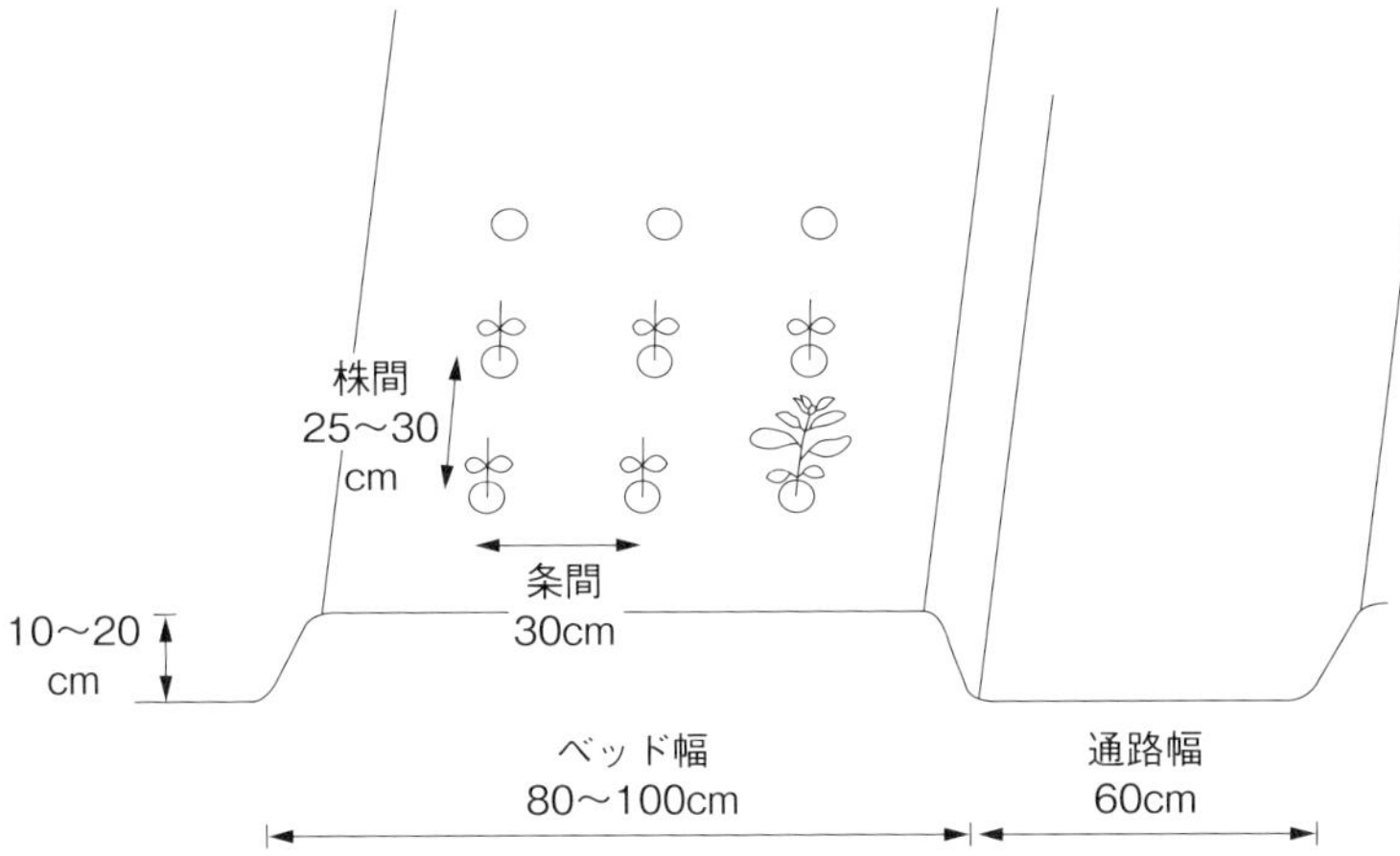

春まきでは7日ほどで発芽する。発芽を始めたら新聞紙を除去し、トンネル被覆をやめる。

本葉2枚目が出始めたところで72穴セルトレイに鉢上げする。その後、土壌表面が乾いたら適宜灌水を行なう。葉色が淡くなってきたら、追肥としてOKF1の1000倍液などを灌注する。

育苗日数は40～50日で、本葉5～6枚まで育苗する。

(2) 畑の準備

施肥例は表4のようになる。元肥を全面に散布した後に耕起し、ベッド幅80～100cm、通路幅60cm、高さ10～20cmのベッドをつくる。

土壌水分保持と雑草防除を兼ねて、緑や黒色のポリフィルムでマルチをする。

(3) 定植

苗は本葉5～6枚になったら定植する。1ベッド3条、株間25～30cmとし、1カ所1株植え付ける。10a当たり7000～1万株となる（図5）。

(4) 定植後の管理

定植直後に十分灌水し、その後水分不足にならないように適宜灌水する。水切れをさせないように、夏季は水分の蒸発散量が多いので晴天日は毎日灌水する。

収穫開始後から20日おきに10a当たり窒素成分で3～4kg、NK化成などで追肥する。液肥であれば、窒素成分で1回1kgを7日おきに灌水チューブを使用して施用する。

放任栽培を行なうと風通しが悪く病気が発生しやすくなるので、側枝数は4～6本に整理し、収穫時に不要な脇芽を取り除く。

(5) 収穫・出荷

定植30日～40日後、本葉10枚以上になってから収穫を始める。収穫は、気温の低い時間帯に行ない、上位節の葉身長が10cm前後になるしっかり開いた若々しい葉を葉柄を付けて摘み取り（図6）、萎れさせないようにして作業場に搬入する。葉は5枚重ね、葉表が上を向くように左右合わせて10枚にし、葉柄を輪ゴムで束ねて1束に、10束を1パックとし、さらに10パックを1箱に詰めて出荷する。10a当たり収量は800箱ほどになる。

4 病害虫防除

(1) 基本になる防除方法

主な害虫は、ハダニ類、アブラムシ類、アザミウマ類、コガネムシ類である。病気では

図6　オオバの収穫のやり方

葉身基部から摘み取ると，黒く変色して商品価値を低下させてしまう
葉柄基部を勢いよくもぎとるように引き下げて，葉を摘み取る

表5　病害虫・雑草の防除農薬例

	病害虫・雑草名	適用農薬名
病気・雑草	さび病	トリフミン水和剤 オンリーワンフロアブル サプロール乳剤 〃ミスター20フロアブル
	斑点病	キノンドー水和剤 ダコニール1000 ストロビーフロアブル エコショット インプレッションクリア
	菌核病	セイビアーフロアブル
	灰色かび病	アフェットフロアブル ストロビーフロアブル アグロケア水和剤
	青枯病，1年生雑草	ガスタード微粒剤による土壌消毒
害虫	コガネムシ類幼虫，ネグサレセンチュウ，ネコブセンチュウ	D-D，D-C油剤による土壌消毒
	ネキリムシ類	ガードベイトA
	ハダニ類	ダニトロンフロアブル サンマイトフロアブル コロマイト乳剤
	アブラムシ類	アクタラ顆粒水溶剤 スタークル顆粒水溶剤 アグロスリン乳剤 ウララDF
	アザミウマ類	スピノエース顆粒水和剤 アディオン乳剤
	ハスモンヨトウ	ゼンターリ顆粒水和剤 アニキ乳剤 アファーム乳剤 カウンター乳剤 ヨトウコンH（性フェロモン剤）

さび病や斑点病が、連作すると線虫被害や青枯病が発生する。防除農薬例は表5のとおりである。

コガネムシ類や線虫、青枯病が発生する畑では、D-D油剤やガスタード微粒剤などによる土壌消毒が必要である。使用できる農薬数が少ないので、病気は予防を、害虫は発生初期に防除を行なう。

(2) 農薬を使わない工夫

ヨトウムシ類の防除には、性フェロモン剤のヨトウコンHが利用できる。さび病は多湿になると発生しやすいので、整枝を行なって風通しをよくする。

ハウス栽培では、農薬を使用しないさまざまな方法が可能である。土壌病害虫を防除するため、高温期には太陽熱消毒や土壌還元消毒を行なうことができる。ハダニ類に対しては、天敵のチリカブリダニを使用できる。防虫ネットをハウスのサイドに被覆することにより、アブラムシ類その他の害虫の進入を阻止できる。ハスモンヨトウなどヤガ類の被害回避に、黄色蛍光灯も利用できる。灰色かび病菌や菌核病菌は紫外線が当たらないと胞子が形成されないため、近紫外線除去フィルムを外張り被覆することで被害を抑制できる。

6 赤ジソの栽培例

赤ジソは、梅の出荷時期に合わせて収穫できるように栽培する。露地普通栽培で、播種期は3～4月、直播きでは、ウネ間55～65cmとして、手押し播種機で条播きされる。早い播種期では播種後に不織布をベタがけして保温し、発芽と初期生育を促進する。その後の主な作業は、病害虫防除と1～2回の除草である。6～7月に茎葉の長さ25cm程度で収穫して、枯れ葉や虫害を受けた葉などを除き、FG袋に入れたものを段ボールに詰めて出荷する。

7 採種

通常、自家採種が行なわれる。9月に抽台した株の中から良質な株を選び、開花1～2カ月後に採種する。採種した種子は乾燥・選別し、密封容器に入れて5℃で保存すれば、1年間高い発芽率を保てる。

8 経営的特徴

オオバを市場出荷する経営は、オオバ専作のハウス周年栽培が多い。露地普通栽培は、少量多品目生産のニーズが高い直売所出荷の1アイテムとして導入できる。主な経営費がトラクタなどの各種作物で使用する農機具費と肥料・農薬費などで少ない一方、労働時間が10a当たり660時間とかなり多い（表6）。労働時間のうち栽培管理にかかる時間はわずかで、収穫・調製に全体の9割ほど要し、周年生産する場合はこの部分だけを雇用を使用するケースが多い。

（執筆：川城英夫）

表6　露地普通栽培の経営指標

項目	
収量（kg/10a）	240
価格（円 /kg）	2,600
粗収益（円 /10a）	624,000
経営費（円 /10a）	280,800
所得（円 /10a）	343,200
労働時間（時間 /10a）	660
うち収穫・調製・出荷時間（時間 /10a）	580

青ジソのハウス周年栽培

1 この作型の特徴と導入

(1) 作型の特徴と導入の注意点

青ジソの周年栽培では、春夏作と秋冬作の年2作体系の栽培が行なわれており、1作の収穫期間はおおむね5～6カ月である。お盆前と年末が需要期で単価は高いが、有利販売するには周年安定出荷が重要である。そのため、加温設備およびカーテン設備、電照設備のある施設での栽培が前提となる。

1作の時期ごとの収量を見ると、収穫初期は側枝が少ないために収量も少なく、収穫後期は、草勢の低下による葉形の乱れなどで可販葉数が減り収量が減少する。

そのため、周年安定生産するには、需要期の出荷量の確保に重点を置いた中で定植時期をずらして作付けすることが必要である。

(2) 他の野菜・作物との組合せ方

青ジソを市場出荷する場合は、周年栽培を行なう。さらに収穫および調製作業に多くの労力がかかるため専作経営を行ない、他の野菜や作物と組み合わせるメリットはあまりない。

2 栽培のおさえどころ

(1) どこで失敗しやすいか

品種の選定　葉の形状は品種によるところが大きいため、市場性の高い、形状のよい品種を選抜・選定する。

電照のトラブル　電照をしている時間帯に何らかの原因で一部または全体が消灯していると、その影響により花芽分化が起きて、その後の収穫ができなくなる。そのようなことがないように定期的に点灯していることを確

図7　青ジソのハウス周年栽培　栽培暦例

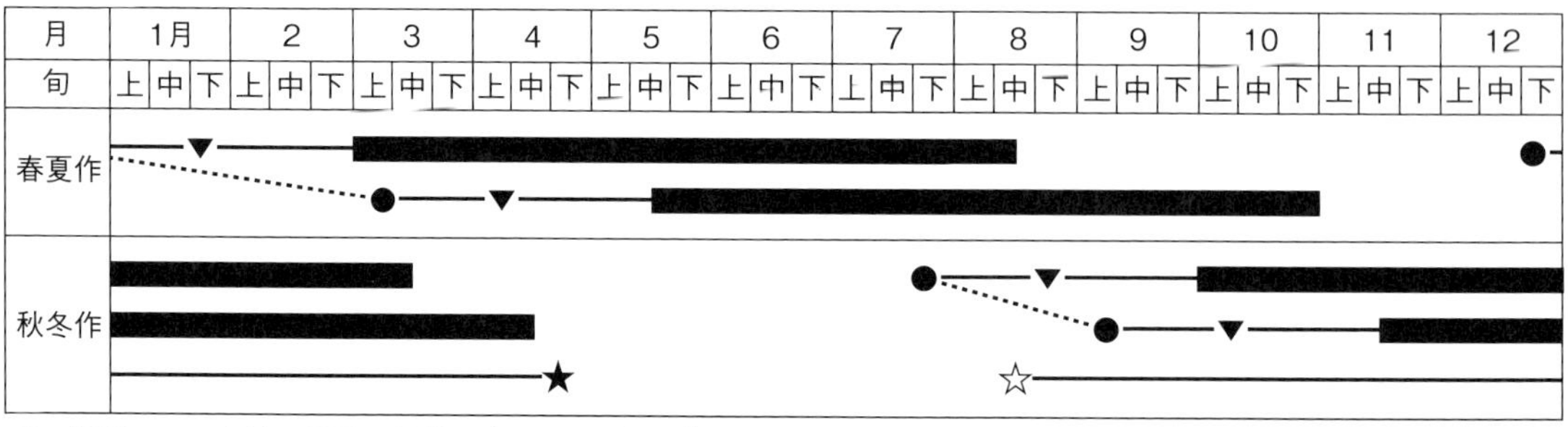

●：播種，▼：定植，■：収穫，☆：電照開始，★：電照終了

認して、電照のトラブルに早めに対応することが重要である。

冬期の温度管理　青ジソは夏の作物のため寒さに弱く、低温で栽培すると品質、収量が低下する。そのため、冬期の品質、収量を確保するには、できるだけ最低気温を16℃以上で管理する。

病害虫の被害　害虫の多くが生長点に近い収穫葉に寄生し加害する。青ジソは葉が商品なので被害に対する許容が小さく、軽微な食害痕でも出荷できなくなり、多発すると著しい減収となる。

(2) おいしく安全につくるためのポイント

品質の高い青ジソを生産するには、肥料と水が不足しないようにして、草勢を低下させないことが重要である。

また、化学合成農薬の使用を削減するには、薬剤防除とそれ以外の防除方法を組み合わせることが重要である。

(3) 品種の選び方

優良品種に求められる特性としては、①形状が広卵形（ハート型）で、葉縁の鋸歯（刻み）がほどよくあること、②鮮やかな緑で、葉に厚みがあること、③香りが強く葉の表面に細かい縮みがあること、④草勢が強く分枝性が高いこと、⑤低温でも葉裏が赤紫色になりにくいことなどがある。

その中で、とくに葉の形状を重視して品種を選定する。

3 栽培の手順

(1) 育苗のやり方

①種子の予措

シソの種子は休眠が深く、10月ころに結実した種子は翌年の2〜3月まで休眠状態となり発芽しにくい。そのため、この時期に播種をする場合は、1年以上前に採種した種子を用いる。

もし、休眠中の種子を播種する必要がある場合は、ジベレリン50〜100ppmの液に一昼夜漬けてから播くと発芽率を向上させることができる。

②育苗

育苗方法には、地床に種子を散播して苗をつくる地床育苗と、セルトレイを使うセル成型育苗がある。

セル成型育苗は省力で効率よく苗が生産でき、定植しやすいことから営利栽培では主流となっている。セルトレイは72穴または128穴を用いる。128穴トレイは、省スペースで育苗できるが徒長しやすいため、育苗日数は30日程度を限度とし、育苗後半に葉色が薄くなるようならば液肥を与える。

また、幼苗でも花芽分化するので、時期に

表7　ハウス周年栽培のポイント

	技術目標とポイント	技術内容
育苗	◎播種の準備 ◎セル成型育苗 ◎花芽分化抑制	・休眠後の優良品種を用意する ・72穴または128穴セルトレイを用いる ・育苗期間は30日程度とする ・8月中旬〜4月下旬は電照を行なう
定植	◎栽植様式 ◎直後の灌水	・株間16〜20cm，2条植え ・ムラがないようにしっかりと灌水する
定植後の管理	◎株の管理 ◎施肥・灌水管理 ◎温度管理 ◎病害虫防除 ◎花芽分化抑制	・収穫開始前に下葉を摘葉する ・過不足がないようにする ・冬期の最低気温を16℃以上とする ・被害軽減のため初期防除に努める ・IPMを行なう ・8月中旬〜4月下旬は電照を行なう
収穫	◎収穫 ◎品質保持	・1週間に2〜3回の頻度で収穫する ・葉身長が10cm前後の新葉を収穫する ・収穫後は霧吹きをし，保冷庫を利用する

図8　シソのセル成型育苗（128穴セルトレイ）

よっては育苗期間中の電照が必要である。

(2) 定植のやり方

①定植準備

施肥例（表8）を参考に元肥を施用し、耕起後にウネ間120cmでウネをつくり、ウネに灌水チューブを1~2本設置する。

②定植

栽植様式は、条間40cmの2条植えで、株間は16~20cmとする（図9）。定植時に水分ムラがあると生育揃いが悪くなるので、定植直後に充分に灌水する（図10）。

表8　施肥例　（単位：kg/10a）

	肥料名	施肥量	成分量		
			窒素	リン酸	カリ
元肥	堆肥	2,000			
	有機配合肥料	120	12	15	10
追肥	NK化成	30	4.2		4.2
	NK化成	30	4.2		4.2
	NK化成	20	2.8		2.8
施肥成分量			23.2	15	21.2

(3) 定植後の管理

①灌水

土壌が乾燥気味だと側枝の伸長が悪く、葉のみずみずしさもなくなり品質が低下する。そのため、適切な水分状態を保つようにこまめに灌水する。

②追肥

肥料が不足すると草勢が低下し、葉色も薄く品質が低下するので、肥料切れを起こさないように定期的に追肥を行なう。追肥の方法は、ウネの中央部に帯状にばらまきするか、液肥で施用する。また、元肥に緩効性肥料を用いれば追肥の省略が可能である。

③株管理

定植後1カ月程度の間は、出荷に適さない形状の悪い葉が発生し、放置すると非常に大きくなる。この葉は株養成のためにしばらく残しておき、低節位の側枝伸長の妨げになる前に摘葉する。側枝が多いほど収量性は高まるので、基本的には整枝をせず側枝は放任とする。ただし、収穫後半に側枝が通路にはみ出して作業性が悪くなる場合は、その部分を刈り取る。

④電照

シソは短日作物で、花芽分化を抑制するには14時間以上の日長が必要で、8月中旬~4月下旬までは電照することが必要である。電照はタイマーを用いて午後11時~午前2時ころまで3時間程度の暗期中断を行なう。

また、シソは各側枝の生長点部分が日長を

感じて花芽分化するため、同じ株でも光が充分に届かない側枝は花芽分化することがある。

そのため、光源となる蛍光灯または電球はできるだけ高い位置に設置し、草丈が高くなっても電照が届かない影の部分ができにくいようにする。

図9　栽植様式

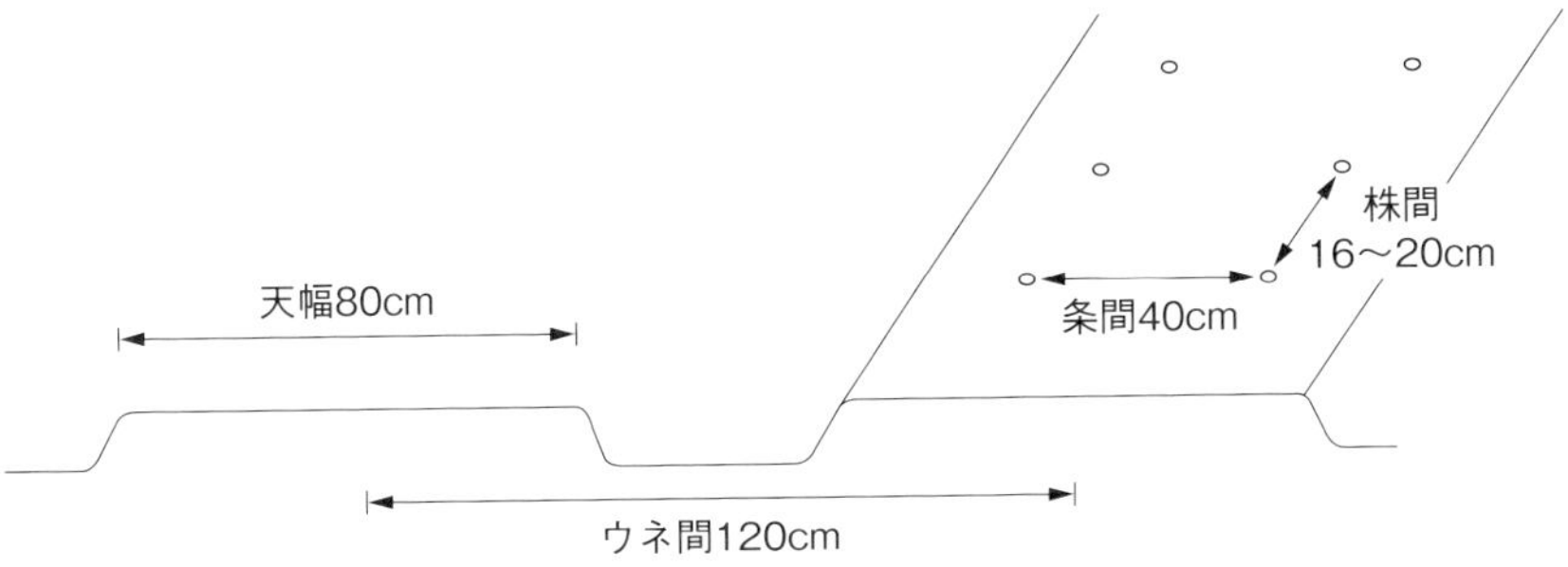

⑤温度管理

青ジソは高温には強いが、夏期の異常高温下では、草勢低下して葉形も悪くなる。そのため、夏期の日中には遮光を行なう。作業環境の改善も考慮して遮光率60％以上のカーテンを使用する。

冬期の施設内気温が低いと葉の展開が遅くなり、また葉の縮みが強くなりすぎたり、葉裏がアントシアニンによって赤紫色になるなど、収量・品質が低下する。そのため、生産性を考えるならば、厳寒期でも最低夜温を16℃以上で管理するのが好ましい。

図10　定植直後の生育状況

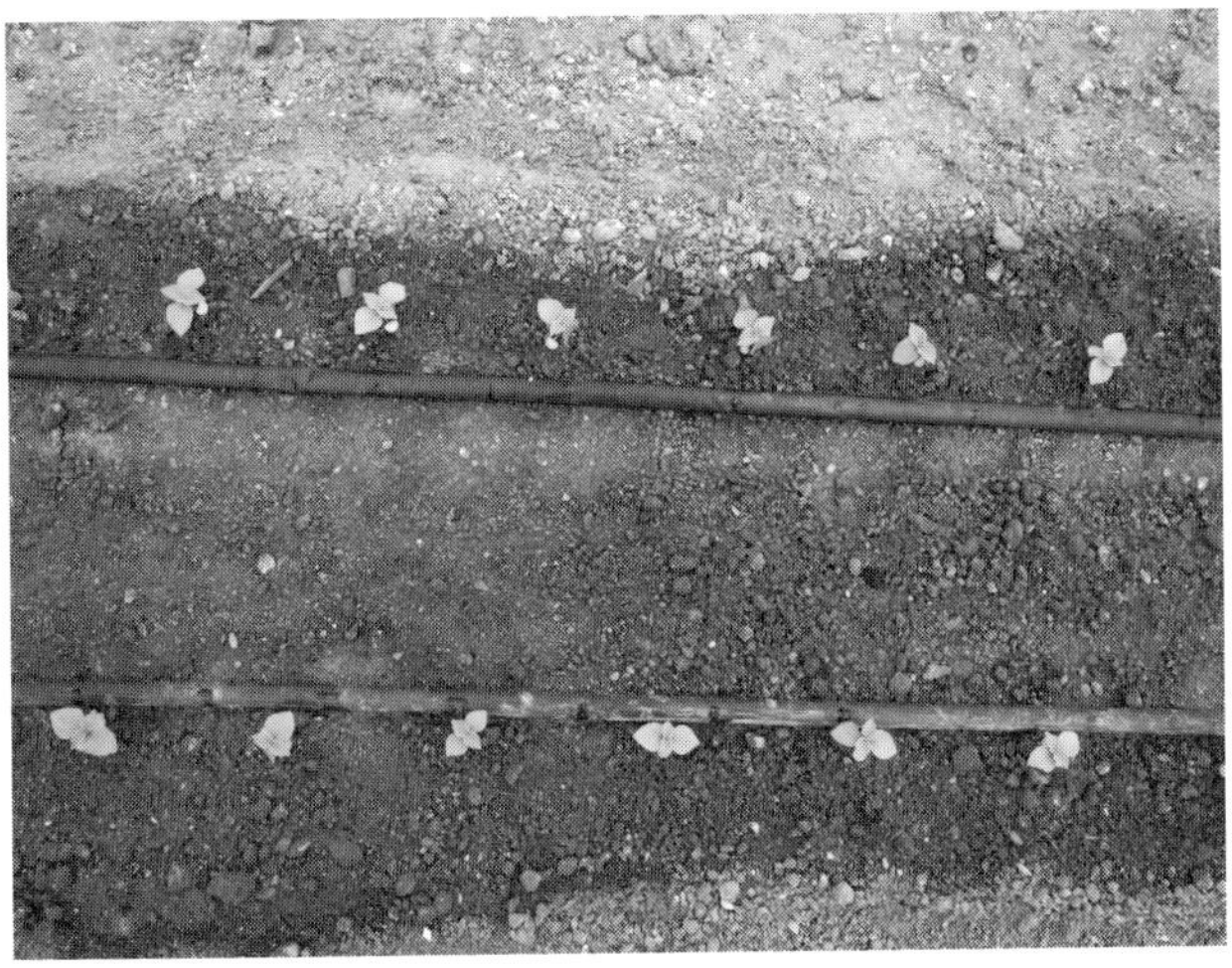

(4) 収穫

葉身長が10㎝前後となった新葉を手で持ち、下に引っ張るようにして摘み取る。葉は対生のため、側枝当たり2葉ずつ収穫し、大きくなりすぎた規格外の葉、害虫の食害痕や傷のある葉は廃棄する。同一圃場に1週間に2〜3回の頻度で収穫作業に入ると、新葉を出荷規格内で効率よく収穫することができる。

収穫後は葉が萎れないように霧吹きをするなどした後、品質保持のため保冷庫に入れておく。

調製は同じ大きさの葉を10枚重ねて葉柄部分を輪ゴムで束ね、10束を専用のパックに並べて入れる。

その他に10枚入1束を小袋に入れたもの、あるいはサイズ分けせずにバラ詰めで袋に入れたものなど、家庭消費に対応した出荷形態もある。

調製後は鮮度が落ちないように保管や輸送

は冷蔵が好ましい。

4 病害虫防除

(1) 基本になる防除方法

害虫は春から秋にかけての気温の高い時期に発生が多く、アブラムシ類、ハダニ類、サビダニ、アザミウマ類、ヨトウムシ類などが問題となる。その中でもとくにハダニ類、アザミウマ類が難防除害虫で、被害の広がりが早く、多発すると著しい減収となる。

病害では、春から秋にかけて斑点病、さび病、秋から冬にかけて菌核病が発生する。病害は多湿条件で発生がしやすく被害葉や被害株が感染源となる。とくに斑点病は収穫葉に被害がでるので注意が必要である。土壌害虫のネコブセンチュウが根に寄生すると生育が抑えられ減収となる。最初の被害は軽微でも年々被害がひどくなっていくので、できるだけ早くD-Dなど登録のある薬剤で土壌消毒を行なう。

シソはマイナー作物のため登録農薬が少なく、さらに収穫サイクルを考えると収穫期に使える農薬は限られてくる。そのため、農薬防除と物理的防除や生物的防除を組み合わせたIPMが必要である。

図11　収穫前の生育状況（下葉摘葉前）

図12　収穫中期の生育状況

図13　収穫後期の生育状況

(2) 農薬を使わない工夫

物理的防除 ①天窓や側窓など開口部にネットを張ることで害虫の侵入を防ぐ。ネットは細かいほど広範囲に害虫の侵入を抑えられるが、通気性は悪くなり、総合的に見て1mm目合のネットが適している。②黄色および青色粘着板を設置してアザミウマ類を捕殺する。③ネコブセンチュウの防除には太陽熱消毒、土壌還元消毒を行なう。

生物的防除 ①捕食性天敵であるカブリダニ類を放飼して、ハダニ類、アザミウマ類などの密度を低下させる。防除効果を高めるには天敵の特性を理解し、適切に放飼することが重要である。

5 経営的特徴

収穫・調製作業に非常に多くの労力がかかるため、営利栽培では雇用労力の確保が重要となる。経営費の中では雇用費と暖房費の割合が高い。雇用を十分に確保でき、順調に収穫できれば、年間10a当たり4万パック（100枚入り）程度の出荷量が期待できる。

（執筆：金子良成）

表9 病害虫防除の方法

	病害虫名	症状および登録薬剤例
病気	さび病	・春～秋に発病し，葉裏に橙黄色～黄色の病斑を生じる。多湿を好み下葉に発生が多い ・薬剤：サプロール乳剤（収穫3日前まで／2回以内）
	斑点病	・高温多湿度条件で発病しやすい。葉に小さな黄～黄褐色の斑点を生じる ・薬剤：アミスター20フロアブル（収穫前日まで／2回以内）
害虫	アブラムシ類	・春から初夏にかけて発生が多く，主に新葉に寄生する。寄生により葉は内側に巻き奇形となる ・薬剤：アドマイヤーフロアブル（収穫3日前まで／3回以内），ウララDF（収穫3日前まで／2回以内）
	ハダニ類	・高温，乾燥で発生が多く，寄生すると白い斑点を生じ，ひどくなると葉全体が白くかすれた症状となる ・薬剤：コロマイト乳剤（収穫前日まで／2回以内），スターマイトフロアブル（収穫3日前まで／1回）
	アザミウマ類	・高温期に発生が多く，寄生すると白斑や汚れを生じ，ひどくなるとかすり症状を生じる ・薬剤：スピノエース顆粒水和剤（収穫3日前まで／3回以内）
	ハスモンヨトウ	・6月ころから発生が見られ，降雨が少なく暑さの厳しい年の秋に多発する傾向がある ・薬剤：プレバソンフロアブル5（収穫前日まで／3回以内），カスケード乳剤（収穫3日前まで／2回以内）
	シソサビダニ	・生長点付近の茎葉に寄生し，さび症状となる。7～10月に寄生しやすく，シソモザイク病のウイルスを媒介する ・薬剤：アニキ乳剤（収穫前日まで／3回以内）

注）（　）は各薬剤の使用時期／使用回数

モロヘイヤ

表1　モロヘイヤの作型，特徴と栽培のポイント

主な作型と適地

作型	1月	2	3	4	5	6	7	8	9	10	11	12	備考
半促成（無加温ハウス）													温暖地
半促成（トンネル露地）													温暖地
普通（露地）													温暖地
普通（露地）													亜熱帯
促成（加温ハウス）													寒冷地
半促成（加温ハウス）													温暖地
促成（加温ハウス）													亜熱帯

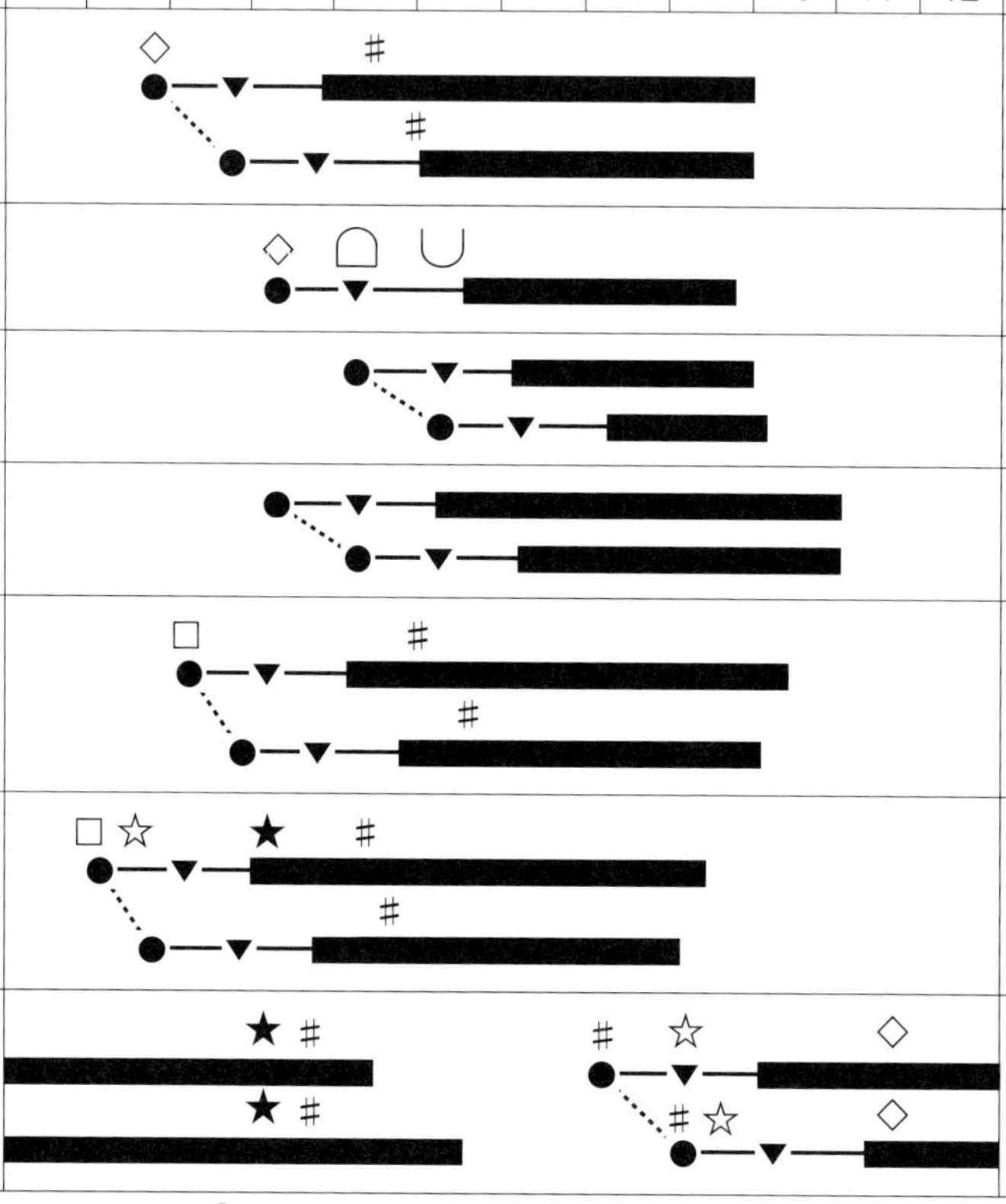

●：播種，▼：定植，■：収穫，⌓：トンネル開始，∪：トンネル終了，◇：保温開始，□：加温開始，♯：雨よけ，開放，☆：電照開始，★：電照終了

（つづく）

特徴	名称	モロヘイヤ（シナノキ科ツナソ属）
	原産地・来歴	エジプト原産の葉物野菜で，1991年ころ日本に導入された。その後，さまざまな健康野菜ブームになる中で，全国各地で栽培されるようになった
	栄養・機能性成分	ビタミン類，ポリフェノール類，ミネラル，食物繊維などを含む。ビタミン類の中ではプロビタミンAであるβ-カロテンがとくに多く，可食部には10mg/100gも含まれている。これはコマツナの3倍，ホウレンソウの3.2倍，ニンジンの1.4倍。ビタミンCはコマツナの0.9倍，ホウレンソウとほぼ同じ，ナバナの0.6倍にあたる。ミネラル分ではカルシウムが豊富で，コマツナの0.9倍，ホウレンソウの4.7倍が含まれる モロヘイヤのβ-カロテンとビタミンCの大部分は葉に含まれており，葉柄，茎にはほとんど含まれていない。β-カロテンは加熱調理に対する影響がほとんどなく，安定な性質を持っている。しかし，ビタミンCはゆでる時間が長くなると減少する。そのほかに，抗酸化成分のポリフェノール類（主にクロロゲン酸）も葉に多く含まれている
生理・生態的特徴	発芽条件	発芽適温は30～40℃。15℃以下になるような低温では，発芽揃いが悪くなる。播種深度は6～9mmが適当
	温度への反応	モロヘイヤは高温性野菜のため，平均気温20～30℃を確保するとよい。気温が15℃程度になると生育が緩慢になり，10℃になると止まる。さらに低温が続くと枯れてしまう
	開花習性	短日条件（本州では9月初め）によって花芽形成・開花が始まる。13時間以上の日長で開花が抑制される。また，育苗中，定植直後の生育初期に低温（10℃程度）にあうと花芽形成（不時開花）が促進されることもある
栽培のポイント	主な病害虫	病気：うどんこ病，灰色かび病，葉ぶくれ病，黒星病，立枯病 害虫：マメコガネ，アザミウマ類，ハダニ類，ネコブセンチュウ，ハスモンヨトウ

この野菜の特徴と利用

(1) 野菜としての特徴と利用

モロヘイヤはエジプト原産の葉物野菜で、1991年ころ日本に導入された。その後、さまざまな健康野菜がブームになるなかで、全国各地で栽培され、2018年（平成30年）作は103haになっている。

モロヘイヤには、種苗会社あるいは輸入国の違いによって草姿の異なる系統がある（図2、3）。その特徴は、主枝に対する側枝の開帳の角度、節間長の長短、側枝の茎径の太さ、基部の着色度合などである。ここでは、分枝の角度が鋭角のものを〝立性〟、鈍角のものを〝開帳性〟と区別し、収穫時の作業性、収穫物の品質から判断して〝立性〟モロヘイヤの栽培方法を紹介する。

モロヘイヤには、ビタミン類、ポリフェノール類、ミネラル、食物繊維などの機能性成分が含まれる。ビタミン類の中では、プロビタミンAであるβ-カロテンがとくに多い。ミネラル分ではカルシウムが豊富に含まれる。

完熟した硬い種子中には、強心配糖体の一

図1　摘み取ったモロヘイヤ

種であるストロファンチジン、オリトリシド、サポニンなどが含まれており、有毒であるため、出荷時の混入には細心の注意を払うこと。ただし、葉・茎・未熟種子からは検出されていない。
　モロヘイヤ自身の味には強い個性が少なく、他の料理材料と取り合わせやすいために、原産国のエジプトや中東ではスープの材料、インドではホウレンソウのようなゆで野菜として用いられている。さらに、揚げ物の材料や、葉の乾燥粉末品がめん類などに混ぜて利用されている。

図2　立性（左1株）と開帳性（右3株）のモロヘイヤの苗（定植直前）

図3　立性（左）と開帳性（右）のモロヘイヤ

立性のほうが草丈が高くなっている

(2) 生理的な特徴と適地

　モロヘイヤの生理的特徴、栽培の適地、作型について表1にまとめてあるので、参照していただきたい。
　高温性の野菜であるために、最低気温が15℃以上にならないと露地栽培はむずかしい。現在では、全国各地でモロヘイヤの栽培が行なわれており、さまざまな作型で栽培されている。温暖地では5月に播種する露地栽培を普通栽培とし、それより早く播種する作型を促成栽培として区分している。半促成栽培は2～4月に播種し、ビニールハウスなどの施設で行なわれている。

（執筆：中川もえ）

露地栽培・無加温ハウス栽培

1 露地栽培

温暖地では、5月ころになれば最低気温15℃程度が確保できるため、とくに施設もいらずに9～10月まで栽培できる。

(1) 圃場の選定、土つくり

モロヘイヤは高温や水分を好む作物で、土壌水分が不足すると展開葉が小さく固くなってしまう。したがって、堆肥などの有機質が十分施された土壌や、灌水がしやすい水持ちのよい圃場（転作田など）を選定する。

この場合に、施肥例（表4）を参考に元肥を施用し、ウネ間120cm、株間30cmのウネをつくる。

表2　露地・ハウス栽培のポイント

	技術目標とポイント	技術内容
定植の準備	◎圃場の選定と土つくり ・圃場の選定 ・土つくり ◎施肥基準 ◎ウネつくり ・マルチ	 ・連作を避ける ・日当たり，排水がよく作土の深い圃場を選定する ・牛糞堆肥を2,000kg/10a程度施用する ・苦土石灰などの施用（pH6前後に調整） ・露地栽培ではかまぼこ形，ハウス栽培では平ウネにする ・雑草防止，害虫忌避，機能性成分向上のために反射マルチを活用する
育苗方法	◎播種の準備 ・発芽の斉一化 ◎健苗育成（肥切れ，低温遭遇に注意） ・追肥	 ・セル成型育苗が簡単。発芽温度（30℃程度）を確保しないと揃いが悪くなる ・25～40日育苗し，本葉4～5枚展葉した健苗を育成する ・本葉展開後，液肥で2～3回追肥を行なう ・肥切れ，灌水過多では葉に黒いシミができる ・低温遭遇によって不時開花するので注意
定植方法	◎栽培方法に合わせた密度 ◎適期定植 ◎順調な活着の確保	・露地普通栽培：株間30cm，1条植え，ウネ間120cm ・ハウス栽培：株間15cm，条間30cm，3条植え，ウネ間120cm ・平均気温15℃以上を確保できるときに定植する ・根を地中深く伸長させる
定植後の管理	◎樹勢の維持 ・追肥 ・灌水 ・病害虫防除	 ・本格的に収穫が始まったら，20日に1回程度追肥を施す ・土壌水分が不足しないように灌水を行なう ・早期発見・早期防除
収穫	◎摘心・収穫 ・収穫方法・回数 ・切り戻し	 ・1～2芽残して20cm程度を摘み取る ・同じ株を10日程度の間隔で収穫するようにする ・収穫後は落葉などを防ぐためにも冷暗所に置く ・収穫位置が高くなったり，新芽が細く弱くなったりした場合，高さ40cm程度まで切り戻しを行なう

表3　モロヘイヤ種子の販売元と特性

品目名	販売元	特性
モロヘイヤ	愛三種苗	立ち性タイプのモロヘイヤ

(2) 播種、育苗方法

128~220穴のセルトレイまたはペーパーポットを利用する。

市販の育苗培土を用いるが、水分量がまちまちなので、培土を手で軽く握ったさいに軽く固まり、指で押すとすぐにくずれる程度の水分状態にしてから、トレイに詰める。均一にトレイに充填した後、専用板で播種穴をあける。播種・覆土後、トレイの底穴から少量したたる程度の灌水をすみやかに行なうと、発芽が安定する。

発芽後の温度管理は、20~30℃を目安にする。

育苗中から定植後の生育初期には、低温(10℃程度)にあうと不時開花が起こるため、とくに温度管理では低温にならないように注意する。ハウスなどによる早期栽培を行なうときには、十分な注意が必要になる。

育苗中の灌水は、本葉1枚ころまでは1日1~2回、本葉2枚以上になったら2~3回行なう。1回につき、200穴トレイ当たり400mℓを目安にする。多すぎると根張りが弱くなり、葉色が薄くなったり、下葉が落ちたりする。

育苗中の追肥は、本葉展開ころから液肥で2~3回行なう。肥料不足になると、葉にシミのような斑点が生じることがある。

このようにして育苗した苗は、育苗日数25~40日、本葉4~5枚で定植期を迎える。

(3) 定植

土壌に十分水分を含ませた状態で定植を行なう。活着後は表面の水分を少なめにし、地中深く根が張るようにする。

(4) 収穫

定植後30日(草丈40cmくらい)ほどで主枝の摘心と収穫を行なう。摘心後の高さは25cmくらいにする(図4)。

土壌水分が十分にあり、温度が確保されれば旺盛に繁茂するが、しだいに樹が大きく込み入ってくると芽数が増えすぎ、勢いが悪くなるので、草丈が120~150cm程度になったら切り戻しをする。

収穫開始後から、20日間隔で追肥を行なう。施肥量は、窒素成分を中心に、成分量で10a当たり2~4kgとする(表4参照)。

摘心以後は、25~30cm程度に伸びた脇芽を1~2節(葉)残して摘み取る(図4参照)。

図4　摘心，収穫方法

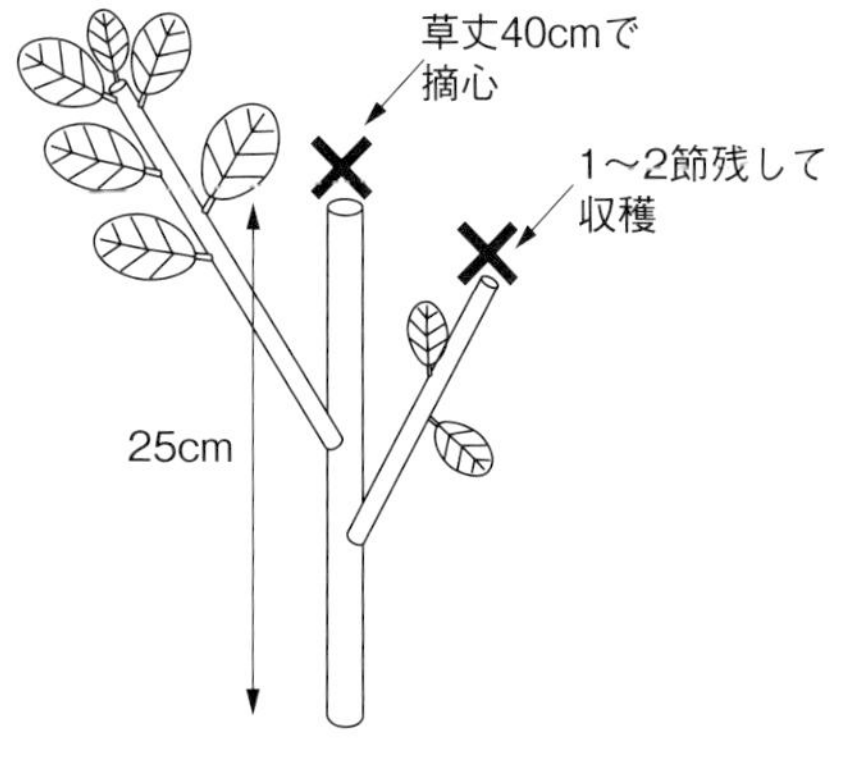

表4　施肥例　(単位：kg/10a)

資材名	元肥	追肥	成分量			備考
			窒素	リン酸	カリ	
石灰窒素	100		21			線虫被害発生圃場
牛糞堆肥	2,000					
アズミン苦土石灰	100					
発酵鶏糞	300		9	21	12	
有機配合肥料(6-6-6)	100		6	6	6	
BMリンスター	20			6		
果菜配合		200	16	12	12	20日間隔で1回当たり40kg

脇芽の生長をよくするために、できるだけ枝元に近い位置で収穫する。

モロヘイヤの普通栽培では、日長が短くなる8月下旬～9月中旬に開花が始まる。花芽が形成されると新芽の発生が止まってしまうので、収穫を終了する。

収穫後、モロヘイヤを5℃程度で保存すると、外観上も品質面もよい結果が得られる。春から初夏までは品質面で大きな問題は見られないが、高温期は気温の低い時間帯（朝・夕）に収穫し、収穫後は予冷により品質の低下を防ぐ必要がある。

2 無加温ハウス栽培

早春の半促成栽培や遅出しを目的にした秋季の施設栽培では、温度を確保し、電照によって長日条件をつくり、開花を抑制する必要がある。温度は、最低気温を15～20℃にしないと十分な発育が得られない。また、花芽を抑制するための電照の方法は、日没から連続して行なうだけでなく、夜中に一定時間を照らす「暗期中断」も効果がある。

栽培方法は露地栽培とほとんど同じだが、栽植密度については株間15cm、条間30cmの3条植えに密植する。さらに、換気も十分に行なわないと病気が発生したり、徒長気味の軟弱な枝葉になるため注意する。

3 病害虫防除

登録農薬が少ないため、早期発見、早期防除により、抵抗性の病害虫を広めないようにすることが肝心である。

病気　ハウス栽培などでうどんこ病、灰色かび病が発生することがあるが、登録農薬がないので、換気によって湿度の管理を適切に行ない、予防する。葉ぶくれ病もハウス栽培で見られるが、特定の条件下（紫外線カットフィルム下）で極端に発生することが報告されている。

また、種子伝染するとみられている黒星病には、乾熱処理が有効とされている。

害虫　葉を食害する害虫が問題になる。

アザミウマ類による被害は、新芽のときに食害を受けたものが葉の展開につれてスジ状に穴が広がる。ハダニ類による被害は、葉色が薄くなり、多発するとクモの巣を張ったようになる。夏期には、コガネムシ類によって葉が外側から食害される。早期発見、早期防除を行ない、周囲に防虫網を張るなど耕種的防除に努める。

4 経営的特徴

表5にトンネル露地栽培の経営試算をまとめた。

（執筆：中川もえ）

表5　トンネル露地栽培の経営指標

（単位：円 /10a）

項目			備考
粗収益		962,740	単収（990kg/10a）
経費	種苗費	11,200	
	肥料費	107,630	
	農薬費	13,990	
	小農具費	13,100	鎌，鍬，ナイフなど
	燃料費	6,610	ガソリン，軽油
	減価償却費	92,140	トラクター，管理機，軽トラックなど
	修理費	25,500	
	出荷経費	308,340	FG袋，段ボール，運賃，手数料
	小計	578,510	
所得		384,230	

ツルムラサキ

表1　ツルムラサキの作型，特徴と栽培のポイント

主な作型と適地

作型	4月			5			6			7			8			9			10			備考
	上	中	下	上	中	下	上	中	下	上	中	下	上	中	下	上	中	下	上	中	下	
露地普通	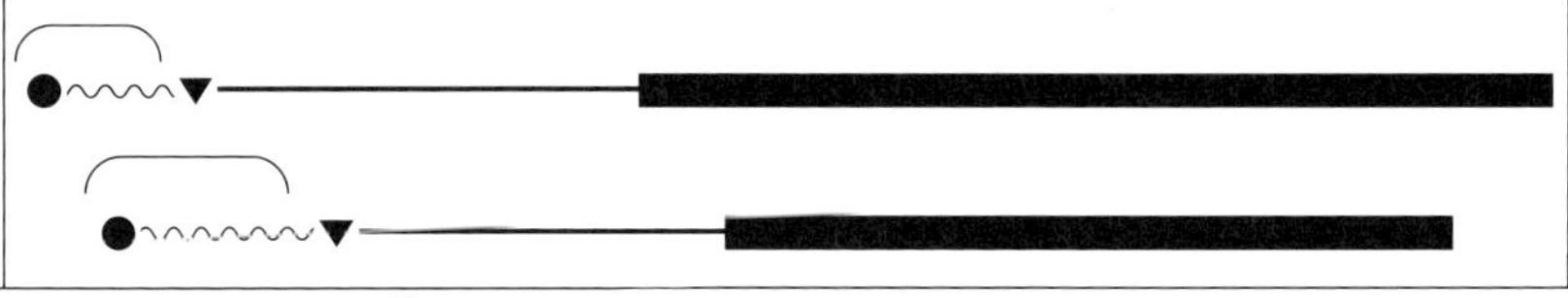																					暖地・温暖地 寒冷地

●：播種，▼：定植，■：収穫，⌒：ハウス育苗，〜：温床育苗

特徴	名称	ツルムラサキ（ツルムラサキ科ツルムラサキ属）
	原産地・来歴	原産地はアジアの熱帯地方 中国から日本へは江戸時代に伝搬
	栄養・機能性成分	ビタミン，ミネラル（カルシウム，鉄分など），β-カロテン，食物繊維が豊富
	機能性・薬効など	抗酸化作用，貧血予防，整腸作用がある
生理・生態的特徴	発芽条件	発芽適温は25～30℃
	温度への反応	生育適温は20～30℃
	日照への反応	多日照条件を好む
	土壌適応性	好適pHは6～6.5 適度に水はけがよく，耕土の深い肥沃な畑が適する
	開花習性	短日条件で開花する
栽培のポイント	主な病害虫	アブラムシ類，紫斑病
	他の作物との組合せ	前後作には栽培期間の短い葉物が適する

この野菜の特徴と利用

(1) 野菜としての特徴と利用

①原産と来歴

ツルムラサキは、ツルムラサキ科の一年生草本で、アジアの熱帯地方が原産である。葉・茎とも多肉質で光沢があり、草丈は1m以上に伸びる。東南アジアから中国の南部地域まで広く分布している。日本には江戸時代に伝搬され、主に観賞用として栽培されてきた。

青茎種と赤茎種があり、両方とも食用になるが、主に野菜として栽培されるのは青茎種である。赤茎種は花の美しさから鉢栽培などで観賞用に用いられることが多い。なお、青茎種は耐暑性が強く、夏期に生育が旺盛な性質を利用して、日よけ作物として利用されることもある。

②現在の生産・消費状況

日本での栽培面積が大きい産地は、農林水産省令和2年産特産野菜統計では福島県（約16ha）、宮城県（約6ha）、徳島県（約4ha）となっている。夏期に長期間収穫することができる緑黄色野菜であり、病害虫の発生が少なく防除作業は少なくて済むため、栽培は比較的簡単な野菜である。しかし、夏の高温期には側枝の発生が旺盛となり、頻繁に収穫作業を必要とするため、収穫労力面から大規模生産はむずかしく、多品目少量生産の小規模産地や都市近郊での生産が主体となっている。

消費状況についても福島県、宮城県、徳島県の順に多く、産地直売が行なわれることが多い野菜である。

③栄養・機能性

独特の土臭さがあるが、栄養価が高い。抗酸化作用があるビタミンや貧血予防に効果的な鉄分、整腸作用のある食物繊維を豊富に含む。ゆでてお浸しや胡麻和えとする調理法が一般的だが、ツルムラサキに含まれているビタミンCは水溶性であるため、ゆでると水に溶け出してしまう。そのため、みそ汁や炒め物としての利用が推奨されている。

(2) 生理的な特徴と適地

①発芽・生育適温

発芽適温は25～30℃、生育適温は20～30℃である。熱帯地域の原産であるため高温を好む野菜で、露地栽培では春の晩霜の危険がない時期から秋の早霜の時期まで長期間栽培できる。霜の危険がない期間であれば、寒冷地でも問題なく栽培できる。

生育は夏期に最も旺盛になり、側枝の発生も盛んになる。晩秋から早春にかけての低温期の栽培は経済的にむずかしく、側枝の茎も硬くなり品質は著しく低下する。

②土壌適応性

乾燥しやすい圃場では生育が遅くなり、適度に水はけがよく、耕土の深い肥沃な畑地が適する。排水不良の畑地でも高ウネにしたり、溝を掘って畑の表面排水を促すといった排水対策をとることで栽培は充分可能である。

（執筆：伊藤　隼）

露地普通栽培

1 この作型の特徴と導入

(1) 作型の特徴と導入の注意点

ツルムラサキは高温を好む作物であり、定植前からあらかじめウネにマルチをして地温を上げておくと苗の活着が速やかに進み、生育は良好となる。地温が低いと苗の活着が遅れ、側枝の発生も遅れるため収量が十分に上がらない。

また、ツルムラサキは春の晩霜の危険がない時期に定植することで、夏から秋の早霜の時期まで長期間栽培できる野菜である。霜の危険がない期間であれば寒冷地でも問題なく露地栽培ができ、一部地域ではハウス栽培も行なわれている。寒冷地での露地栽培では、4月中旬ごろ播種し、5月上中旬に定植。栽培管理として病害虫防除や主枝摘心を行ない、7月上中旬～10月中旬ごろまで継続的に収穫を行なうことができる。

(2) 他の野菜・作物との組合せ方

ツルムラサキは生育期間が長いため、前後作には生育期間の短い非結球性葉菜類の導入が適している。ホウレンソウ、コマツナなどを地域の気象条件に合わせて取り入れるとよい。

2 栽培のおさえどころ

(1) どこで失敗しやすいか

直播か移植か　寒冷地の春先の気温上昇はゆるやかなので、直播で早播きしすぎると、発芽までに長い時間がかかり、種子が腐ったり、生育が不揃いになりやすい。また、ツルムラサキの種子は外皮が固く、発芽率がやや低いため、直播栽培はお勧めできない。移植栽培のほうが安全に栽培できる。

排水対策　排水不良の圃場では湿害の発

図1　ツルムラサキの露地普通栽培（寒冷地）　栽培暦例

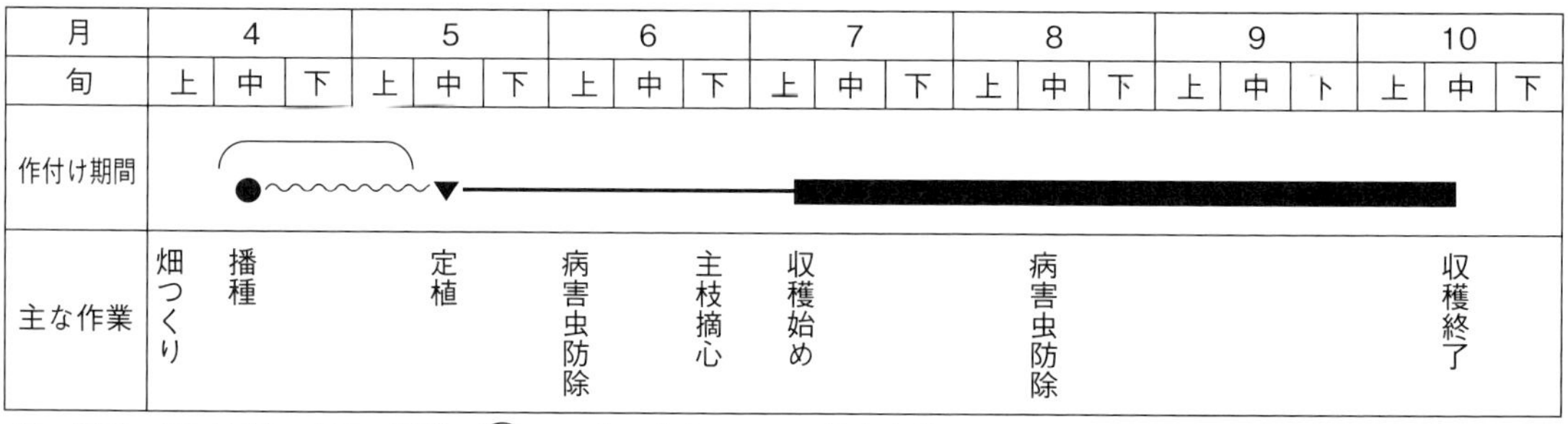

●：播種，▼：定植，▬：収穫，⌒：ハウス育苗，〰：温床育苗

生、地温上昇の遅れや病害発生の原因となってしまうため、高ウネ栽培を行なうことや圃場の表面排水を促すため、明渠を掘るなどして排水対策を取っておくことが重要である。

(2) おいしく安全につくるためのポイント

ツルムラサキは病害虫の発生が比較的少ないため、薬剤散布が少なくてすむ。ただし、生育期間中強い降雨があると、泥が茎葉に付着し、病気の発生をまねきやすい。また、葉の汚れの原因にもなる。このような時、マルチや敷ワラを行なっていると病気の発生防止に役立ち、安全な野菜を生産できる。

3 栽培の手順

(1) 育苗のやり方

ツルムラサキの種子は外皮が固いため、あらかじめ一昼夜水に浸けてから播種すると発芽しやすくなる。覆土は浅めにし、セルトレイに十分灌水し、発芽まで乾燥しないよう農ポリなどで保湿する。ただし、農ポリをかけた場合は、培養土の温度が上がりすぎてしまう可能性があるため、不織布などの遮光資材を農ポリの上から被せておくとよい。発芽するまでに2週間ほどかかるため、乾燥したら適宜灌水を行なう。なお、育苗は低温期にあたるため、温床マットを利用し温床育苗を行なうとよい。

育苗はビニールハウス内で行ない、定植後の植え傷みを避けるため、定植2～3日前からハウス外に出して順化させる。

(2) 定植のやり方

水はけがよく、日当たりもよい作土の深い圃場を選ぶ。水田転作畑などの排水不良地でも高ウネ栽培にすることや明渠施工といった十分な排水対策を取っておく。

定植の1週間前に、堆肥と苦土石灰を散布しておく。強酸性土壌では生育が極端に

表2　露地普通栽培のポイント

	技術目標とポイント	内容
定植準備	◎畑選定と土つくり	・連作を避ける ・排水がよく，日当たりのよい作土の深い畑を選定する
	◎施肥	・完熟堆肥を1t/10a以上施用して深耕する（未熟堆肥は土中の窒素欠乏をまねきやすい） ・苦土石灰などを施用し，土壌酸度を調整する
	◎ウネ立て	・ウネ幅120～140cm，高さ15～20cmとする ・定植前にマルチを張っておくと地温が上がり，苗の活着がよい
育苗	◎播種	・一昼夜水に浸けてから播くと発芽しやすい ・128穴セルトレイを使用する ・発芽適温は25～30℃
	◎管理	・育苗はビニールハウス内で行ない，乾燥したら適宜灌水 ・低温期の育苗であるため，温床育苗がよい ・定植2～3日前からハウス外に出して順化する
定植	◎時期	・晩霜の恐れのない時期に定植する
	◎栽植密度	・2条植えの条間40cm，株間30cmとする
定植後管理	◎主枝摘心	・摘心を適期に行ない，側枝の発生を促す
	◎追肥	・収穫が盛んになってきたら草勢を維持するために適宜追肥する
	◎除草	・通路の除草を早めに行ない，風通しをよくする
	◎病害虫防除	・アブラムシ類，ヨトウムシ類の発生があれば早めに薬剤散布を行なう。なお，薬剤散布の際に液肥を混ぜるのもよい
収穫	◎収穫	・側枝の伸長状況をよく見て，適期に収穫する

表3　施肥例　（単位：kg/10a）

	肥料名など	施肥量	成分量		
			窒素	リン酸	カリ
元肥	完熟堆肥	2,000	–	–	–
	苦土石灰	100	–	–	–
	CDUS555	80	12.0	12.0	12.0
追肥	燐硝安加里 s604	37.5	6.0	3.8	6.2
施肥成分量			18.0	15.8	18.2

図2　ウネの立て方と植付け位置

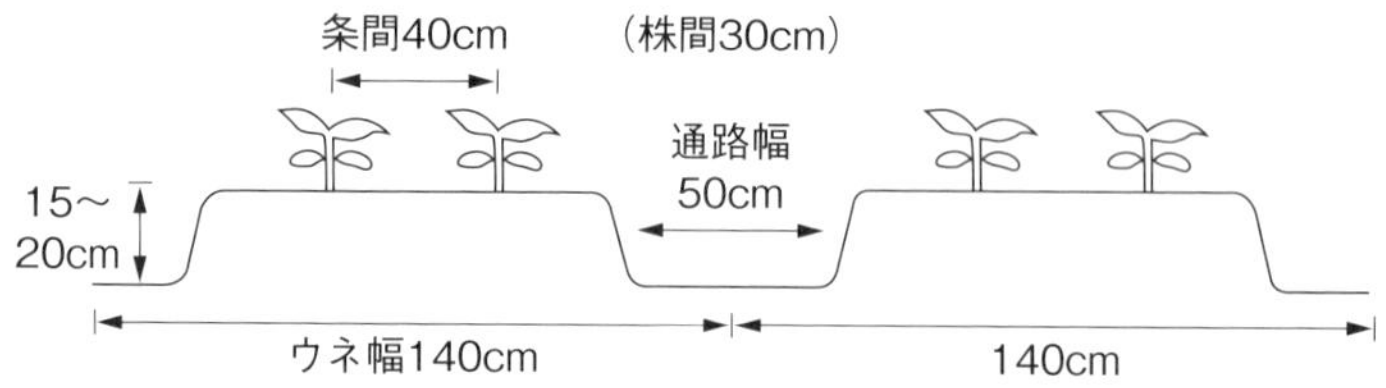

悪くなるため、pH6～6・5を目標に苦土石灰を施用する。堆肥と苦土石灰をすき込んでから、さらに元肥を散布し耕起する（表3）。なお、堆肥は完熟堆肥を用いる。未熟堆肥は、微生物が活発に活動している状態であり、土中の窒素欠乏をまねきやすく、病原菌の活動も活発にしてしまう場合もある。未熟堆肥を使うときは少なくとも定植1カ月前に施肥し、土の中で十分に分解させてから定植するよう注意する。

定植には、本葉が3～4枚程度になった苗を用いる。株間30cm、条間40cmの2条植えとする（図2）。

(3) 定植後の管理

草丈が30cm程度になったころ、5～6枚の葉を残して主枝を摘心する。

土壌が乾燥しすぎると側枝の発生が悪くなるため、必要に応じて灌水を行なう。収穫が始まったら、20～30日の間隔で株元に2～3回追肥をすると収穫期後半でも側枝の発生が旺盛となる。灌水と追肥を兼ねて液肥を散布すると肥効が早く出て草勢の維持に役立つ。

図3　ツルムラサキの草姿

(4) 収穫

主枝を摘心した後、伸びてくる側枝を、葉2枚程度残してつる先から20～25cmの長さで収穫する（図4）。夏の高温期には側枝の発生が旺盛になるため、伸びすぎないよう適期収穫に努める。収穫が遅れると茎が硬くなり、繊維質が強く品質が低下する。

収穫後、茎の長さを揃えて1袋200～300gに袋詰めして出荷する（図5）。

4 病害虫防除

(1) 基本になる防除方法

病害虫の発生が比較的少なく、栽培しやすいが、夏場にアブラムシ類やヨトウムシ類が発生することがあるため、見つけたら早めに防除を行なう。また、降雨が多い時期に発生しやすい病害として紫斑病がある。紫斑病に登録のある農薬としてベンレート水和剤があげられるが、使用時期が収穫14日前までの登録であるため、収穫期の散布は注意が必要である。したがって、降雨前に計画的に予防剤としてベンレート水和剤や野菜類に登録のある銅剤などを散布するとよい。もし発生してしまった場合は、伝染が広がらないよう、罹患した葉や株を適宜摘み取り処分する。

　他にも、腐敗病、半身萎凋病、灰色かび病などが発生する場合があるが、これらの病害も罹病株、茎葉残渣とともに土壌中に病菌が残存して伝染源となり、降雨による泥跳ねなどで感染が拡大する。ツルムラサキは登録農薬が少ないため、薬剤は野菜類で登録のある農薬を使用するしかない。その他の対策としては、連作を避け、罹病株を見つけたらすぐに処分することがあげられる。

　また、ネコブセンチュウによる被害も発生する。ネコブセンチュウはツルムラサキの根に多数の小型のこぶを形成し、養水分を奪い生育を抑制する。主に化学農薬を利用した防除が行なわれ、バスアミド微粒剤による土壌消毒やネマキック粒剤などの線虫剤を用いる。

(2) 農薬を使わない工夫

　マルチとして、太陽光を反射してアブラム

図4　主枝摘心と収穫

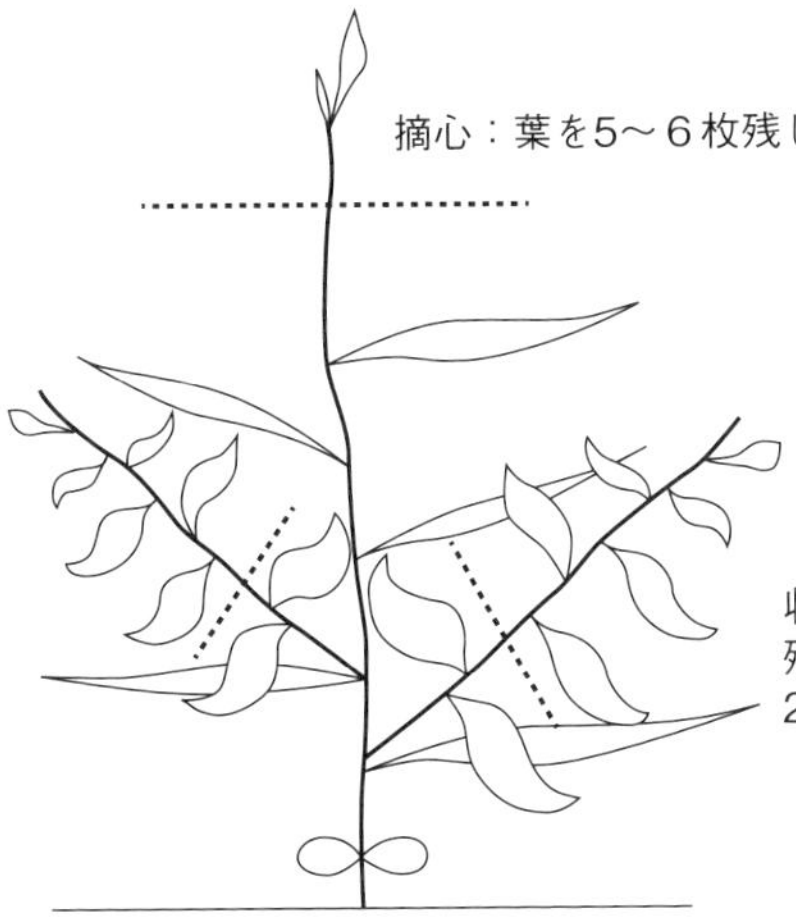
摘心：葉を5～6枚残して摘心
収穫：側枝に葉を2枚
残して先端から20～
25cmの長さで収穫

図5　出荷時のツルムラサキ

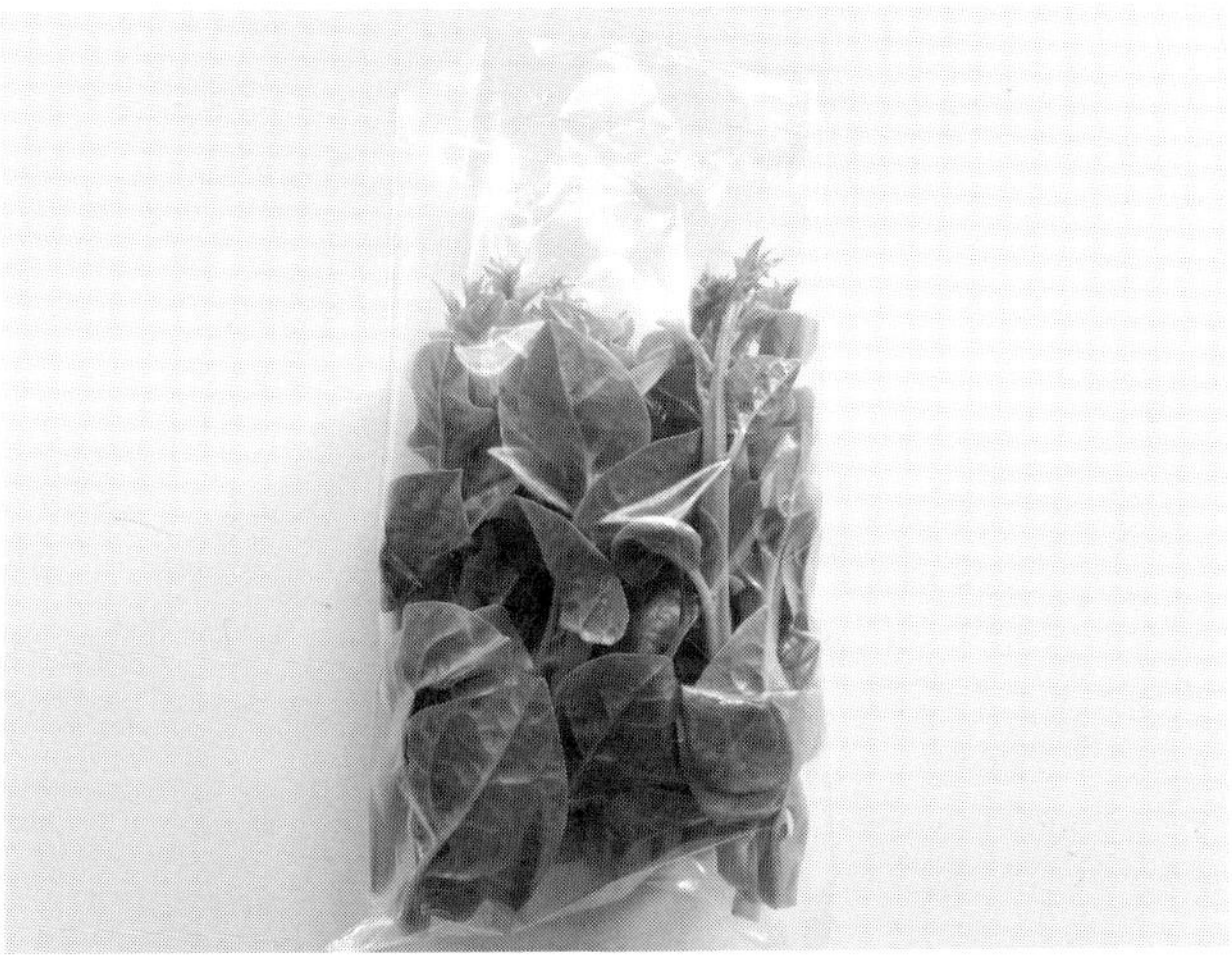

表4　注意する主な病害虫と使用できる農薬の一例

	注意する病害虫	使用できる農薬の一例
病気	紫斑病	ベンレート水和剤
害虫	アブラムシ類	サンクリスタル乳剤，オレート液剤，粘着くん
	ヨトウムシ類	アディオン乳剤，ゼンターリ顆粒水和剤
	ハスモンヨトウ	プレバソンフロアブル5，ディアナSC，コテツフロアブル
	ネコブセンチュウ	バスアミド微粒剤，ネマキック粒剤

注1）農薬の登録情報は，2023年1月末時点の情報である
注2）農薬を使用する際は，登録情報をよく確認のうえ使用する

シ類やアザミウマ類の忌避効果があるといわれているシルバーマルチを利用したり、ハウス栽培においては、害虫の侵入を抑えるためにハウスサイドに防虫ネットを展張するなどがあげられる。

5 経営的特徴

ツルムラサキは、耐暑性が強く病害虫の発生が比較的少なく、薬剤散布が少なくて済むため、取り組みやすい野菜であるが、収穫が始まると継続的に収穫し続けなければならないため、収穫労力に見合った規模で栽培する必要がある。また、知名度が低く、マイナー野菜であり、消費者の購入意欲は強くないため、適切な販売量はどの程度か考慮しながら栽培規模を決めるとよい。

宮城、福島ではスーパーの店頭でもよく目にする野菜となったが、独特な土臭さから好き嫌いが分かれる野菜でもある。一束の量が多すぎると消費者は買いにくいため、量を適宜加減し、市場の好みにあった荷姿にする必要がある。

ツルムラサキは、他の葉物野菜と異なり、夏場でも収穫後の萎れやツヤなどの外観品質の低下が少なく、棚持ちがよい。したがって、品ぞろえを豊富にしたいときに重宝される野菜になっている。

（執筆：伊藤　隼）

エンサイ（空心菜）

表1　エンサイの作型，特徴と栽培のポイント

主な作型と適地

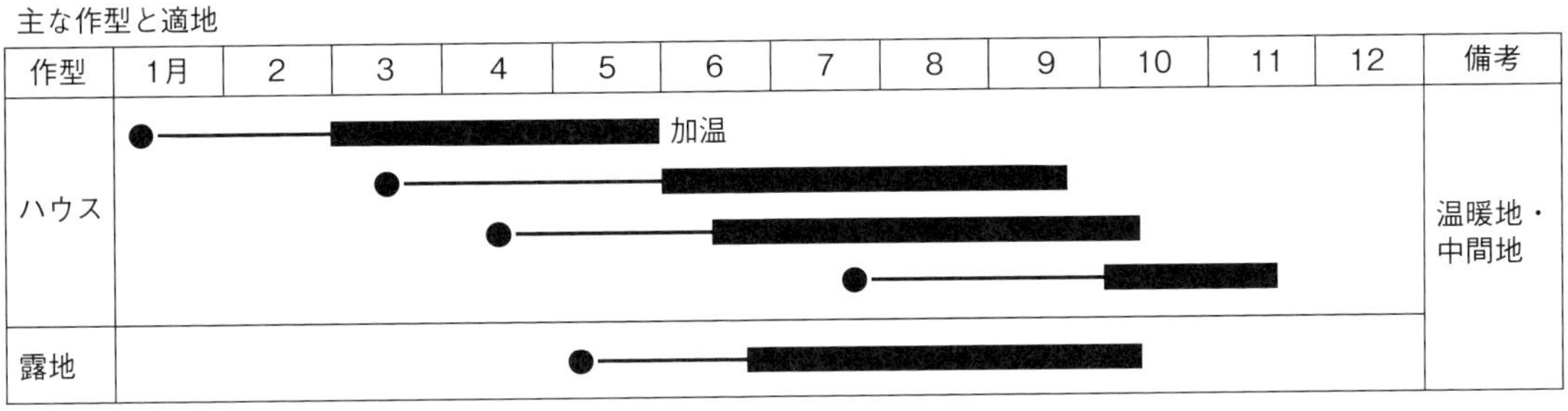

●：播種，■：収穫

特徴	名称	エンサイ（ヒルガオ科サツマイモ属），別名：ヨウサイ，クウシンサイ（空心菜），アサガオナ
	原産地・来歴	中国南方の熱帯地域原産
	栄養・機能性成分	栄養価は高く，鉄分などのミネラルや，β-カロテン，ビタミンKなどのビタミンが豊富に含まれている。可食部100g当たりに鉄1.5mg，β-カロテン4,300μg，ビタミンK250μgを含む 食味はエグ味やクセがなく，炒め物に向き，肉や油との相性がよい
	機能性・薬効など	鉄分は貧血予防効果，ビタミンKは骨にカルシウムを沈着する作業があるため骨粗鬆症予防効果，β-カロテンは抗酸化作用があり免疫力向上効果が期待できる
生理・生態的特徴	発芽条件	発芽適温は25℃前後
	温度への反応	高温多湿を好み，暑さにきわめて強い。生育適温は25～30℃前後で，10℃以下では生育が劣る。霜に当たると枯れてしまう
	日照への反応	多日照条件を好む
	土壌適応性	畑地でも水田跡の湿地でも栽培可能である。とくに保水力のある土地が適し，土壌を乾燥させないように管理する必要がある。灌水のための，用水確保ができる圃場を選ぶ。栽培現地圃場ではpH（KCl）5.5～6程度が多い（最適値の知見が少なく，明らかではない）
	開花習性	短日条件で花芽が形成され開花する。短日となる9月後半から花芽ができやすくなり，25℃以上の高温で花芽は発達しやすい
栽培のポイント	主な病害虫	アブラムシ類，ハダニ類，ハスモンヨトウ，ナカジロシタバ，イモキバガ，バッタ類
	他の作物との組合せ	前後作には生育期間の短い葉物が適する（チンゲンサイ，コマツナ，ホウレンソウなど）

この野菜の特徴と利用

(1) 野菜としての特徴と利用

エンサイは、中国南方の熱帯地域が原産とされ、中国南部から東南アジアで広く栽培利用されている。東南アジアでは湿地帯でよく育ち、一部は畑地で栽培されている。このことから、高温多湿を好み、暑さや湿気には強く、真夏に収穫できる緑黄色野菜である。原産地では多年草となるが、国内では、ヒルガオ科サツマイモ属の一年草として栽培されている。

主茎以外に何本かの側枝が旺盛に生長し、つる性でほふくする（図1）。葉は互生で三角形をしており、茎は中空で中が詰まっていない。種子の大きさは2～3㎜程度である。

栄養価は高く、カルシウム、鉄分、β-カロテン、ビタミンKを豊富に含んでいる。抗酸化物質の一つであるポリフェノールも豊富である。

エンサイは、つる先などの茎葉の柔らかい部分を摘み取って利用し、エグ味やクセがない食味である。料理の用途は、炒め物に適し、油や肉との相性がよく、シャキシャキとした歯触りを楽しめる。他に、お浸し、汁物にも利用され、あく抜きの必要はない。栄養価が高い軽量の葉物野菜として近年、需要が増加してきている。

(2) 生理的な特徴と適地

熱帯地方の原産であるため、高温多湿の気候を好み、生育適温は25～30℃で、発芽適温も25℃程度と高い。耐暑性はあるが、低温には弱く、10℃以下では生育が低下し、霜にあうと枯死する。アサガオやサツマイモと同じ短日植物で、短日条件で花芽が形成され、25℃以上の高温で花芽は発達し、開花しやすいとされている。

低温期の栽培には適さない。とくに高温期の栽培が適する野菜で、暖地または温度が確保できる条件下では、長期間の収穫が可能となる。病害虫の発生に注意すれば、湿気のある土地でも栽培でき、比較的土地を選ばない栽培しやすい野菜である。

（執筆：石井佳美）

図1　側枝を養成中のエンサイ

エンサイの栽培

1 この栽培の特徴と導入

(1) 栽培の特徴と導入の注意点

5～10月は、露地栽培を行なうことができる。ただし、害虫や乾燥対策に留意する必要があるため、安定生産には、パイプハウスでの施設栽培が適する。

圃場は、日当たりがよく、水持ちのよい土地を選ぶ。また、施設では、こまめな灌水が必要であるため、水の便がよい圃場を選ぶとともに、灌水チューブを設置し作付け前後の灌水の準備を行なう。

(2) 他の野菜・作物との組合せ方

温暖地では、生育期間の短い葉物野菜を前後作として導入が可能である。栽培に適した春から夏を中心に作付けし、冬季はコマツナ、ホウレンソウなどの葉物野菜を、栽培条件に応じて組み合わせる。直売所で出荷・推進する場合は、栽培が容易な品目であるため、事前の生産・出荷計画が重要となる。

2 栽培のおさえどころ

(1) どこで失敗しやすいか

温度の確保　高温多湿には強いが、10℃以下の低温には弱いため、播種時期や栽培時期に注意する。早播きを行なう場合は、直播ではなく、トンネルなどで保温育苗を行ない、発芽適温25℃を確保する。低温により、下葉を中心に白く抜けた症状が発生することがある。栽培時期や栽培環境に応じて、ハウス内張りやトンネルを活用した多重被覆を行ない、温度を確保する。

乾燥対策　乾燥には弱く、水を好むため、乾ききらないように注意して灌水を行なう。乾燥すると生育が停滞するばかりでなく、茎葉が硬くなり、食味が低下する。マルチ栽培も有効である。

(2) おいしく安全につくるためのポイント

虫害対策として、1㎜目の防虫ネットを施設開口部に展張する。施設の出入り口には、カーテン状に二重に防虫ネットを展張すると

図2　エンサイの施設栽培

よい。

各種苗会社から、中国野菜として種子が販売されている（表2）。赤系統と白系統があることが知られている。赤系統は、一般に水生で多湿なところで栽培され、茎が緑色あるいは紫色で繊維質で丈夫である。白系統は、一般に畑で栽培されており、茎は緑色あるいは白色で軟らかい。

表2　主な品種の特性（畑作向け）

品種名	販売元	作型	特性
エンサイ	タキイ種苗	7～8月播種	広葉タイプで，高温期収穫は節間が伸びやすいため，低温期の収穫が適する
エンツァイ	トキタ種苗	1～6月播種	葉は細めの竹葉タイプ。低温期はボリュームが少なくなるため，高温期の収穫が適する

3 栽培の手順

(1) 畑の準備

圃場には、十分完熟した堆肥を、土質に応じて10a当たり1～2t程度を施用し、耕うんする。作付け10日前までに、苦土石灰などを施用し、土壌pH（KCl）5・5～6程度に矯正する。さらに元肥を作付け5日前に施用し、よく混和する（表4）。元肥は成分量で窒素、リン酸、カリ各10～15kg／10a程度とし、緩効性肥料が適する。

露地栽培では高さ10cmのかまぼこ形、ベッド幅120cm程度、通路50cm、施設栽培では平ウネ、ベッド幅120～200cm程度、通路40～50cm程度とする

低温期の地温確保、および乾燥対策や雑草対策に穴あきマルチを利用し、条間、株間を15～20cm程度とする。施設では、マルチ下には灌水チューブを設置し、通路には散水チューブを設置する（図3）。

(2) 播種のやり方

直播栽培で、露地では5月下旬～8月の温暖な時期に行なう。施設では、25℃の地温が確保できるよう適宜、多重被覆とする。

作付け前は圃場に十分灌水し、水がはけたところで、マルチの場合、条間、株間を15～20cm程度、1穴当たり3粒程度、深さ1・5

表4　施肥例　（単位：kg/10a）

	肥料名	施肥量	成分量			施用時期・施用回数
			窒素	リン酸	カリ	
元肥	完熟堆肥	2,000				
	苦土石灰	100				定植2週間前
	CDU化成（15-15-15）	100	15	15	15	定植5～7日前
追肥	追肥用化成（15-3-15）	60～90	9～13	9～13	9～13	15kg／回×4～6回
施肥成分量			24～28	24～28	24～28	

注1）土壌診断を実施して，必要量を施用する。連作圃場では，残存肥料量に注意する
注2）家畜糞主体の堆肥施用時には，含有肥料成分を考慮した施用量とする

表3　エンサイ栽培のポイント

	技術目標とポイント	技術内容
畑の準備	◎圃場の選定と土壌改良 ・用水の確保 ・適正な土壌改良 ◎適正な施肥 ◎ウネつくり ・マルチの利用	・日当たりがよく，保水性のある圃場を選定する ・灌水のための用水と灌水資材（灌水チューブなどをマルチ下，通路，施設サイドへ）を準備する ・完熟堆肥を1～2t/10a施用 ・苦土石灰などの施用（土壌pH5.5～6程度） ・元肥は成分量で窒素，リン酸，カリ各10～15kg/10a程度の施用 ・露地栽培では高さ10cmのかまぼこ形，施設栽培では平ウネにする ・低温期の地温確保および乾燥対策，雑草対策に穴あきマルチを利用し，条間，株間を15～20cm程度とする
直播方法	◎作期に応じた被覆材利用 ◎十分な灌水 ◎直播 ◎定植	・直播は，露地では5月下旬～8月の温暖な時期に行なう。施設では，25℃の地温が確保できるよう適宜，多重被覆とする ・作付け前は圃場に十分灌水する ・マルチの場合，条間，株間を15～20cm程度，1穴当たり3粒程度，深さ1.5～2cmに播種する。マルチなしの場合，条間20cm，株間15cm程度に条播きする
育苗方法	・低温期 ◎播種 ◎育苗	・播種期が低温期であったり，発芽率を高める場合は，育苗する ・発芽温度（25℃程度）を確保する ・セル成型育苗の場合，播種後20日程度で本葉2～3枚で，マルチ穴に定植する
作付け後の管理	◎乾燥させない灌水管理 ◎適期の摘心 ◎適期追肥 ◎虫害対策・防除	・作付け後はこまめに十分灌水する ・ハウス内が乾燥する時期は，通路に散水チューブを併用し，ハウス内湿度を維持する ・30～40cm程度に伸びたら，地際1～3節を残して主茎を収穫する ・収穫開始後，葉色が薄くなりすぎないよう10～14日おきに追肥を施用する ・虫害対策のため，防虫ネットを利用する ・施設はハダニ類，アブラムシ類など，施設・露地ともハスモンヨトウ，イモキバガなどに注意し，早期防除をする
収穫	◎適期収穫	・主茎の摘心以後，脇芽が次々に伸長するので，茎葉が込み合わないよう，できるだけ株元に近い位置で収穫する ・先端の生長点を付けて，切断部から葉の先端が出荷規格（25～40cm）の長さで，1芽残して摘み取る ・鮮度を落とさないよう，収穫後と調製後に予冷を行なう

図3　栽植様式例

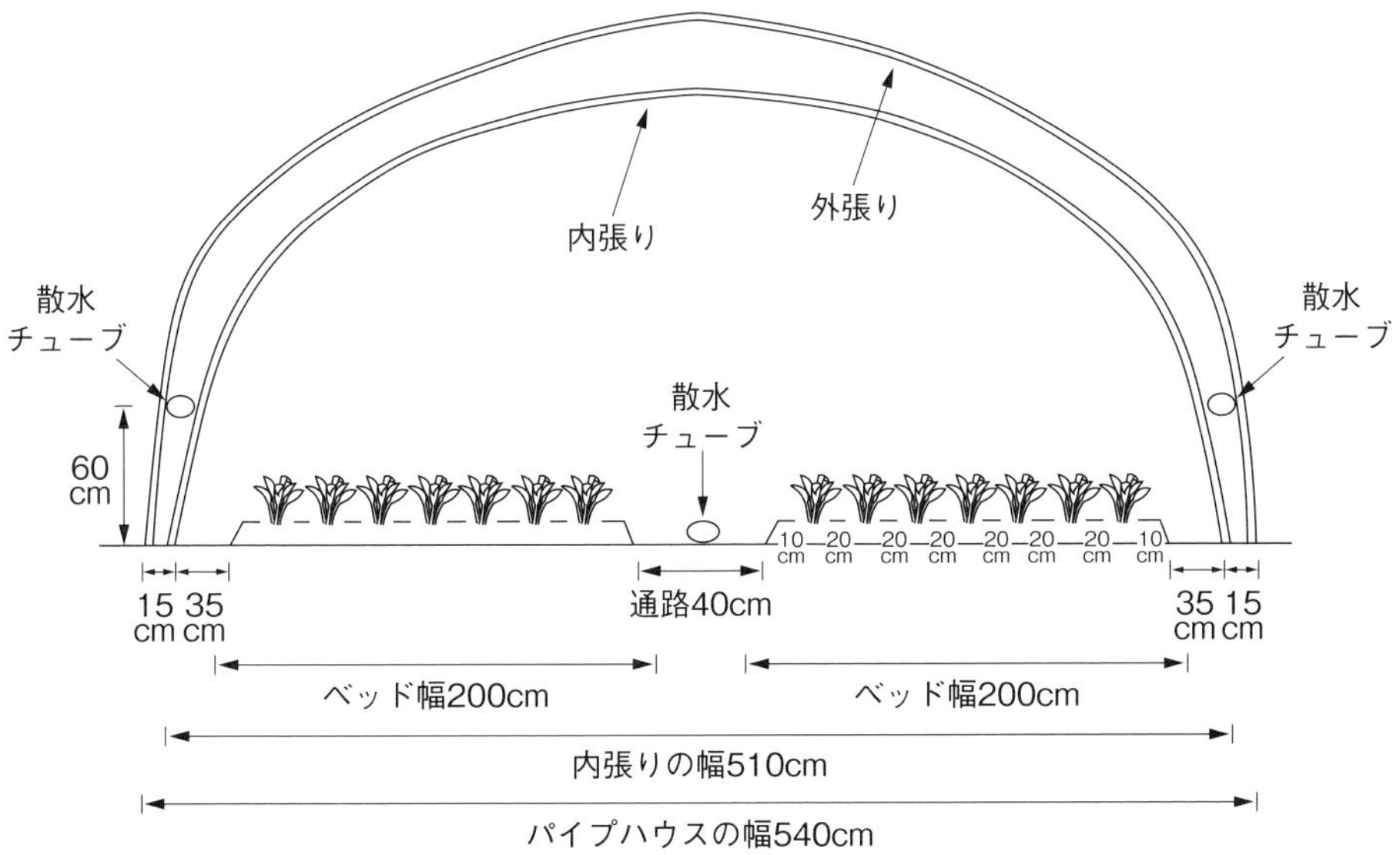

～2cmに播種する。マルチなしの場合、条間20cm、株間12cm程度に播種機を使って、条播きする。播種後は、覆土が十分湿っている場

表5　エンサイの出荷規格
（茨城県青果物標準出荷規格より）

選別標準	調製	容器	内容量	荷造方法
品質良好なもの 葉茎長さ40cm	病害虫，傷みのないものとする A：品質，形状，色沢良好なもの B：A品につぐもの	DB	2kg入目 10％	150g ×15袋とする

表6　主な害虫の特徴と対策

	病害虫名	特徴と対策
害虫	ハダニ類	施設栽培で，高温・乾燥時に葉裏に発生し，多発すると細かい糸を張って群生する。葉にかすり状の小さな斑点が多数見られる。過繁茂や過乾燥を防ぐ。微生物薬剤も活用し，初期防除を行なう
	アブラムシ類	とくに秋，春に発生が問題になる。心葉の直接吸汁により生育不良の被害が大きくなる。微生物薬剤も活用し，初期防除を行なう。ハウス隅や周辺の除草を徹底する
	ハスモンヨトウ	夏期にとくに多発生する。成虫の体長は6mm内外と小さい。卵を葉裏に産卵し，幼虫は葉裏に寄生して表皮を残して葉肉を食害する。ハウス開口部に，目合い1mm以下の防虫ネットを展張する。生物薬剤を活用し，初期防除を行なう
	イモキバガ	夏期に発生する。幼虫は葉を折って綴り，内側から葉肉を食害する。葉裏に寄生して表皮を残して葉肉を食害する。サツマイモの栽培地で広く発生するため，付近の圃場の防除も重要である。ハウス開口部に，目合い1mm以下の防虫ネットを展張する

合は灌水しないが、乾燥の加減によって灌水を行なう。

地温が低い時期に播種する場合は育苗する。セル成型育苗の場合、発芽温度（25℃程度）を確保する。播種後20日程度で本葉2～3枚で、マルチ穴に定植する。

(3) 定植後の管理

作付け後は乾燥させないよう、こまめに十分灌水する。ハウス内が乾燥する時期は、通路の散水チューブを併用して、ハウス内湿度を維持し、茎葉の伸長をよくする。ただし、極端にハウス内の温湿度を高めると、葉に小斑点状のカルスが形成され、商品価値を著しく下げるので、注意する。この症状は春から初夏、秋に発生しやすい。

主茎が30～40㎝程度に伸びたら、地際1～3節を残して摘心し、収穫する。

収穫開始後、葉色が薄くなりすぎないよう、10～14日おきに液肥や化成肥料を追肥する。

収穫　主茎の摘心以後、脇芽が次々に伸長するので、茎葉が込み合わないよう、できるだけ株元に近い位置で収穫する。先端の生長点を付けて、切断部から葉の先端までの長さが出荷規格（25～40㎝）に応じた長さで、1芽残して摘み取る。

茎葉は出荷規格（表5）に合わせて調製し、乾燥を防ぐために袋に包装して出荷する。鮮度を落とさないよう、収穫後と調製後に予冷（8℃程度）を行なう。

4 病害虫防除

(1) 基本になる防除方法

主に問題となる害虫への登録薬剤が少ないため、早期発見、早期防除により、被害を広めないことが重要である（表6）。

イモキバガ、ハスモンヨトウについては、圃場周辺にサツマイモなど、これらが多発する作物がある場所では、とくに被害に注意する。場合によっては作付けを控える。また、施設で問題となるハダニ類対策としては、過繁茂、乾燥を防ぎ、初期防除が重要である。

(2) 農薬を使わない工夫

ハスモンヨトウなどの食用性害虫の虫害対策として1㎜目の防虫ネットを施設および露地トンネルで展張する。また、アブラムシ類対策としては、ハウス周辺の除草を徹底する。

5 経営的特徴

収穫が始まると定期的に収穫が必要な品目であるため、収穫労力に適した規模で栽培する必要がある。直売所で出荷・推進する場合は、栽培が容易な品目であり、かつ需要量を見越した、事前の生産・出荷計画が重要となる（表7）。

（執筆：石井佳美）

表7　エンサイの経営指標

	項目	施設栽培（1作当たり）
収益	収量（kg/10a）	2,000
	平均単価（円/kg）	600
	小計（円/10a）	1,200,000
費用	種苗費（円/10a）	25,000
	肥料費	25,000
	農薬費	25,000
	諸材料費	70,000
	光熱動力費	25,000
	減価償却費など	120,000
	出荷経費	300,000
	雇用労賃	250,000
	小計（円/10a）	840,000
利益	所得（円/10a）	360,000
	所得率（%）	30

セリ

表1　セリの作型，特徴と栽培のポイント

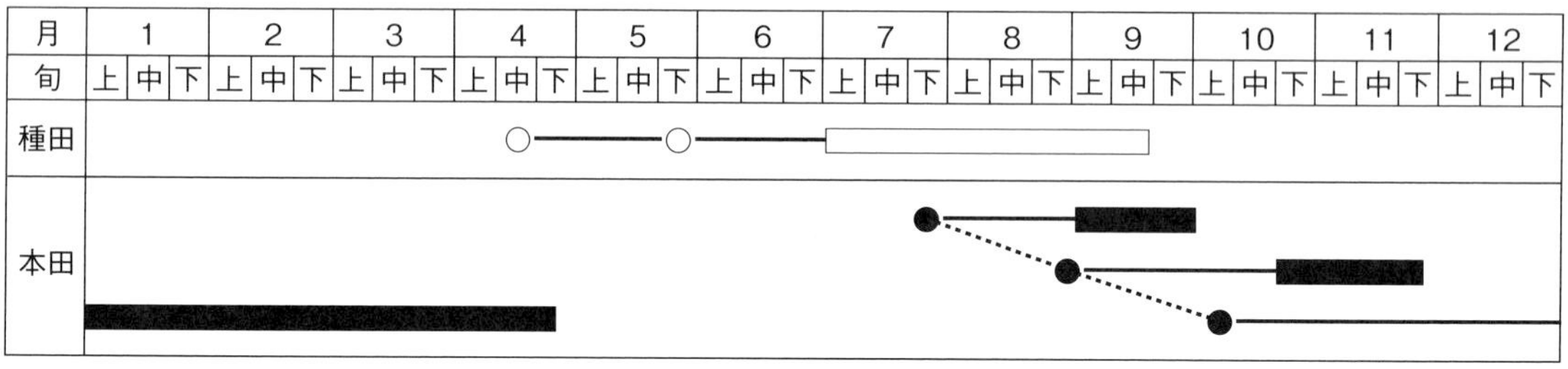

○：親株の定植，□：種セリの採取，●：種セリの植付け，■：収穫

特徴	名称	セリ（セリ科セリ属）
	原産地・来歴	日本全土に自生
	栄養・機能性成分	食物繊維，ビタミン類，ミネラル，葉酸など多くの栄養素を豊富に含む
生理・生態的特徴	発芽条件	種子は好光性で，25℃程度で発芽率が高くなる
	温度への反応	生育適温は15～25℃。10℃以下で生育は停滞
	土壌適応性	粘土質土壌で，有機物の多い肥沃な土壌が適する。栽培には多くの水が必要。地下水などが利用できる環境が望ましい
	開花習性	晩春から抽台を開始し，7～8月ころに抽台茎の先に多数の小花の集まった花蕾をつけ，8～10月にかけて種子が登熟する
栽培のポイント	主な病害虫	アブラムシ類，チョウ目害虫，葉枯病，葉腐病。種田では害虫，本田では病気を中心に防除
	他の作物との組合せ	圃場は種田と本田の2つ。種田でランナーを発生させ，発芽・発根させた後に本田に植付け。1年を通して栽培管理を行なうため，同一圃場で他品目と組み合わせることはむずかしい

この野菜の特徴と利用

(1) 野菜としての特徴と利用

①原産と来歴

学名は*Oenanthe javanica*。日本全土に自生しており、1000年以上前から栽培されていたと推察される記録が残っている。昔から各地方で特産的に栽培されており、宝暦2年（1752年）に島根県松江市、安永4年（1775年）に宮城県名取市において栽培されていた記録が残っている。

②現在の生産・消費状況

日本での栽培面積が大きい産地は、宮城県（約29ha）、茨城県（約15ha）、秋田県（約9ha）となっている。基本的には露地の田んぼでの栽培が多いが、一部地域では施設内の水耕栽培装置を利用した栽培も行なっている。

③栄養・機能性

「日本食品標準成分表2020年版（八訂）」より、100g中に食物繊維2.5g、ビタミン類、ミネラル、葉酸110μgを始め多くの栄養素を豊富に含んでいる。日本では、古くから春の七草の一つとして親しまれ、お正月料理としてもおなじみの野菜である。近年は、鍋の主役としてセリを用いる「セリ鍋」としての消費が多くなっており、茎葉の部分だけでなく根まで食用として用いられている。

(2) 生理的な特徴と適地

①発芽・生育適温

晩春から抽台を開始し、7～8月ころに抽台茎の先に多数の小花の集まった花蕾をつけ、8～10月にかけて種子が登熟する。種子は好光性で、25℃程度で発芽率は高くなるが、変温管理を行なったほうがさらに発芽率は高くなる。しかし、一般に市販されている野菜種子に比べて発芽率は低いため、種子から栽培を行なっている事例は少ない。

セリは多年生の草本で、秋から冬の間は根ぎわから根出葉を生じて生育する。根出葉は葉柄と葉身からなり、葉身は複葉で、いくつかの小葉からできている。小葉の形は、丸みを帯びた心臓形のものから長卵形のものまでさまざまであり、葉縁は鋸歯状になっている。葉や葉柄は緑色を呈するものが多いが、アントシアンを帯びて赤色を呈するものもある。草姿はほふく性から立性まであるが、野生セリはほふく性のものが多く、栽培セリは立性のものが多い。

セリ栽培では、基本的に、春～夏にかけて発生するランナー（ほふく枝）を種セリとして圃場に植え付け、繁殖および栽培を行なっ

図1　開花したセリ

ている。生育適温は約15～25℃であり、10℃以下になると生育が停滞する。そのため、気温が低下する冬場は田んぼの水位を上げて深水管理を行なう必要がある。

②土壌適応性

粘土質土壌で、有機物の多い肥沃な土壌が適している。また、セリ栽培では豊富な水を必要とするため、湧き水が利用できる、もしくは地下水が十分に汲み上げられる場所がよい。

③主な作型・品種と適地

基本的にセリは露地の田んぼで栽培されており、需要が高い年末年始を中心とした冬春どりが一般的である。品種は全国的に'島根みどり'が多く使われており、そのほか京都在来をはじめ、各地で栽培、選抜されてきた在来品種および系統が用いられている。

（執筆：高橋勇人）

冬春どり栽培

1 この作型の特徴と導入

(1) 作型の特徴と導入の注意点

セリは、気温が低く日長が短い時期に品質のよいものが収穫できる。とくに需要が多い年末年始に収穫するセリは、節間の伸長が抑えられ荷姿も美しい。春に近づくにつれてランナーが発生し始め、節間が伸長して品質が落ちる。種セリの植付け時期、生育に合わせた水管理に注意する。

(2) 他の野菜・作物との組合せ方

市場で流通しているセリを栽培・収穫する本田と、その本田に植え付けるためのランナーを栽培して種セリを採取する種田の2つがあり、1年を通して栽培管理を行なう必要がある。そのため、同一圃場で他の品目と組み合わせることはむずかしい。

図2　セリの冬春どり栽培　栽培暦例

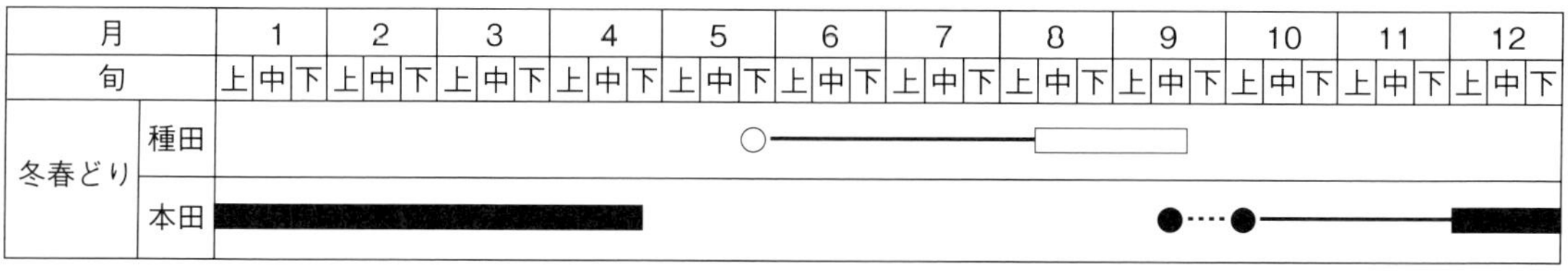

○：親株の定植，□：種セリの採取，●：種セリの植付け，■：収穫

2 栽培のおさえどころ

(1) どこで失敗しやすいか

最も重要なのは、本田に植え付ける種セリを十分に確保することである。そのために、植付け後の病害虫防除に注意する。とくに、種田ではセリの茎内に食入して生育を阻害するモトグロヒラタマルハキバガや、ウイルス病を媒介すると考えられるアブラムシ類を中心に防除する。

本田では、まず種セリの植付け密度に注意し、圃場内で密植や疎植になる場所がないように均一に植え付ける。水管理も重要で、種セリの植付けから活着するまでは水深3cm程度の浅水管理を行ない、その後は生育に合わせて水位を上げていくが、上げすぎるとセリの生育が早くなるため注意が必要である。

セリ栽培では、収穫とその後の調製作業がほとんどの労力を占める。本田の面積が大きいと、セリの生育に対して収穫・調製作業が追いつかなくなる可能性がある。そのため、1a程度の圃場を複数枚用い、種セリの植付け時期をずらして順々に収穫・調製していくのがよい。

(2) おいしく安全につくるためのポイント

元肥は表3、4の通りである。葉色が少し薄くなったと感じたら追肥を施用する。追肥は粒状肥料を施用すると、肥料やけを引き起こす可能性もあるため、液肥を用いて葉面散布するのがよい。葉色が鮮やかな濃緑色であることが、高品質なセリを栽培するうえで重要であるため、葉色はきちんと観察する。

(3) 品種の選び方

セリの品種は少なく、代表的なものでは〝島根みどり〟があげられるが、各地域の風土に合ったものを選抜した在来系統を利用しているところも多い。セリ栽培に取り組むのであれば、各地域で用いられている品種もしくは系統を選択するのがよい。

3 栽培の手順

(1) 種田での親株育成のやり方

種田の面積は、本田の面積の約5分の1を目安とする。種田の準備は、本田での収穫・出荷が終盤に差し掛かる3月以降から開始し、堆肥や元肥を施用する。元肥量の目安は表3の通りである。種田へ定植するのは、前年まで収穫・出荷していた株の中で、形質（例えば、ランナーが少ないなど）が優れている株であり、これが親株となる。選抜した親株は、圃場の一角やパイプハウス内で管理し、4月以降に種田へ定植する。定植は、株間と条間それぞれ30cm程度とする。活着するまでは浅水管理とし、活着後は水を落としてもよい。

(2) 種セリの採取と芽出し作業のやり方

本田への植付け時期は、東北地方だとおおよそ9月上旬～10月中旬までが適期である。本田への植付けに合わせ、種田からランナーを採取して種セリとする。ランナーを採

表2　冬春どり栽培のポイント

	技術目標とポイント	技術内容
種田での親株育成	◎種田の準備	・種田の面積は，本田の面積の約5分の1が目安 ・3月以降，堆肥や元肥を施用
	◎親株の選抜	・前年までの株の中から，ランナーが少ないなど，形質が優れる株を親株とする
	◎種田への植付け	・4月以降，種田へ植え付ける ・株間と条間それぞれ30cm程度の間隔とする
	◎水管理	・種田では，植付け直後から活着までは浅水で管理，種セリ収穫までは浅水もしくは水を抜いてもよい
本田への植付け	◎植付け時期	・東北地方だと9月上旬〜10月中旬が適期 ・本田への植付け時期は，台風が多いため，植付け日後の天候も考慮して作業を組み立てる
	◎種セリの採取	・種田からランナーを採取して種セリとする ・草刈り鎌でランナーの出際から刈り取る
	◎種セリの芽出し	・刈り取ったランナーを揃えて束ね，日陰で風通しのよい場所に積み，上から水をかけ，ゴザなどで覆い，2〜3週間程度発酵させる ・発酵により発根・萌芽が促され，葉が落ちて本田に植え付けやすくなる ・3〜4日に1回灌水と天地返しを行ない，種セリの発根・萌芽が揃うようにする
	◎本田の準備	・植付け2週間前までに堆肥や元肥，ユリミミズ対策の石灰窒素を施用 ・植え付ける際は本田に水を入れ，水深3cm程度で止水
	◎植付けのやり方	・芽出しさせた種セリは，30〜40cm程度に切り分け，圃場にムラなく播く ・本田に植え付ける際は風などで流されないように，種セリを組むように植え付ける
植付け後の管理	◎水管理	・種セリの植付けから活着までは水深3cm程度の浅水管理 ・その後は生育に合わせて徐々に水位を上げるが，最大で草高の半分程度の水位で管理。上げすぎると生育が早まり収穫のタイミングがズレるので注意
	◎霜害対策	・12月以降，厳冬期の霜が降りる日は，葉先が約5cm出るくらいの水位まで上げて管理し，霜害を防ぐ
収穫	◎収穫時期	・圃場の7〜8割のセリの草丈が出荷規格を満たしたら収穫を開始し，1〜2週間でとり切る
	◎収穫方法	・防水性の胴長などを着用し，腰まで水に浸かりながら行なう ・根も商品価値が高いため，手をセリの株元から15〜20cm程度下に入れ，根を切らないように優しく持ち上げ，株元の泥を洗い落とす

図3　芽出し処理中の種セリ

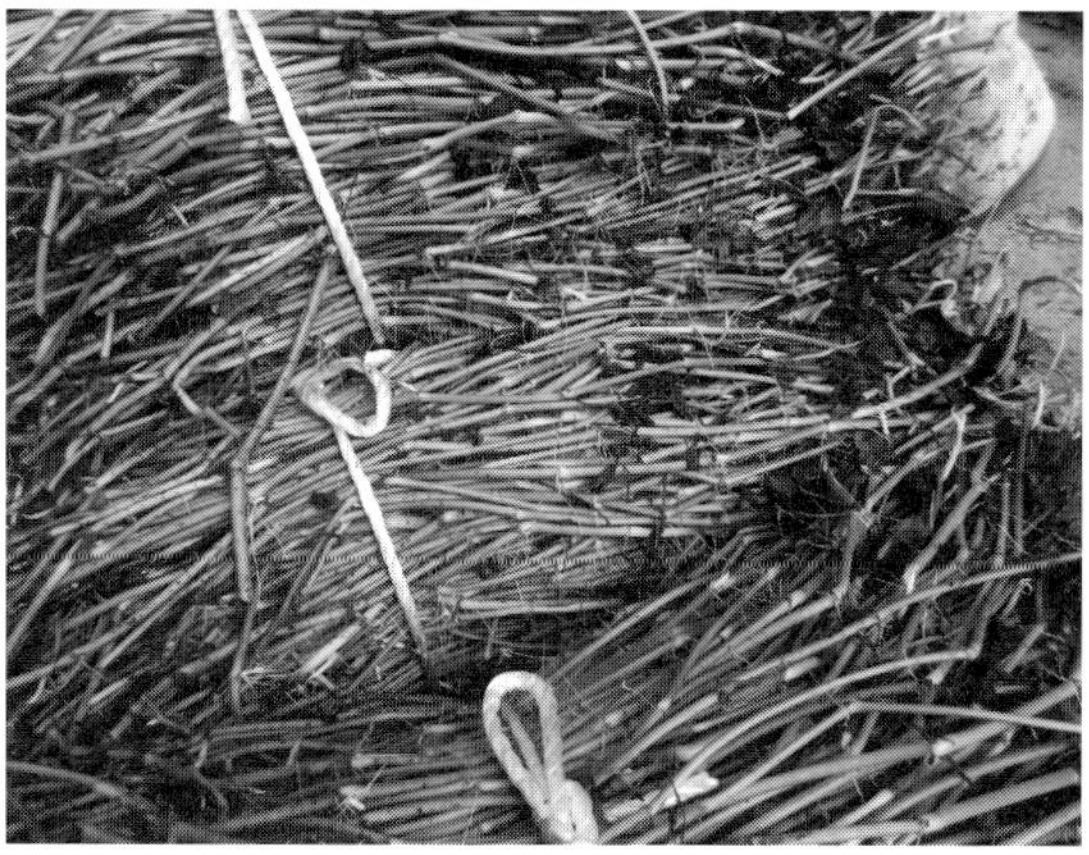

表3　種田の元肥施用例（単位：kg/a）

肥料名	施肥量	成分量		
		窒素	リン酸	カリ
堆肥	200	−	−	−
CDUS555	10	1.5	1.5	1.5

取する際は、草刈り鎌を用い、ランナーの出際から刈り取る。刈り取ったランナーは揃えて束ね、日陰で風通しのよいところに積み、上から水をかけてからゴザなどで覆い、2〜3週間程度発酵させる。種セリを発酵させるのは、各節から発根・萌芽を促すことに加え、葉を落として本田に植付けしやすくするためである。この芽出し作業中は、3〜4日に1回灌水と天地返しを行ない、種セリの発

根・萌芽が揃うようにする。

(3) 本田への植付けのやり方

本田の準備は、種セリを植え付ける2週間前までに行なう。堆肥や元肥に加え、ユリミミズ対策として石灰窒素を施用するとよい。元肥量の目安は表4の通りである。植え付ける際は、本田に水を入れ、水深3cm程度で止水する。芽出しさせた種セリは、植付けしやすい長さ（約30〜40cm程度）に切り分け、圃場にムラなく播く。

表4　本田の元肥施用例（単位：kg/a）

肥料名	施肥量	成分量		
		窒素	リン酸	カリ
堆肥	200	-	-	-
石灰窒素	9	-	-	-
CDUS555	10〜13	1.5〜2.0	1.5〜2.0	1.5〜2.0

(4) 定植後の管理

植付けから活着までは3cm程度の浅水で管理し、それ以降は生育に合わせて水位を上げていき、最大で草高の半分程度の水位で管理する。12月以降の厳寒期は、低温や霜により葉先が枯れることがあるため、葉先が約5cm出る程度の水位で管理する。

(5) 収穫

圃場の7〜8割のセリの草丈が出荷規格（草丈30〜40cm程度）を満たした段階で収穫を開始し、1〜2週間でとり切る。収穫は防水性の胴長などを着用し、腰まで水に浸かりながら行なう。根も商品価値が高いため、手をセリの株元から約15〜20cm程度下に入れ、根を切らないように優しく持ち上げ、株元の泥を洗い落として収穫する。収穫後は枯れ葉や分げつ株、ランナー、細根を除去し、仕上げ洗いをした後、草丈を揃える。100〜200gで1束にして、3〜5kg程度で箱詰めして出荷する。

図4　本田に植え付けた様子

図5　収穫間近のセリ

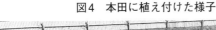

4 病害虫防除

種田では、主にチョウ目やアブラムシ類を中心とした防除を行なう。本田では種田と同様にチョウ目とアブラムシ類に加え、葉枯病や葉腐病を対象とした防除を行なう。

表5　各圃場で注意する病害虫と使用可能な農薬の一例

圃場	注意する病害虫	使用できる農薬の一例
種田	アブラムシ類，チョウ目害虫	スミチオン乳剤，アルバリン顆粒水溶剤
本田	アブラムシ類，チョウ目害虫	トレボン乳剤，アルバリン顆粒水溶剤
	葉枯病，葉腐病	アミスター20フロアブル，トップジンM，ユニフォーム粒剤

注1）農薬の登録情報は，2022年7月末時点の情報である
注2）農薬を使用する際は，登録情報を確認のうえ使用する

5 経営的特徴

目標収量は、1a当たり200～300kgとする。セリ農家のほとんどは個別経営体で、栽培における労力は収穫、調製作業が大部分を占める。市場単価は、鍋需要が高い厳寒期は高く推移し、中でも年末年始の単価は最も高い傾向がある。

（執筆：高橋勇人）

トレビス

表1 トレビスの作型，特徴と栽培のポイント

主な作型と適地

作型	3月 上 中 下	4 上 中 下	5 上 中 下	6 上 中 下	7 上 中 下	8 上 中 下	9 上 中 下	10 上 中 下	11 上 中 下	12 上 中 下
春まき露地	●‥‥	▼──	──	──■	──■					
秋まき露地						●‥‥	──▼	──	──■	──■
秋まきハウス						●‥‥	──	▼──	──	──■

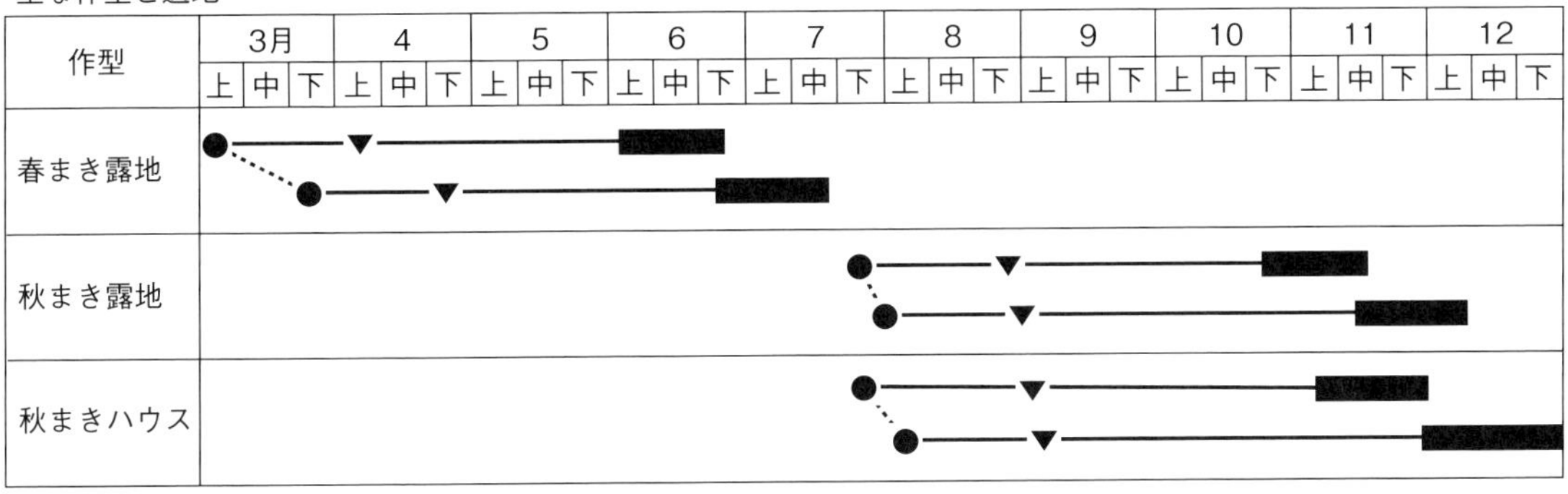

●：播種， ▼：定植， ■：収穫

特徴	名称	トレビス（キク科キクニガナ属），学名：*Cichorium intybus* L.
	原産地・来歴	ヨーロッパ，地中海，エチオピアに9種存在するといわれるキク科キクニガナ属の栽培種のうち，トレビスの属するレッドチコリー系統群は西ヨーロッパ（イタリアからフランスにかけての地域）が原産地とされている
	栄養・機能性成分	可食部100g（生食の場合）当たりエネルギー17kcal，無機質としてナトリウム11mg，カリウム290mg，カルシウム21mg，ビタミンとしてβ-カロテン14μg，ビタミンK13μg，葉酸41μgであり（日本食品標準成分表2020年版（八訂）），無機質とビタミン類をバランスよく含んでいる
	機能性・薬効など	葉身の赤紫色はポリフェノールの一種であるアントシアニンであり，抗酸化作用が強い
生理・生態的特徴	発芽条件	播種後の地温が適温域である20～25℃であれば，3～5日程度で発芽する。20℃以下の低温では発芽に時間がかかり，25℃以上の高温になると発芽率が落ちる
	温度への反応	発芽後の生育期間は15～20℃のやや涼しい温度を好み，品質の特徴である葉身の赤色を発色するには15℃以下の低温が適する
	日照への反応	商品性を失う抽台につながる花芽分化は，長日条件で促進される
	土壌適応性	幅広い土壌タイプに適応できるが，排水不良には弱いため，初めて作付けする畑では排水性の確認が必要
栽培のポイント	主な病害虫	チョウ目害虫や菌核病が発生するため，「トレビス」または「野菜類」を対象の登録農薬で防除する
	他の作物との組合せ	キク科作物との連作は病害発生などを助長するため極力避ける

この野菜の特徴と利用

(1) 野菜としての特徴と利用

トレビスは、キク科キクニガナ属（*Cichorium intybus* L.）に属する栽培種のうち、レッドチコリー系統群の仲間である。レッドチコリー系統群には葉色や収穫部位の形状が異なる多くのタイプが存在し、原産地は西ヨーロッパ（イタリアからフランスにかけての地域）とされている。生産量の多いイタリアではラディッキオ・ロッソ（Radicchio rosso）と呼ばれ、玉レタスのように丸く結球するキオッジャ（Chioggia）のことを、日本国内では流通する際に「トレビス」（図1）と呼んでいる。

図1　トレビス

トレビスの品質の特徴は、鮮やかな赤色ときれいな白色が映える彩りと、料理のアクセントになる苦味である。

トレビスは日本のスーパーでそのものを販売している姿を見かけることは少なく、普段目にするのはレストランのメニューの中の赤い彩り野菜として、サラダやパスタ、リゾットなど、さまざまな料理で提供される姿である。

(2) 生理的な特徴と適期

トレビスの種子は細長く四角い形状であまり均一な形はしておらず、白と茶が混ざった色をしている。種子の発芽には20～25℃が適温であり、適温であれば3～5日で発芽する。発芽後の生育初期は葉柄が短く縮れの少ない形状をしており、生育期間は15～20℃のやや涼しい気候を好み、生育が進むと縮みの多い葉が発生し、発芽後50～60日で株の中心部から丸い球ができ始め、80～100日ころまでに球部が大きくなり収穫時期となる。

一方、生育期間中が高温・長日条件であると花芽を分化し、花茎が伸びる現象（抽台、またはトウ立ち）が始まる。とくに6～8月

表2　品種の早晩性と品種例

早晩性	生育日数	品種名
極早生	75～85日	春秋用55(TSGI-042), ジュリエッタ
早生	85～95日	レッドストーン, 春秋用60(TSGI-011), トレビノ
中早生～中生	95～105日	レッドロック, 春秋用80(TSGI-010)
晩生	110日以上	冬用晩生140（TSGI-084）

が生育期間となる作型では抽台が起きやすく、それによって株が変形して商品にならなくなるため、春作の定植遅れや秋作の極端な早播きなど、抽台に繋がる作業スケジュールは絶対に避ける。

葉身の赤色はアントシアニンが主成分であり、生育が進むと葉身の葉脈付近から発色が始まり、やがて葉身全体に広がる。外気温が下がるほどアントシアニン生成は増加し発色が強まるため、春作（収穫時期5～6月）に比べて秋作（収穫時期10～12月）で赤色が濃くなる傾向がある。

トレビスはさまざまな土壌タイプで栽培することができるが、排水不良地では育たないため、栽培を始める前に排水性がよいかどうかの確認が必要である。圃場の排水を妨げる一番の原因は、根が張る深さ付近（地下30～50㎝）に水を通さないほど固い層（耕盤）ができていることであり、もし耕盤がある場合は作付け前に壊し、排水性を改善しておくとよい。

（執筆：澤里昭寿）

秋まき露地栽培

1 この作型の特徴と導入

(1) 作型の特徴と導入の注意点

この作型は、7月下旬播種、8月中下旬定植で10月下旬～11月下旬に収穫する作型である。トレビスを栽培するうえで最も注意しなければならないのはトウ立ちであるが、この作型では極端な早播きさえしなければトウ立ちは避けられる。また、生育期間の多くがトレビスの生育適温域である15～20℃付近にあたり、定植後から収穫時期に向かって徐々に日が短く気温が低くなるため、収穫時の重量は春作よりも重く、葉の赤色の発色は良好となり、トレビスを生産するうえでは多収・高品質をねらえる最適な作型といえる。

図2　トレビスの秋まき露地栽培　栽培暦例

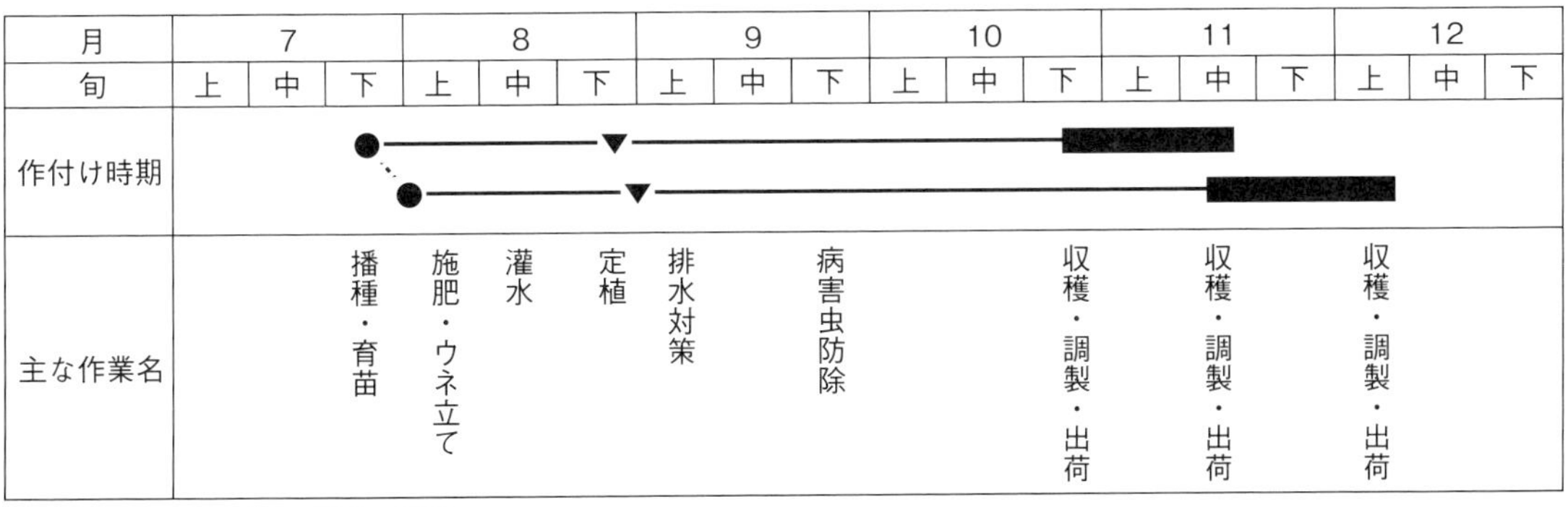

●：播種，▼：定植，■：収穫

(2) 他の野菜・作物との組合せ方

トレビスは、同じキク科作物（レタス類、他のチコリー類、シュンギク、ゴボウ、アーティチョークなど）と連作すると病害の発生が懸念されるため、できるだけキク科以外の作物や緑肥作物との輪作を計画する。

2 栽培のおさえどころ

(1) どこで失敗しやすいか

トレビスは比較的栽培が容易な作物であるが、栽培時の注意点としては、①早い播種や早い定植は抽台の原因になるため避けること、②育苗から定植時にかけて高温時期になるため、苗の徒長や高温乾燥による生育不良を防ぐ必要があること、③生育期は台風や秋雨などの降水量が多い時期にあたるため、圃場の排水性にとくに注意すること、などがあげられる。

(2) おいしく安全につくるためのポイント

トレビスの品質を保つには収穫のタイミングが重要であり、収穫時期になったら結球部を手で押し触り、球の締まり具合を確認する。結球がゆるい状態では利用部位が少なくなり、結球が締まり過ぎると葉先の枯れや葉が剥がれにくいなどの影響が出る。

また、トレビスは生育中にチョウ目害虫や菌核病などの病害虫が発生する。育苗時の防虫ネット利用、同一圃場での連作は避けるといった、農薬に頼らない病害虫発生抑制の方法を活用したい。

(3) 品種の選び方

秋まき露地栽培では、極早生から晩生までさまざまな品種を用いることができる（表3）。品種を選ぶ際には、目標の収穫時期までの生育期間や球のサイズに合わせて選ぶとよい。

表3　秋まき露地栽培に適した主要品種の特性

品種名	販売元	肥大の早晩	球の大きさ	葉身の赤色
春秋用55（TSGI-042）	トキタ種苗	極早	中	極濃
ジュリエッタ	丸種	極早	中	濃
レッドストーン	カネコ種苗	早	やや大	濃
春秋用60（TSGI-011）	トキタ種苗	早	やや大	濃
トレビノ	渡辺農事	早	やや大	濃
レッドロック	カネコ種苗	やや早	大	濃
春秋用80（TSGI-010）	トキタ種苗	やや早	大	極濃
冬用晩生140（TSGI-084）	トキタ種苗	遅	極大	濃

3 栽培の手順

(1) 育苗のやり方

①播種準備

育苗は128穴または200穴セルトレイを用い、セル成型育苗専用の市販培土（窒素成分含量50～200㎎／ℓ）を用いる。育苗期間は高温であるため、育苗ハウスに遮光資材を張るなど、高温対策をする。播種前日にセルトレイに育苗培土を詰め、トレイの底から余分な水が出るくらい十分に灌水しておく。

②播種

トレイ専用の播種穴あけ器、播種板を使用し、1セルごとに種子1粒をセルの中心に播種する。覆土は3～5㎜の厚さで均一に行ない、播種後は覆土が湿る程度の水量で灌水する。播種後は寒冷紗や新聞紙で被覆して、乾燥と直射日光による培地温の過度の上昇を防ぐ。

③育苗中の管理

夏場の育苗は播種時から培地温度が高く、苗の胚軸が伸びやすいため、播種2～3日後に育苗培土表面からわずかでも出芽が見られたら、すぐに寒冷紗などを取り外して光と風を当てる。出芽後は、気温が高いと乾燥しやすく、培地温を下げるために多量に灌水しがちになるが、過湿にならないように灌水は少量で多回数とし、夕方以降は灌水をしない。

育苗期間中は、アブラムシ類、チョウ目害虫による被害を防止するため、防虫ネットを利用するとよい。定植1週間前には、できれば、育苗ハウスから露地に出して外気温に馴れさせる。定植までに苗が肥料切れにならないようにするため、育苗後半に葉色が淡くなり始めたら、必ず液肥を使って追肥する。

④定植に適した苗質

本葉3～4枚、草高5～8㎝、セルトレイから容易に引き抜ける程度に根鉢が形成され、葉色は薄くなく、子葉が脱落していない状態の苗を定植する。

表4　秋まき露地栽培のポイント

作業	項目	栽培の要点
育苗	播種	・目標の収穫時期にあわせて極早生～晩生の品種を用いる ・育苗ハウスには遮光資材を展張するなどの高温対策を施す ・128穴または200穴セルトレイにセル成型育苗専用の市販培土を充填
	育苗管理	・覆土は3～5mmで均一に，播種後は覆土が湿る程度に灌水 ・高温時の育苗は灌水量が増えがちだが，培土内の過湿に注意 ・葉色が淡くなり始めたら，必ず液肥を施用 ・定植時苗質目標：本葉3～4枚，草高5～8cmの若苗，セルトレイ内で根鉢を形成したもの
定植	本圃準備	・施肥は元肥のみを基本とし，10a当たり窒素，リン酸，カリをそれぞれ成分量15kgとなるように施用する ・ウネの高さは台風や秋雨を考慮して高めに設定する
	定植	・定植は適期の苗を，胚軸を埋める程度の深さに植え付ける ・栽植距離：平ウネに3条植え，株間30cm，条間30cm程度
管理・収穫	定植後	・完全に活着し，新葉が展開するまでは乾燥させず，必要に応じて灌水 ・チョウ目害虫や菌核病の発生には，「トレビス」または「野菜類」を対象の登録農薬で防除
	収穫・調製	・収穫遅れによる品質低下，低温による障害発生に注意する ・結球重は1株当たり300～500g程度が目標

(2) 定植のやり方

①圃場準備、肥料施用とウネ立て

前述の通り、排水のよい圃場を選ぶ。土壌は最低でも20㎝より深いところに根を張れる作土層が必要である。

肥料は全量を元肥として施す。栽培期間があまり長くなく（定植してから60～80日くらいで収穫）、マルチ栽培であるため追肥しないことが理由である。

トレビスの施肥は、窒素・リン酸・カリがそれぞれ10a当たり15kgとなるように施用量を加減する。とくに窒素成分が多いと、収穫部の苦味が強くなる傾向がある。

作付け1カ月前までには、堆肥や有機物（イナワラなど）を施用し、土壌の排水性、物理性を改良する。土壌pHが低い（おおむね6以下）の場合は石灰資材を施用するが、pH矯正は短期間ではむずかしいため、継続して土壌改良を行なう。化成肥料はウネ立て時に施用する。

定植前に、ウネ幅150cmとして、幅80～90cm、高さ10～15cm程度のベッドをつくり、生育促進や防草を目的に、マルチをする。高温期に定植する作型のため、白黒ダブルマルチ（白が上側）が最も適する。アブラムシ類が多発する圃場ではシルバーマルチが効果的である。

②定植

定植に適した苗に十分に水分を含ませた状態で定植する。苗は土壌に対して垂直に、育苗培土を埋める程度の深さに植え付け、定植直後の株の転倒（変形球の原因）を防ぐ。育苗培土が土壌表面に出るほどの浅植えだと、定植直後に乾燥で生育不良になる。また、トレビスは葉柄が短い形態であるため、生長点が土に潜るほどの深植えも生育不良の原因となるため避ける。栽植様式は、ベッドに3条植え、株間30cm以上、条間30cm程度を標準にする。

(3) 定植後の管理

定植した苗が根をしっかりと張り、新葉が展開するまでは乾燥するとよくないので、可能であれば灌水する。定植後からチョウ目害虫が発生し、結球開始ごろからは菌核病や腐敗病などが発生することがあるので早めに対応する。

(4) 収穫

トレビスは、商品となる結球内部の状態は外観では確認しがたいため、結球部を上から押してみて、ほどよく締まっている状態（やや芯の固さを感じる程度）を収穫適期と判断する。収穫時期が遅れると球内部がぎっしり

図3　トレビス生育途中

図4　収穫かご

詰まりすぎて、葉先枯れなどの生理障害の発生や、調理時に葉が剥がれにくくなるなどの品質低下の原因になる。また、外気温が０℃付近まで低下すると、外葉が黒ずんで、その後腐敗する寒害症状が現われるため、それまでに収穫を終えるようにする。

表5　病害虫防除の方法

	病害虫名	作物名	農薬名	備考
病気	菌核病	トレビス	カンタスDF	
		野菜類	ミニタンWG	微生物農薬
	軟腐病	野菜類	Zボルドー水和剤 ジーファイン水和剤	銅剤 炭酸水素ナトリウム（重曹）＋銅剤
害虫	ヨトウムシ類	野菜類	ゼンターリ顆粒水和剤	微生物農薬（BT剤）
	アブラムシ類	トレビス	アディオン水和剤 モスピラン顆粒水和剤	
		野菜類	エコピタ液剤	気門封鎖型薬剤
	オオタバコガ	トレビス	アファーム乳剤	

4 病害虫防除

(1) 基本になる防除方法

病害虫の主なものとしては、収穫に差し掛かる10～11月ころに菌核病、腐敗病が発生するほか、ヨトウムシ類やオオタバコガといったチョウ目害虫による食害が発生する。

チコリー類のような生産量の少ない野菜は、登録農薬の数が非常に少なく、農薬を使わない病害虫防除法を上手に活用することが重要である。

(2) 農薬を使わない工夫

栽培方法の工夫によって病害虫の被害を減らす（耕種的防除）。例えば、育苗するハウスは防虫ネットで囲って、ヤガの仲間の侵入と産卵を防ぎ、圃場への害虫の持ち込みを減らすことができる。圃場で菌核病や軟腐病などを発病した株は、圃場外に持ち出して処分する。また、雑草が病原菌を保有していたり、害虫が雑草に産卵することも多いため、時期を問わず、作物の近くや圃場周辺の雑草は除去することを心がける。

5 経営的特徴

10ａ当たりの収量は２０００kg程度、１kg当たりの販売単価を３００円とすると60万円程度の粗収益が期待できる。トレビスの生産は資材費が比較的かからないため、出荷販売経費を抑えるように販売方法を工夫し、利益を得るようにする。

（執筆：澤里昭寿）

タルディーボ

表1　タルディーボの作型，特徴と栽培のポイント

主な作型と適地

作型	7月	8	9	10	11	12	1	2	3	12
春まき露地	●──	▼──	──	──	──	──⊓─	■			
	●──	▼──	──	──	──	──	──	──⊓─	■	

●：播種，▼：定植，⊓：伏せ込み，■：収穫

特徴	名称	タルディーボ（キク科キクニガナ属），学名：*Cichorium intybus* L.
	原産地・来歴	ヨーロッパ，地中海，エチオピアに9種存在するといわれるキク科キクニガナ属の栽培種のうち，タルディーボの属するレッドチコリー系統群は西ヨーロッパ（イタリアからフランスにかけての地域）が原産地とされている
	栄養・機能性成分	トレビスと同様，無機質とビタミン類をバランスよく含んでいる
	機能性・薬効など	葉身の赤紫色はポリフェノールの一種であるアントシアニンであり，抗酸化作用が強い
生理・生態的特徴	発芽条件	播種後の地温が適温域である20～25℃であれば，3～5日程度で発芽する。20℃以下の低温では発芽に時間がかかり，25℃以上の高温になると発芽率が落ちる
	温度への反応	発芽後の生育期間は15～20℃のやや涼しい温度を好み，品質の特徴である葉身の赤色を発色するには15℃以下の低温が適する
	日照への反応	商品性を失う抽台につながる花芽分化は，長日条件で促進される
	土壌適応性	幅広い土壌タイプに適応できるが，排水不良には弱いため，初めて作付けする畑では排水性の確認が必要
栽培のポイント	主な病害虫	チョウ目害虫が発生するため，「野菜類」を対象の登録農薬で防除する
	他の作物との組合せ	キク科作物との連作は病害発生などを助長するため極力避ける

この野菜の特徴と利用

(1) 野菜としての特徴と利用

タルディーボは、キク科キクニガナ属（*Cichorium intybus* L.）に属する栽培種のうち、レッドチコリー系統群の仲間である。レッドチコリー系統群には、葉色や収穫部位の形状が異なる多くのタイプが存在し、原産地は西ヨーロッパ（イタリアからフランスにかけての地域）とされている。生産量の多いイタリアでラディッキオ・ロッソ（Radicchio rosso）と呼ばれる中でも、タルディーボ（tardivo）は半結球性の系統トレヴィーゾ（treviso）の晩生種であり、細長い葉身ときわめて鮮やかな葉色（赤色と白色のコントラスト）が美しく、最も価値の高い系統と評価されている。タルディーボの主産地であるイタリア北部のヴェネト地方では、冬季に小屋の中に山からの湧き水を引いて軟白処理をすることで色彩品質を高めており、その独特な栽培方法も商品価値を高めている。

図1　出荷箱に詰められたタルディーボ

食味は、チコリー類としての苦味ももちろん感じられるが、軟白処理によってエグ味が抜かれ、ほのかな甘味を感じるものとなる。食べ方はサラダが基本であるが、グリルやローストをすることでさらに甘味を引き立たせるメニューも多い。

農作物としての魅力は、比較的軽量な葉菜類でありながら、高単価を期待できる商品であること。製品としてのタルディーボ1個は根軸を含んで100～150g、輸入したイタリア産は1kg当たり3000円もの価格で取引されることがあり、国産品も相応の値段で取引されるケースもある。

(2) 生理的な特徴と適地

種子の発芽適温は20～25℃、発芽後の生育初期時は、葉柄が短く、細長く縮みのない葉身であり、葉脈は白色で葉身は緑色であるが、葉身はわずかに赤色を発色する個体もある。生育が進むと細長く縮みのない葉が多数発生し、発芽後90～120日で葉数50～80枚ほどになる。根部は主根が発達する直根性を示し、軟白処理期間中には水中に数週間浸漬した状態でも腐敗せずに活動し、地上部を生育させる。一方、発芽後に高温・長日条件に遭遇すると花芽分化し、抽台が始まる。

葉身の赤色はアントシアニンが主成分であり、生育中におおむね日平均気温5℃以下の低温条件に遭遇すると、葉身から発色が始まり、やがて葉身全体に広がる。外気温が低温になるほどアントシアニン生成は増加し発色が強まるため、宮城県内平野部では初冬（12

月上旬）から発色が始まり、厳寒期（1～2月）にかけて赤色が濃くなる傾向がある。

（執筆：澤里昭寿）

秋まき露地栽培

1 この作型の特徴と導入

(1) 作型の特徴と導入の注意点

栽培は大きく2段階に分かれ、播種してから植物体を大きくする過程「株養成」と、光を当てずに水耕栽培することで品質を向上させる工程「軟白処理」を経て、商品として完成する。タルディーボは最初からきれいな赤色をしているわけではなく、株養成の終盤に外気温が下がってきてから徐々に葉身に赤色を帯び、きれいな白色はハウス内で行なう軟白処理によってつくられる。

(2) 他の野菜・作物との組合せ方

タルディーボを含むチコリー類はキク科に属するため、同じキク科作物（玉レタス、非結球レタス類、トレビスなどのチコリー類、シュンギク、ゴボウ、アーティチョークなど）と連作すると病気の発生が懸念されるため、できるだけキク科以外の作物や緑肥作物との輪作を計画する。

2 栽培のおさえどころ

(1) どこで失敗しやすいか

できるだけ大株のタルディーボをつくりたいと考えると、1株の生育量をなるべく増やしたいために、播種・定植を早い時期に行ないたくなるが、あまりに早い播種は抽台の発生や生育後半の分げつを助長するため、適切な時期に播種することが品質維持に重要である。

図2　タルディーボの秋まき露地栽培　栽培暦例

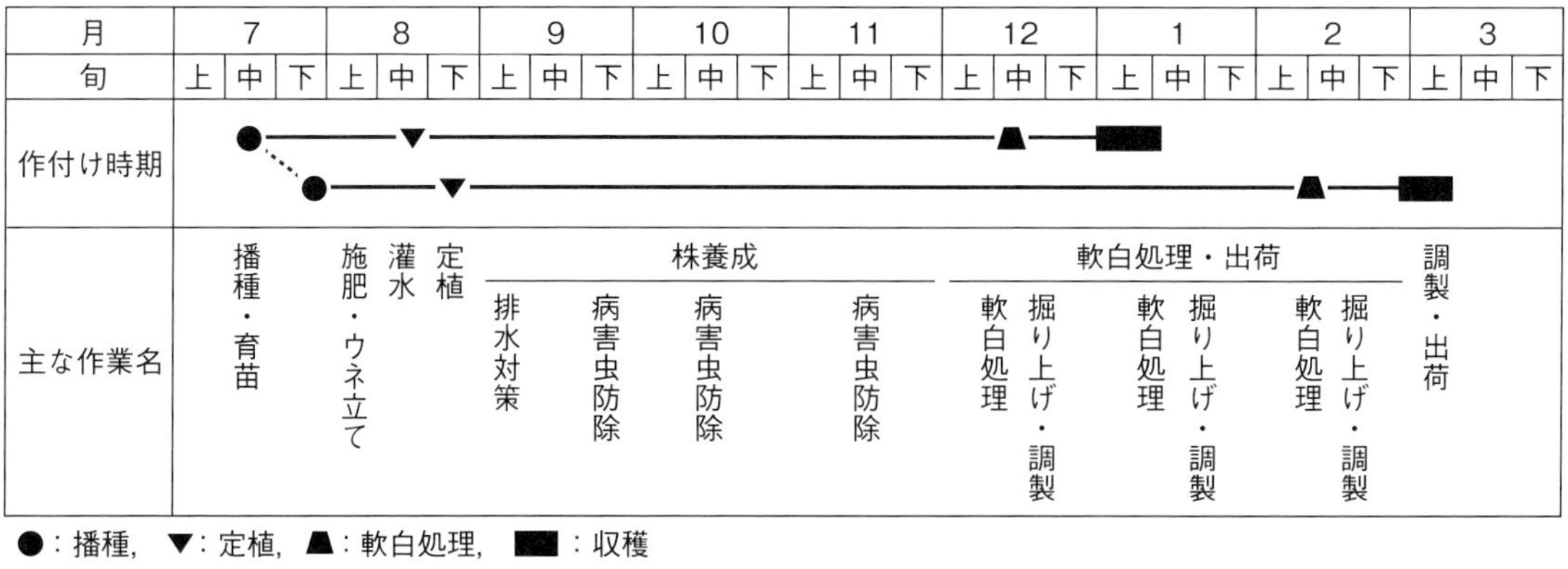

また、軟白処理の水温があまりに低いと、新葉の伸びが鈍く小さい株に仕上がってしまうため、軟白処理は気温を維持できるハウス内で行ない、水温10～15℃程度を維持するようにする。

(2) おいしく安全につくるためのポイント

タルディーボは他の野菜に比べて病害虫の被害が少ない野菜であり、育苗時の防虫ネット利用、圃場でのシルバーマルチなどの資材活用、同一圃場での連作回避といった、農薬に頼らない病害虫発生抑制の方法を効果的に用いれば、無農薬栽培も可能である。

(3) 品種の選び方

現在、タルディーボの日本国内の種苗メーカーによる育成品種は、「TSGI－059」（トキタ種苗）のみである（表2）。

表2　タルディーボの主要品種の特性

品種名	販売元	発芽	葉身の赤色
TSGI-059（タルディーボ）	トキタ種苗	良好	極濃

3 栽培の手順

(1) 育苗のやり方

育苗は128穴セルトレイで行ない、セル成型育苗専用の市販培土（窒素成分含量100～200mg／ℓ程度）を用いる。育苗期間は生育には高温であるため、育苗ハウスに遮光資材を展張するなどの高温対策を用意する。播種前日までにセルトレイに育苗培土を詰め、軽く鎮圧した後、トレイ底から余分な水分が排出するくらい十分に灌水し、表面が乾かないように被覆資材をかけておく。

播種は、1セルごとに種子1粒をセルの中心に播種する。覆土は3～5mmの厚さで均一

表3　秋まき露地栽培のポイント

作業	項目	栽培の要点
育苗	播種	・播種時期は7月中下旬 ・育苗ハウスには遮光資材を展張するなどの高温対策を施す ・128穴セルトレイにセル成型育苗専用の市販培土を充填
	育苗管理	・覆土は3～5mmで均一に，播種後は覆土が湿る程度に灌水 ・高温時の育苗は灌水量が増えがちだが，培土内の過湿に注意 ・葉色が淡くなった場合は，早めに液肥を施用 ・定植時苗質目標：本葉3～4枚，草高5～8cmの若苗，セルトレイ内で根鉢を形成したもの
株養成	本圃準備	・施肥は元肥のみを基本とし，10a当たり窒素，リン酸，カリをそれぞれ成分量5～10kg施用 ・ウネの高さは台風や秋雨を考慮して高めに設定する
	定植	・定植は夕方または朝，胚軸を埋める程度の深さに植え付ける ・栽植距離：ベッド幅90～100cmに3条千鳥植え，株間35cm，条間30cm程度
	定植後	・完全に活着し，新葉が展開するまでは乾燥させず，必要に応じて灌水 ・チョウ目害虫やアブラムシ類は，「野菜類」を対象の登録農薬で防除
軟白処理出荷	掘り上げ	・主根が15cm以上残るように掘り上げ，付着している土壌を水洗し，中心葉20～30枚程度に摘葉する
	軟白処理	・栽培槽に株を直立させ，主根上部の出葉位置の数cm下まで水を張る ・栽培槽全体を完全に遮光し，暗黒状態にして，3週間程度静置する
	出荷調製	・地上部は軟白された中心葉で揃え，根部は円筒状に成形する

に行ない、播種後は覆土が湿る程度の水量で灌水する。播種後は寒冷紗などで被覆して、乾燥と培地温の急激な上昇を防ぐ。

高温時期の育苗は苗の胚軸が伸びやすいため、播種後2～3日で育苗培土表面からわずかに出芽する株が見られたら、すぐにセルトレイの被覆資材を取り除く。出芽後は、気温が高いと乾燥しやすく、培地温を下げるために多量に灌水しがちになるが、徒長や立枯病の原因になるほどの過湿にならないように、1回の水量と灌水の回数を調節する。育苗期間中は、アブラムシ類、チョウ目害虫の被害を防止するため、防虫ネットなどの被覆を行ない、発生時は農薬散布する。定植1週間前からは、育苗ハウスから出して外気に馴れさせる。育苗後半に葉色が淡くなり始めた場合は、すぐに液肥を灌水代わりに施用する。

定植に適した苗質としては、本葉3～4枚、草高5～8cm、セルトレイから容易に引き抜ける程度に根鉢を形成し、葉色は薄くなく、子葉が脱落していない状態の若苗を定植に用いる。

(2) 定植のやり方

①施肥

施肥量の設計は、土壌分析値を基に行なうのが望ましい。タルディーボの施肥は元肥のみを基本とし、10a当たりの窒素、リン酸、カリの土壌中含量がそれぞれ10kg程度となるように、有機質を含む化成肥料を施用する。堆肥や土壌改良資材に含まれる成分量も考慮する。

②ウネ立て

ウネ幅150cmとし、幅90～100cm、ウネ高10～15cm程度のベッドをつくる。排水性の改善が必要な圃場では、通路の排水とウネの沈み込みを考慮して、ウネ高をさらに5cm以上引き上げる。生育促進や防草、冬季の掘り上げ作業時の土壌凍結防止のねらいで、マルチ栽培とする。マルチは、ウネ立て作業と同時に張る。高温期に定植するため、白黒ダブルマルチ（白が上側）が最も適する。

③定植

定植適期の苗の培土に十分に水分を含ませた状態で定植する。苗は土壌に対してできるだけ垂直に、かつ苗の胚軸と育苗培土を埋める程度の深さに植え付け、株の転倒（変形球の原因）を防ぐ。育苗培土が土壌表面に出るほどの浅植えだと、定植直後の乾燥による欠株の原因になる。また、タルディーボは葉柄が短く根出葉の形態であるため、生長点が土に潜るほどの深植えは生育不良の原因となるため避ける。栽植様式は、ベッド上に3条千鳥植え、株間35cm、条間30cm程度を標準に植え付ける。

(3) 定植後の管理

①株養成中の管理

定植した苗の根がしっかりと土壌に張り、新葉が展開するまでは乾燥すると生育に悪い影響を及ぼすので、必要に応じて灌水する。チョウ目害虫が多発生する場合は、作物名「野菜類」を対象に登録されている農薬を散布する。

②掘り上げ、伏せ込み

宮城県平野部では11月下旬ころから、日平均気温がおおむね5℃を下回る低温期に入るが、このころからタルディーボの葉身にはアントシアニンによる赤色の発色が始まる。タルディーボを圃場から掘り上げるのに適する時期は、葉身全体に赤色が見られるころ（12月中下旬）から赤色がわずかに薄くなるころ

（2月中旬）までである。

掘り上げ作業に専用の機械はなく、生産者はスコップを使って手作業で掘り上げているのが現状である。株周辺から垂直にスコップを差し、主根が15cm以上残るように掘る。掘り上げ後は、根部に付着している土壌を水洗いしてきれいに落とし、主根を15～20cm程度に切り揃える。地上部は50～80枚程度まで出葉しているが、多くの葉は軟白には必要ないため、株内部で直立した状態の20～30枚を残し、他の外葉は除去する。

掘り上げ作業にイモ類やアスパラガス根株などの掘取機の利用を試みる場合は、主根が15cm以上残るように掘り取りの深さに気をつける必要がある。また、ウネ上にマルチを展張しないで栽培すると、掘り上げ時に土壌表面が凍結して作業ができなくなる場合があるので、栽培には必ずマルチを用いる。

図3　株養成圃場

図4　軟白トンネル

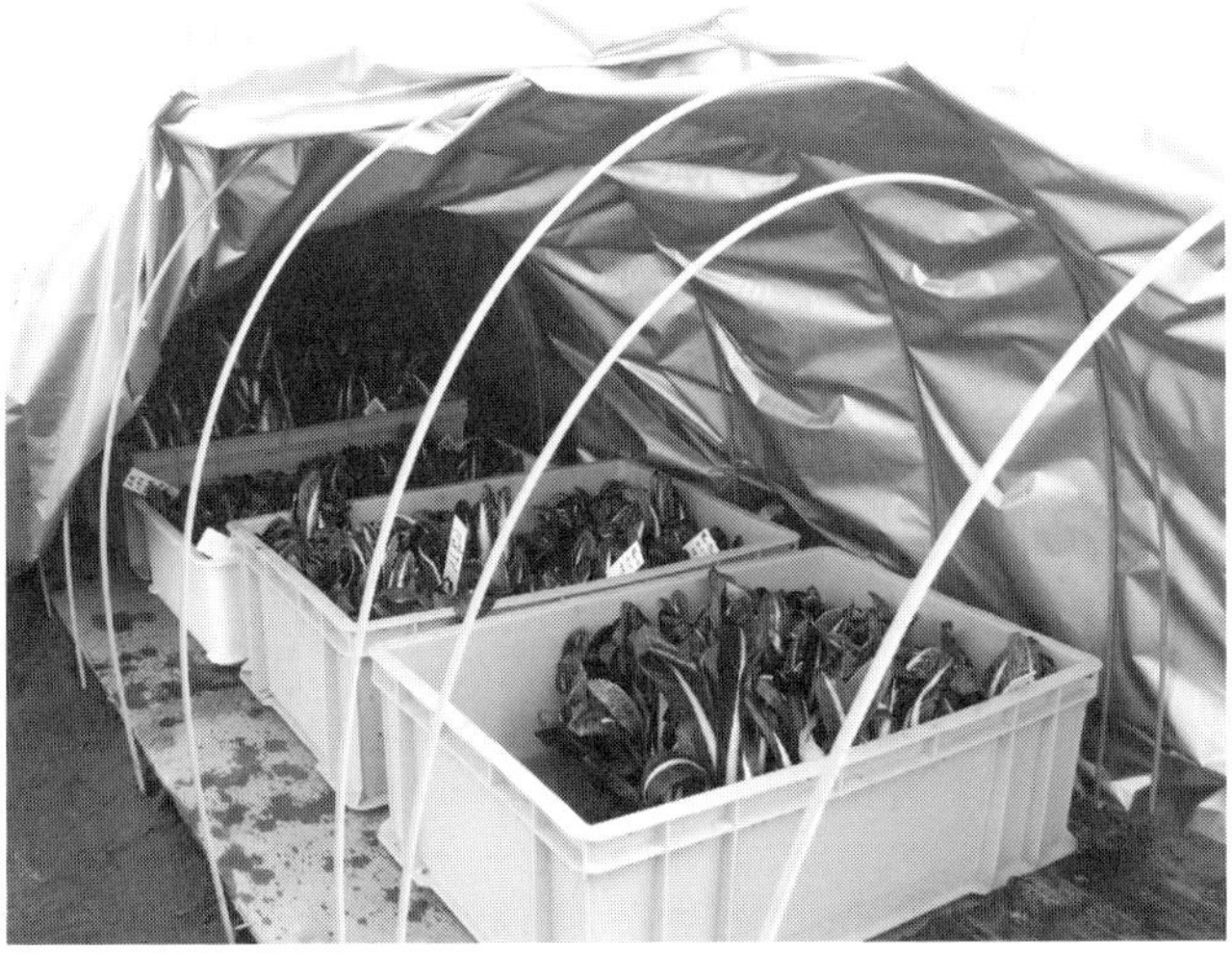

③軟白処理

宮城県内では、イタリアのヴェネト地方のように山の湧き水を栽培に利用することは環境条件的にむずかしい（山沿い地方は冬の気温がときに低く、積雪が多い）ため、軟白処理はハウス内で行なう。

軟白処理には、前述の軟白前に調製した株を用いる。それらをバットや栽培槽に直立するように並べ、主根上部の出葉している位置の数cm下まで水を張り、根部を浸漬させて水耕栽培の状態にし、さらに栽培槽全体を遮光率100％に近い遮光資材などで密閉し、暗黒状態にする。ここで直立させないと、軟白期間に出葉する中心葉に曲がりが生じる。また、水耕栽培中に出葉位置まで浸水させてしまうと、基部から腐敗することがあり、逆に水が少なすぎると、根部が乾燥し中心葉の生育が悪くなることもあるので、水量にはとくに気をつける。

水耕・暗黒の状態で3週間程度株を静置する。この間、葉身の緑色が抜け、さらに主軸から新しく出葉することで、10～20cm程度の軟白された葉身部が形成される。暗黒状態にわずかでも光が入ると、葉身に緑色が残り、品質は低下する。葉身の長さは軟白処理期間

図5　調製後

中の水温の影響を受け、日平均水温10～15℃程度で約3週間軟白処理すると、葉身長10㎝以上、葉数20～30枚、1株重100g以上の大きいサイズの商品生産が可能になる。一方、水温を15℃以上の比較的高い状態で維持すると、葉身にカビや腐敗の発生が増える。カビや腐敗は、軟白前調製のときに根部の土を十分に落としておくと軟白処理中の水がきれいに保たれて、発生を抑えることができる。

④収穫・調製

軟白処理は約3週間、長くても4週間程度で完了させ、収穫する。処理期間が短いと葉身が短く、軟白が不十分で葉身に緑色が残ることがあり、処理が長すぎると中心葉から赤色が薄くなりはじめ、株全体が白くなる。

軟白処理終了後の調製では、地上部は傷んだ葉を除去し直立した軟白葉で揃え、根部は包丁などで細根を除去し、主根の表面を削って3～5㎝程度の円錐状の根軸に成形する。商品に根軸を付けることは、地上部の鮮度を保つことと、タルディーボとしての商品外観を示す意味がある。

調製後のサイズは、個体差が大きいがおおむね1株当たり100～150g程度（根軸含む）となる。タルディーボは、1～2kg箱詰めや200～300gのパック詰めで流通販売されている事例がある。流通の際に、長時間光に当たると葉身が再び緑化するため、できるだけ光に当たらないように運搬する。

4　病害虫防除

(1) 基本になる防除方法

タルディーボは、露地栽培で株を養成した後に外葉の多くを取り除くため、病害虫の影響が少ない野菜といえる。とはいえ害虫はさまざまなものが発生し、露地栽培ではヨトウムシ類やオオタバコガのようなチョウ目害虫が発生するほか、定植後にネキリムシ類（カブラヤガの幼虫など）による欠株の発生なども見られる。チコリー類のような生産量の少ない野菜は農薬登録されて使用が認められている薬剤の数が非常に少なく、農薬を使わない病害虫防除法を上手に活用することが重要である。

表4　病害虫防除の方法

病害虫名	作物名	農薬名	備考
ヨトウムシ類	野菜類	ゼンターリ顆粒水和剤	微生物農薬（BT剤）

(2) 農薬を使わない工夫

耕種的防除（栽培方法の工夫によって病害虫の被害を減らすこと）を取り入れる。例えば、育苗するハウスは防虫ネットで囲って、ヤガの仲間などの侵入と産卵を防ぐことで、圃場への害虫の持ち込みを減らすことができる。圃場で菌核病や軟腐病などを発病した株は、できるだけ圃場外に持ち出して処分する。また、雑草が病原菌を保有していたり、害虫が雑草に産卵して住処にすることも多いため、時期を問わず作物の近くや圃場周辺の雑草は除去することを心がける。

5 経営的特徴

10a当たりの収量は500kg程度、1kg当たりの販売単価を1200円~1500円とすると、60万円~75万円程度の粗収益が期待できる。タルディーボは全国的に生産量が少ないため、出荷販売の方法や単価を取引先とよく相談する必要がある。

（執筆：澤里昭寿）

プンタレッラ

表1　プンタレッラの作型，特徴と栽培のポイント

主な作型と適地

作型	7月	8	9	10	11	12	1	2	3
7月下旬播種	●	▼	―	―	―	■	■	■	■
8月上旬播種		●▼	―	―	■	■	■		

●：播種，▼：定植，■：収穫

特徴	名称	プンタレッラ（キク科キクニガナ属），学名：*Cichorium intybus* L.
	原産地・来歴	キク科キクニガナ属の栽培種のうち，西ヨーロッパ（イタリアからフランスにかけての地域）が原産地とされているチコリーの仲間の葉野菜カタローニャの若芽をプンタレッラと呼ぶ
	栄養・機能性成分	形状が似ている野菜（レタス，セルリー，軟白チコリー）と比較すると，食物繊維，ビタミンC，β-カロテンが豊富である
	機能性・薬効など	食味の特徴である苦味の成分は抗炎症作用があるといわれる
生理・生態的特徴	発芽条件	播種後の地温が適温域である25℃程度であれば，3～5日程度で発芽する。20℃以下の低温では発芽に時間がかかり，30℃以上の高温になると発芽率が落ちる
	温度への反応	発芽後の生育期間はハウス内温度を最高気温20～25℃以下に保つ管理とし，高温による株の縦伸びを防ぐ
	日照への反応	商品性を失う頂芽伸長は，長日条件で促進される
	土壌適応性	幅広い土壌タイプに適応できるが，排水不良には弱いため，初めて作付けする畑では排水性の確認が必要
栽培のポイント	主な病害虫	チョウ目害虫やアブラムシ類，灰色かび病が発生するため，「プンタレッラ」または「野菜類」を対象の登録農薬で防除する
	他の作物との組合せ	キク科作物との連作は病害発生などを助長するため極力避ける

この野菜の特徴と利用

(1) 野菜としての特徴と利用

プンタレッラは、キク科キクニガナ属（*Cichorium intybus* L.）に属するリーフチコリーの仲間である「カタローニャ」という葉野菜の花芽のことで、とくに数多く大きい若芽（花芽）の部分を、野菜として利用する場合の特別な呼び方である。イタリアでは、プンタは「尖った」、レッラ（レッレ）は「かわいらしい」という意味で、ローマ地方の伝統野菜であるプンタレッラに対して、カタローニャと区別する愛称のような形で定着している。

プンタレッラの品質の特徴は、独特のほろ苦さとシャキッとした食感である。特徴を生かす代表的な調理法はサラダで、アンチョビとレモンの効いたドレッシングに合わせるプンタレッラのサラダは、ローマ地方の冬から春にかけての代表的な郷土料理として知られている。

図1　プンタレッラ

(2) 生理的な特徴と適地

プンタレッラの種子は他のチコリー類と同様、細長く四角い形状で白と茶が混ざった色をしており、吸水後に25℃程度を維持すれば3～5日で発芽する。発芽後の生育初期は葉柄が短く、縮みの少ない形状をしており、生育期間は15～20℃のやや涼しい気候を好み、生育が進むと葉を多数展開する。

プンタレッラは、収穫部位である花茎が立ち上がるまでに大きなタンポポのような大株にする必要があるが、その際は40～100枚程度の出葉が見られる。プンタレッラは年間を通じて、自然条件下でいつ播種してもある程度の葉数を展開すれば花茎が発達することから、花芽分化は温度・日長に比較的鈍感と思われるが、花芽分化をきっかけに起こる花茎の発達（トウ立ち）は、温度・日長の影響

図2　プンタレッラのサラダ

が強く、高温・長日で促進される。宮城県のハウス栽培では7～8月に播種をするが、その場合は主茎が伸びにくい低温短日の時期に花芽分化時期が揃い、花茎が縦長になりにくく、ボリュームのある花茎となる。株の中心部から花茎が密集して伸びてくれば収穫でき、宮城県のハウス栽培では、おおむね11月～3月が収穫時期である。

（執筆：澤里昭寿）

秋まきハウス栽培

1 この作型の特徴と導入

(1) 作型の特徴と導入の注意点

この作型は、ハウス栽培で7月下旬～8月上旬播種、8月中下旬定植で11月下旬～3月下旬に収穫する作型である。

プンタレッラを栽培するうえで最も注意しなければならないのは、花茎が細長く縦伸びしてしまうことであるが、これは花芽分化後のトウ立ちが急激に進んだ結果であり、作型を適切に設定することで防ぐことができる。

前述の作型は宮城県の例であり、他都道府県では適切な作型を探る必要がある。

(2) 他の野菜・作物との組合せ方

プンタレッラを含むチコリー類はキク科に属し、同じキク科作物（玉レタス、非結球レタス類、他のチコリー類、シュンギク、ゴボウ、アーティチョークなど）と連作すると病気の発生が懸念されるため、できるだけキク科以外の作物や緑肥作物との輪作を計画する。

図3　プンタレッラの秋まきハウス栽培　栽培暦例

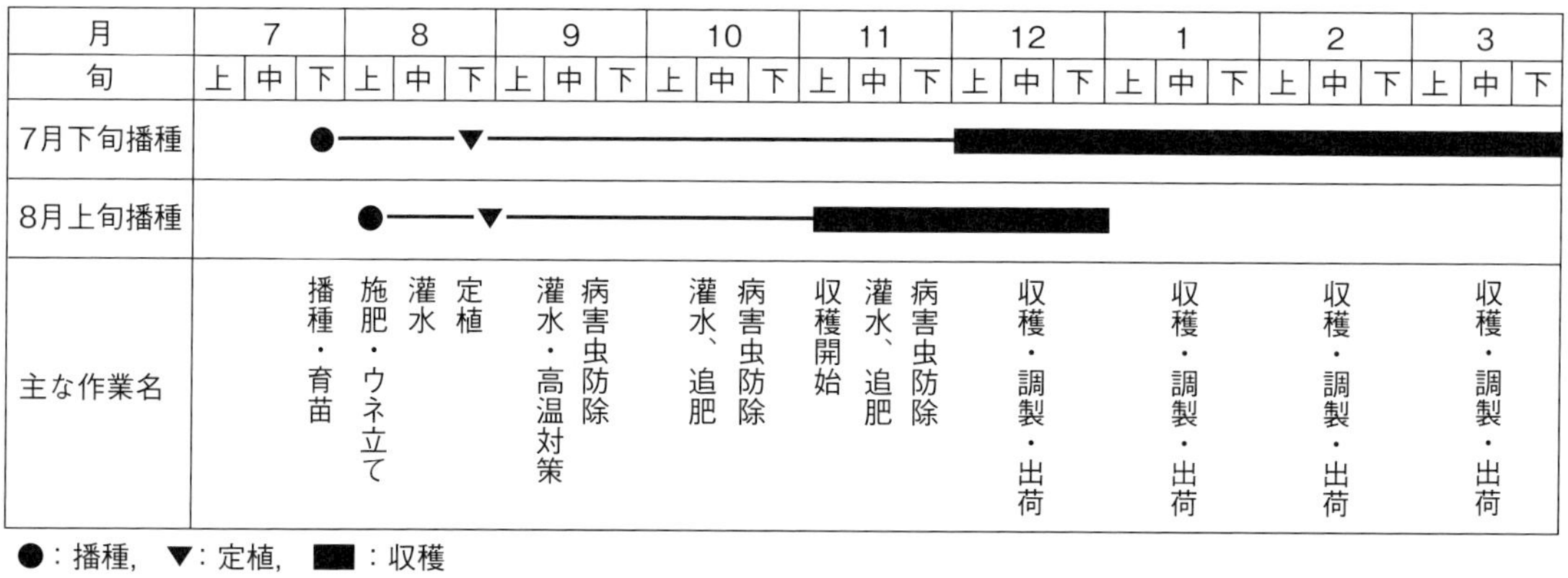

2 栽培のおさえどころ

(1) どこで失敗しやすいか

プンタレッラ栽培時の注意点としては、①適切な作型で栽培し、花茎のボリュームを確保すること、②育苗から定植時にかけて高温時期になるため、苗の徒長や高温乾燥による生育不良を防ぐ必要があること、③収穫時期の低温による品質低下（ハウス内であっても気温0℃以下により凍害が発生する）に注意すること、などがあげられる。

(2) おいしく安全につくるためのポイント

プンタレッラは、生育中にチョウ目やアブラムシ類の害虫や灰色かび病などの病害が発生する。栽培時の防虫ネットの資材活用、同一圃場での連作は避けるといった、農薬に頼らない病害虫発生抑制の方法を活用したい。

(3) 品種の選び方

現在プンタレッラの日本国内の種苗メーカーによる育成品種は、「TSGI－092」（トキタ種苗、表2）のみである。

表2　プンタレッラの主要品種の特性

品種名	販売元	発芽	花茎の上がり
TSGI-092（プンタレッラ）	トキタ種苗	良好	良好

表3　秋まきハウス栽培のポイント

作業	項目	栽培の要点
育苗	播種	・育苗ハウスには遮光資材を展張するなどの高温対策を施す ・128穴または200穴セルトレイにセル成型育苗専用の市販培土を充填
	育苗管理	・覆土は3～5mm で均一に，播種後は覆土が湿る程度に灌水 ・高温時の育苗は灌水量が増えがちだが，培土内の過湿に注意 ・葉色が淡くなった場合は，早めに液肥を施用 ・定植時苗質目標：本葉3～4枚，草高5～8cm の若苗，セルトレイ内で根鉢を形成したもの
定植	ハウス準備	・施肥は元肥のみを基本とし，10a 当たり窒素，リン酸，カリをそれぞれ成分量15kg施用 ・生育安定のためには，マルチ栽培が適する。白黒ダブルマルチが最適
	定植	・定植適期の苗の培土を十分に水分を含ませた状態で，適度な深さに植え付ける ・栽植距離：ベッド幅80～90cm に2条植え，株間30cm 以上，条間40cm 程度
管理・収穫	定植後	・完全に活着し，新葉が展開するまでは灌水し，乾燥させないこと ・チョウ目害虫やアブラムシ類，灰色かび病の発生には，「プンタレッラ」または「野菜類」を対象の登録農薬で防除
	収穫・調製	・収穫は花茎25cm 程度を目安に，早めに行なう ・収穫遅れによる品質低下，低温による障害発生に注意する

3 栽培の手順

(1) 育苗のやり方

育苗は128穴セルトレイで行ない、セル成型育苗専用の市販培土（窒素成分含量100～200㎎／ℓ程度）を用いる。育苗期間は生育には高温であるため、育苗ハウスに遮光資材などの高温対策を用意する。播種前日までにセルトレイに育苗培土を詰め、軽く鎮圧した後、トレイ底から余分な水分が排出するくらい十分に灌水し、表面が乾かないように被覆資材をかけておく。

播種は、1セルごとに種子1粒をセルの中心に播種する。覆土は3～5㎜の厚さで均一に行ない、播種後は覆土が湿る程度の水量で灌水する。播種後は寒冷紗などで被覆して乾燥と培地温の急激な上昇を防ぐ。

高温時期の育苗は苗の胚軸が伸びやすいため、播種後2〜3日で育苗培土表面からわずかに出芽する株が見られたら、すぐにセルトレイの被覆資材を取り除く。出芽後は、気温が高いと乾燥しやすく、培地温を下げるために多量に灌水しがちになるが、徒長や立枯病の原因になるほどの過湿にならないように、1回の水量と灌水の回数を調節する。

育苗期間中は、アブラムシ類、チョウ目害虫の発生予防のため、防虫ネットなどの被覆を行ない、発生時は農薬を散布する。定植1週間前に、育苗ハウスから出して外気に馴れさせる。育苗後半に葉色が淡くなり始めたら、すぐに液肥を灌水代わりに施用する。

定植に適した苗質は、本葉3〜4枚、草高5〜8cm、セルトレイから容易に引き抜ける程度に根鉢を形成し、葉色は薄くなく、子葉が脱落していない状態の若苗を用いる。

(2) 定植のやり方

①施肥

施肥量の設計は、土壌分析値を基に行なうのが望ましい。プンタレッラの施肥は10a当たりの窒素、リン酸、カリの土壌中含量がそれぞれ15kg程度となるように、有機質を含む化成肥料を施用する。堆肥や土壌改良資材に含まれる成分量も考慮する。

②ウネ立て

ハウス内には、ウネ幅120cmとして、ベッド幅80cm、通路幅40cm程度のベッドをつくる。比較的長い栽培期間で、暑い時期の定植から寒い時期の収穫まで順調に生育させるために、マルチ栽培とする。とくに高温期の定植と初期生育を考慮すると、白黒ダブルマルチの白を表面とする栽培が最適である。マルチはウネ立て作業と同時に張り、マルチの下には灌水チューブを設置する。

③定植

定植適期の苗は、培土に十分に水分を含ませた状態で定植する。苗は土壌に対してできるだけ垂直に、かつ苗の胚軸と育苗培土を埋める程度の深さに植え付け、株の転倒（変形球の原因）を防ぐ。育苗培土が土壌表面に出るほどの浅植えだと、定植直後から乾燥による欠株の原因になる。また、プンタレッラは葉柄が短く根出葉の形態であるため、生長点が土に潜るほどの深植えは生育不良の原因となるため避ける。栽植様式は、ベッド上に2条千鳥植え、株間30〜40cm、条間40cm程度を標準に植え付ける。

図4　プンタレッラ栽培圃場

(3) 定植後の管理

定植した苗の根がしっかりと土壌に張り、新葉が展開するまでは、乾燥すると生育に悪い影響を及ぼすので、定植後は十分に灌水する。定植からしばらくは高温期間が続くため、ハウスサイドを開放し、できるだけ涼しい環境で栽培する。

プンタレッラは気温の低下にしたがって生育量が増加するため、葉数の増加にあわせて追肥を行なう。マルチ栽培であるため、液肥の場合は灌水と同時に施用し、速効性の固形肥料であれば、窒素成分で10a当たり5kg程度を目安に、通路に散布しても効果が得られる。

外気の夜温が10℃以下になり始めるころから、ハウスサイドの開閉によってハウス内温度の管理を始める。ハウス内の夜温が5℃を下回る時期には、凍害を防いで生育量を確保するために、ハウス内であってもトンネルをかけるなどの保温を行なう。

このころには株中心部に花茎の発生が見られるが、日中のハウス内気温を高い状態にすると花茎の伸びを早めてしまうため、日中は25℃以下を目標にハウス内気温が高くなりすぎないように管理する。

図5　花茎の上がり

(4) 収穫

宮城県内の生産地では、花茎の最も高い部位25cm程度を出荷基準にしている（図5）。収穫時期が遅れると花茎が基部から硬くなり品質が低下するため、早めの収穫を心がける。収穫時は株元から包丁で切り取り、付着したゴミなどを除去する。出荷の際に傷みを防ぐために、外葉を2～3枚つけるとよい。

4 病害虫防除

(1) 基本になる防除方法

定植後からチョウ目害虫やアブラムシ類が発生し、生育期は灰色かび病なども発生する。作物名「プンタレッラ」または「野菜類」を対象に登録されている農薬を、被害発生前から予防散布することを心がける。殺虫剤では、気門封鎖型薬剤、BT剤、殺菌剤では銅剤や炭酸水素塩類など、有機表示できる種類の農薬を積極的に用いるとよい。

表4　病害虫防除の方法

	病害虫名	作物名	農薬名	備考
病気	菌核病	野菜類	ミニタン WG	微生物農薬
	灰色かび病	プンタレッラ 野菜類	カンタス DF カリグリーン水溶剤	 炭酸水素カリウム
	軟腐病	野菜類	Z ボルドー水和剤 ジーファイン水和剤	銅剤 炭酸水素ナトリウム（重曹）＋銅剤
害虫	ヨトウムシ類	野菜類	ゼンターリ顆粒水和剤	微生物農薬（BT 剤）
	アブラムシ類	野菜類	エコピタ液剤	気門封鎖型薬剤

(2) 農薬を使わない工夫

耕種的防除も有効であり、育苗するハウスは防虫ネットで囲って、ガの仲間などの侵入と産卵を防ぐことで、圃場への害虫の持ち込みを減らすことができる。

また、プンタレッラは葉数の多さが病害虫の多発の原因になることもあるので、黄化した下葉は早めに摘除することを心がける。この摘葉によって、アブラムシ類やコナジラミ類の多発を抑えることも可能である。圃場で灰色かび病などを発病した株は、できるだけ圃場外に持ち出して処分する。また、雑草が病原菌を保有していたり、害虫が雑草に産卵して住処にすることも多いため、時期を問わず作物の近くや圃場周辺の雑草は除去することを心がける。

5 経営的特徴

プンタレッラは全国的に生産量が少ないため、出荷販売の方法や単価を取引先とよく相談する必要がある。宮城県では、1kg当たりの販売単価600円~700円で取引している事例がある。

（執筆：澤里昭寿）

フェンネル

表1　フェンネルの作型，特徴と栽培のポイント

主な作型と適地

作型		1月	2	3	4	5	6	7	8	9	10	11	12	適地	備考（問題となる病障害，品種など）
夏まき	秋どり						●	▼	—	—	—■	■	■	冷涼・山間地	トウ立ち（抽台）
	秋冬どり							●	▼	—	—	—■	■	温暖・平坦地	低温障害（凍霜害）
									●	▼	—	—	■	暖地	菌核病
秋まき	冬どり	—■	■							●	▼	—	—	暖地	低温障害（凍霜害）
		↓—	—	■						●	⌂▼	—	—	温暖・平坦地	トウ立ち（抽台）
春まき	春どり	●	▼	—	—■									暖地 温暖・平坦地	トウ立ち（抽台），高温長日になる前に収穫できる早生種を選ぶ

●：播種，▼：定植，↓：短日処理，⌂：ハウス，■：収穫

特徴	名称	フェンネル（セリ科ウイキョウ属）
	原産地・来歴	原産地は地中海沿岸，イタリア南部。わが国に導入されたのは明治の中ごろとされている
	栄養・機能性成分	タンパク質，糖質，食物繊維，還元型ビタミンCを含み，消化促進効果，気管支炎，風邪の症状の緩和など。健胃，呼吸器疾患に有効とされるアネトールを含有
	利用法	肥大した結球部と葉身を食べる。生食や味噌炒め，酢豚，スープ，クリーム煮など
生理・生態的特徴	温度への反応	生育には冷涼な気温が適し，球の肥大は昼間21℃くらい，夜間8℃くらいの温度が優れるが，-1℃以下に低下すると結球部が凍害を受ける
	日長への反応	展開葉4枚（分化葉数15枚）以上の株が，12時間以上の長日に遭遇して花芽分化する
	土壌適応性	土壌pHは6.2が最適で，これより酸性側でもアルカリ性側でも生育は劣るものの，土壌pH5.4～7の範囲ではほぼ順調に生育する
	発芽条件	発芽適温は15～25℃，発芽可能温度10～30℃，適温下では播種後7～10日で出芽する
栽培のポイント	主な病害虫	病気：苗立枯病，菌核病，灰色かび病，軟腐病 害虫：キアゲハの幼虫，アブラムシ類，アザミウマ類，カメムシ類
	他の作物との組合せ	フェンネルはセリ科野菜であり，ハクサイ，キャベツなどのアブラナ科やレタス，トレビスなどのキク科，ジャガイモなどのナス科野菜との組合せがよい。秋まきなどでハウス栽培をとり入れる場合は，高単価なトマト，キュウリを導入するとよい

この野菜の特徴と利用

(1) 野菜としての特徴と利用

フェンネルの原産地は地中海沿岸、イタリア南部とされている。フェンネルはセリ科の植物で、園芸観賞用のブロンズフェンネル、薬用種のスイートフェンネルと、その変種で野菜種のフローレンスフェンネル（*Foeniculum vulgare* MILL. var. *dulce* ALEF.）がある。本書では、このフローレンスフェンネルをフェンネルと呼ぶ。フェンネルは、和名をイタリーウイキョウ、英名をフローレンスフェンネル、伊名をフィノッキオと呼ぶ。

フェンネルがわが国に導入されたのは明治の中ごろとされているが、当時の栽培はほとんどなく、1970年ころから、一般農家でも少しずつ栽培されるようになった。現在、フェンネルの大きな産地はないが、夏は長野、冬は愛知、春は千葉を中心に産地が形成され、このほかに静岡県、山形県、宮城県、埼玉県、岡山県、福岡県などで栽培されているようである。

フェンネルは独特の芳香と甘みがあり、肉料理とよく調和する。葉柄基部の結球部を生食や炒め物、煮込みなどで食べるほか、葉身部を刻んで魚、肉の臭み取りやスープに加えたり、メインデュッシュの香り付けに使ったりする。種子はフェンネルシードと呼ばれて、消化促進や消臭効果があるといわれ、香辛料やハーブとして使われる。

フェンネルの甘い香り成分はアネトールと呼ばれ、健胃および呼吸疾患に有効とされる。

(2) 生理的な特徴と適地

①種子の発芽

フェンネルの種子は発芽しやすく、種子の発芽可能温度はおよそ10～30℃で、発芽適温は15～25℃、播種後7～10日で発芽する。

②生育経過と球の肥大

本葉10枚目が展開したころから株元の葉柄基部が肥大し始め、トウ立ちしなければ200～800gの球を形成する。

図1　収穫適期のフェンネル

③花芽分化とトウ立ち

花芽を形成するとやがてトウ立ちして不結球になる（図2）。花芽分化には日長が影響し、12時間以上の日長で花芽分化が早く、日長が長いほど花芽の分化・発達が促進され、花茎もよく伸長する。本葉4枚以上の大きさの植物体で感応し、しかも生育の進んだ植物体ほど感応しやすい。

花芽分化後の花芽の発達は温度に影響され、高温であるほど花芽の発達が進み、花茎が長くなり、トウ立ちしやすくなる。

④温度条件と生育

生育には冷涼な気候を好み、適温は昼間15～22℃、夜間2～15℃と考えられ、秋季と春季に順調な生育をする。出芽後2～3葉期までに高温に直面すると苗立枯病が発生しやすい。

低温には比較的強く、生育初期にはマイナス4℃程度の低温に耐えて越冬する。ただし結球期には低温に弱く、マイナス1℃以下になると球葉部が寒害を受けて腐敗する。

⑤土壌環境と生育

埴壌土でも砂壌土でもよく生育するが、砂壌土では、球にスが早くから入り、品質が劣る。また根が太く、根群もよく発達するので、乾燥には強いが多湿では生育が劣る。生育はpH6・2が最も優れ、pH5・4～7の範囲ではほぼ順調に生育する。

⑥フェンネルの適地と作型

このようにフェンネルは冷涼な気候を好み、凍霜害を受けない程度の気温であれば、夜温は低いほど球の肥大が優れ、甘みの強い品質のよい球が収穫できる。したがって、夏季冷涼・冬季温暖な気候が長く続く地域ほど適地といえる。

作型には、夏まき、秋まき、冬まき、春まきがあるが、春まきは高温長日下で生育するため、トウ立ちが早い。冬まきは温床育苗が必要で、結球期に温度が上昇するためトウ立ちしやすく、球も大きくならない。7～8月に播種する夏まきは、短日で気温下降条件のもとで生育するため、トウ立ちの心配はほとんどない。秋まきは暖地以外では結球部が凍害を受けるのでビニールハウスまたはトンネルが必要だが、播種が遅くなければトウ立ちしにくく品質もよい。

（執筆：川合貴雄）

図2　トウ立ち（抽台）

夏まき栽培・秋まき栽培

1 この作型の特徴と導入

(1) 作型の特徴と導入の注意点

夏まき栽培は主に7月に播種し、年内に収穫する。冬季温暖な地帯ほど栽培が容易である。寒冷地・高冷地の夏季冷涼地帯では、高温障害は受けないが、秋の気温降下が早いうえ、長日条件にあってトウ立ちしやすいので播種期幅が狭い。できるだけ順調な生育をさせ、早く結球体制に入らせる必要がある。中早生品種を用いると6月に播種して10～11月に収穫できる。

夏まき栽培では高温期の播種になるので発芽しにくく、苗立枯病が発生しやすい。高温対策をした育苗が必要である。

秋まき栽培は主に9月に播種し、翌年2～3月に収穫する。結球期にマイナス1℃以下にならないかなり温暖な地域では露地栽培ができる。それ以外の地域では結球部が凍害を受けるので、ビニールハウスまたはトンネルによる保温が必要である（表1参照）。

(2) 他の野菜・作物との組合せ方

フェンネルはハクサイ、レタスと同様に菌核病に弱いので、菌核病発生が比較的少ないトマト、キュウリ、ブロッコリーなどと組み合わせる。

2 栽培のおさえどころ

(1) どこで失敗しやすいか

①トウ立ち

展開葉4枚（分化葉数15枚）以上の株が12時間以上の長日条件にあうと花芽分化してトウ立ちしやすくなる。したがって、結球期がトウ立ちしやすい長日条件になる冬まき、春まきは避ける。6月播種の夏まきであっても、10月にはトウ立ちするのでそれまでに収穫を終える。ハウスでの秋まきは8～9月播種は良球になるが、生育が長日に向かうそれ以降の播種ではトウ立ちをまねくので、早めに収穫するか、または短日処理によるトウ立ち防止手段が必要である。

短日処理は、定植時からウネにトンネルをかけ、完全遮光できる厚さ0・1㎜以上のシルバーポリフィルムを被覆して暗黒状態にする。処理期間は、秋まきでは定植後50日間程度（展開葉12枚程度まで）である。

②高温による苗立枯病、低温による凍害

発芽後2～3枚のころまでに高温に直面すると苗立枯病が発生しやすいので、種子処理と、高温対策をした育苗を行なう。

結球期にマイナス1℃以下になると結球部が凍害を受けてやがて腐敗する。かなり温暖な地域でなければ、8～9月の播種は避ける。

(2) おいしく安全につくるためのポイント

夜温は低いほど甘みの高い品質のよい球ができるが、結球期にマイナス1℃以下になると結球部が凍害を受ける。したがって8～9月播種の秋まきはかなり温暖な地域以外は避ける。

(3) 品種の選び方

現在、わが国には登録品種は見られないが、トキタ種苗が国内向けに開発した商標登録品種がいくつかある。‘スティッキオ’は結球部が縦に長く肥大し、播種後50～60日で収穫できるスティックタイプで、密植して短期栽培で周年収穫が可能である。また、トキタ種苗には、中早生品種として‘ナポリ’‘TSGⅠ-2018’がある。両品種は定植後70日で300～500gに達して収穫適期を迎えるので、冬まき栽培、秋まき栽培によい。

また、サカタのタネ、タキイ種苗などの種苗会社では、定植後100～120日で500～700gに達して収穫適期を迎える中生品種を販売している。

したがって、長期栽培で大きな球を収穫するなら、種苗業者が販売している中生品種を直接利用するか、あるいはその中生品種を栽培して母本選抜と採種を行なって利用する。

3 栽培の手順

(1) 圃場の準備

圃場は耕土が深く、保水、排水ともによく、腐植に富む場所がよい。土壌酸度pH6以下の場合は石灰を施して土壌酸度を改良する。また圃場に腐植含量が少ない場合は熟成堆肥を10a当たり3t程度施す。

(2) 育苗

種子は本圃10a当たり250mℓ用意する。

苗立枯病予防のために種子を種子重量の0・

表2　主要品種の特性と利用作型

品種名	販売元	特性・利用作型
スティッキオ	トキタ種苗	播種後50～60日で収穫できるスティックタイプの早生品種で，冬まき・春まき作型に適する
TSGI-2018，ナポリ	トキタ種苗	定植後70日で球葉が300～500gに達して収穫適期を迎える中早生種で，秋まき・冬まき栽培に適する
フローレンスフェンネル	タキイ種苗（通販係）	定植後100～120日で球葉が500～700gに達して収穫適期を迎える中生種で，夏まき・秋まき栽培に適する
フェンネル	サカタのタネ（直売部通信販売課）	定植後100～120日で球葉が500～700gに達して収穫適期を迎える中生種で，夏まき・秋まき栽培に適する

表3　夏まき栽培のポイント

	技術目標とポイント	技術内容
圃場準備	◎圃場の選定	・耕土が深く，保水，排水ともによく，腐植に富む場所がよい
	◎土つくり	・土壌酸度pH6以下の場合は石灰を施しておく ・圃場に腐植含量が少ない場合は熟成堆肥を10a当たり3t程度施す
育苗	◎種子消毒	・苗立枯病予防のための種子消毒。種子を種子重量の0.2～0.4％のオーソサイド水和剤80で粉衣して播種する
	◎播種床の設置	・播種床は風通しのよい涼しい場所へ設置
	◎移植時期	・本葉1～2枚時に9cmポットに移植
定植	◎定植時期	・本葉5～6枚までに定植
	◎元肥	・元肥は10a当たり窒素16kg，リン酸10kg，カリ14kg施す
	◎栽植密度	・ウネ幅は1条植えの場合は75cm，2条植えの場合は150cm。株間は25～30cm
定植後の管理	◎追肥	・追肥は定植後20日目に窒素とカリを10a当たり3.6kgずつ，40日目，60日目に10a当たり5.4kgずつ施す
	◎中耕，土寄せ	・追肥するたびに，中耕して土寄せ
収穫	◎収穫時期	・定植後90日で本葉15～20枚，球重500g以上が目安。収穫期が遅れると裂球し，球にスが入る
	◎収穫方法	・葉の枚数を十分付けて地際から茎を切りとる
	◎出荷	・傷んだ外葉，老化葉などを除き，結球部の葉身を30～40cm付け，段ボール箱に結球部を交互に詰める

2~0・4%のオーソサイド水和剤80で粉衣して播種する。

播種床には、底に十分な排水孔を設けて水はけをよくした深さ8~10㎝の平箱を使う。種播き培土を6~9㎝の厚さに詰める。種播き培土は市販培土でよいが、通気性、排水性に優れ、肥料成分が少なめで苗立枯病菌などの病原菌のいないものを使う。高温時なので肥料成分量の少なめの培土を利用するのがよい。

図3　高温対策をした育苗

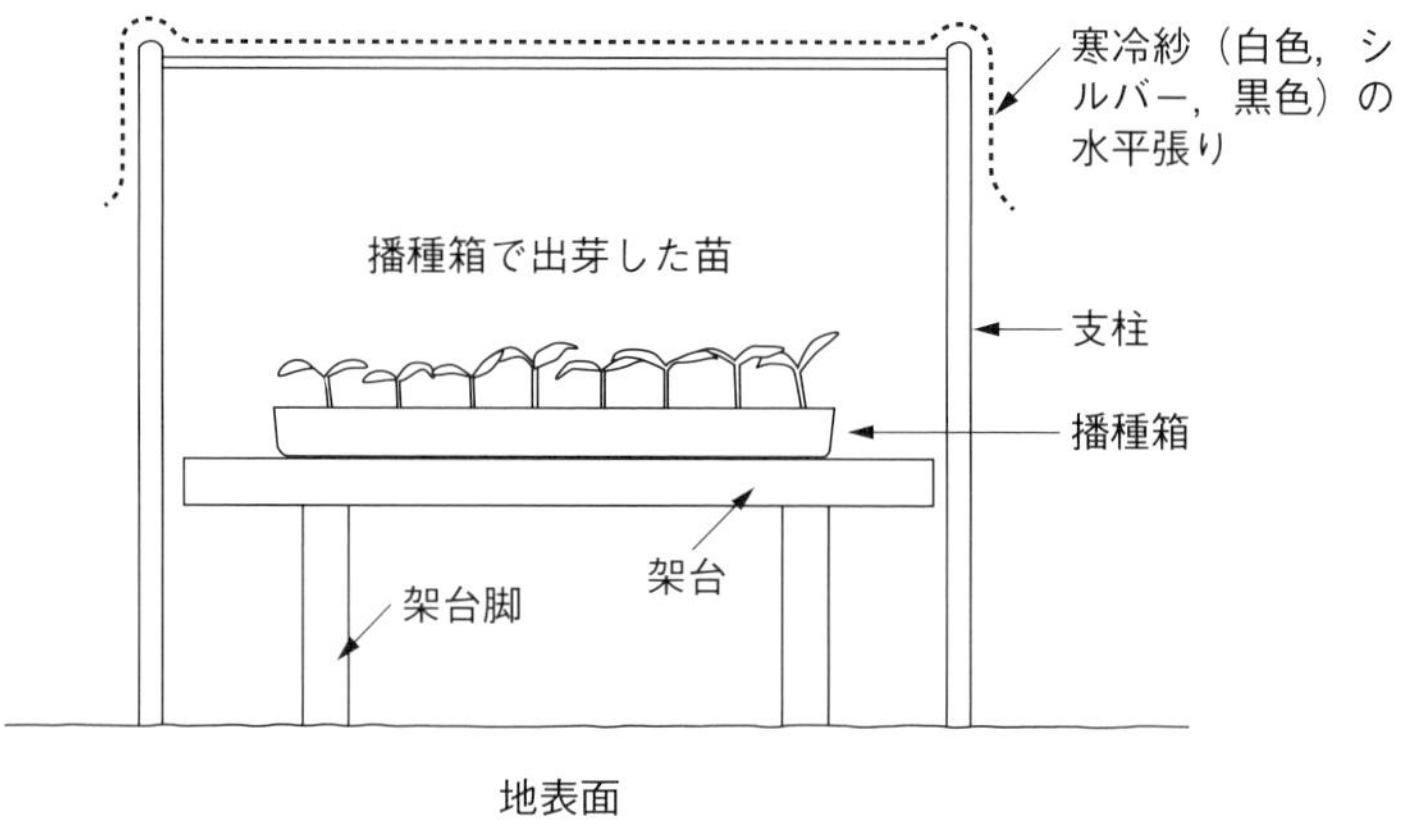

夏まきは高温に過ぎるので、播種床は架台の上の通風のよい涼しい場所に設置し、白色・黒色・シルバーいずれかの寒冷紗などを水平張りまたはトンネル被覆し、できるだけ涼しくしておく（図3）。

播種は、条間9㎝、種子間隔8~10㎜程度の条播きとする。6~9㎜覆土したのち十分灌水する。高温と乾燥を防ぐために新聞紙などで日覆いをする。播種後5日程度で出芽開始となるので覆いを早めに除く。遅れると苗が徒長するので注意する。

出芽揃い後、出芽個体が1㎝間隔になるように、密生部は早めに間引き、通風や採光をよくする。

出芽後も高温が続くと徒長苗になりやすく、苗が徒長すると苗立枯病にかかりやすくなる。高温強日射に直面すると胚軸が障害を受け、枯死する。

育苗培土も種播き培土とほぼ同様な床土でよいが、腐植や肥料成分量がやや多めの床土を用いる。川砂や山土などの肥料成分の少ない土を用いる場合は、熟成堆肥のほか培土100ℓ当たり窒素8g、リン酸20g、カリ6g、石灰100g程度施す。育苗培土は2・5~3号（直径7・5~9㎝）育苗ポットに詰めておく。

移植時も高温であれば、寒冷紗などで遮光しておく。本葉が1~2枚に生育したら午後の涼しいときに育苗ポットへ移植する。移植後は十分灌水する。定植が近づくころになると肥料切れすることがあるので、その場合は液肥の500~600倍液を施用する。

秋まき栽培は苗立枯病が出にくいので、直播きができる。直まき栽培は移植栽培よりも生育が速く、根群もよく発達して良球が生産できる。10a当たり播種量は約1・5ℓである。株間25㎝、播種の深さ8㎜程度で、1カ所6粒ずつ点播する。播種後は乾燥防止のために不織布を被覆する。出芽後、苗が徒長するようであれば被覆資材を取り除く。間引きは本葉5~6枚までに2~3回行ない、1カ所1株にする。

(3) 元肥施用とウネ立て

播種または定植の1カ月前に堆肥や石灰を施してよく耕起しておき、数日前に緩効性肥料を主体とした元肥を施して耕うん、砕土する。元肥施用量は10a当たり窒素16kg、リン酸10kg、カリ14kgくらいで、ＩＢ化成などの緩効性肥料を主体に施用する（表４）。ただし、火山灰土などリン酸が不足しやすい土壌ではリン酸を50％くらい増施する。

秋まきハウス栽培では肥料の流亡がないことから、前作の肥料が残っている場合が多いので、元肥量は露地栽培の25～50％程度に減らす。

ベッド幅は、１条植えの場合は75cm、２条植えの場合は１５０cmとし、通路幅65～80cmとする。排水良好な圃場では平ウネでよいが、排水のやや劣る圃場では高ウネとする。

表4　夏まき栽培の施肥例

（単位：kg/10a）

	肥料名	施肥量	成分量		
			窒素	リン酸	カリ
元肥	苦土石灰	80			
	IB 化成604	100	16	10	14
追肥					
1回目	NK 化成	20	3.6		3.6
2回目	NK 化成	30	5.4		5.4
3回目	NK 化成	30	5.4		5.4
施肥成分量			30.4	10	28.4

(4) 定植

風の強くない日を選び、日射しの弱くなった午後に本葉５～６枚の苗を25～30cm間隔に定植する。定植前日または定植当日の早朝に苗に十分灌水しておく。葉は左右に一枚ずつ互い違いに出る（１／２開度）ので、ウネ方向に対して直角に出葉するように植える（図４）。定植後、十分灌水する。

図4　定植方法（1条植え）

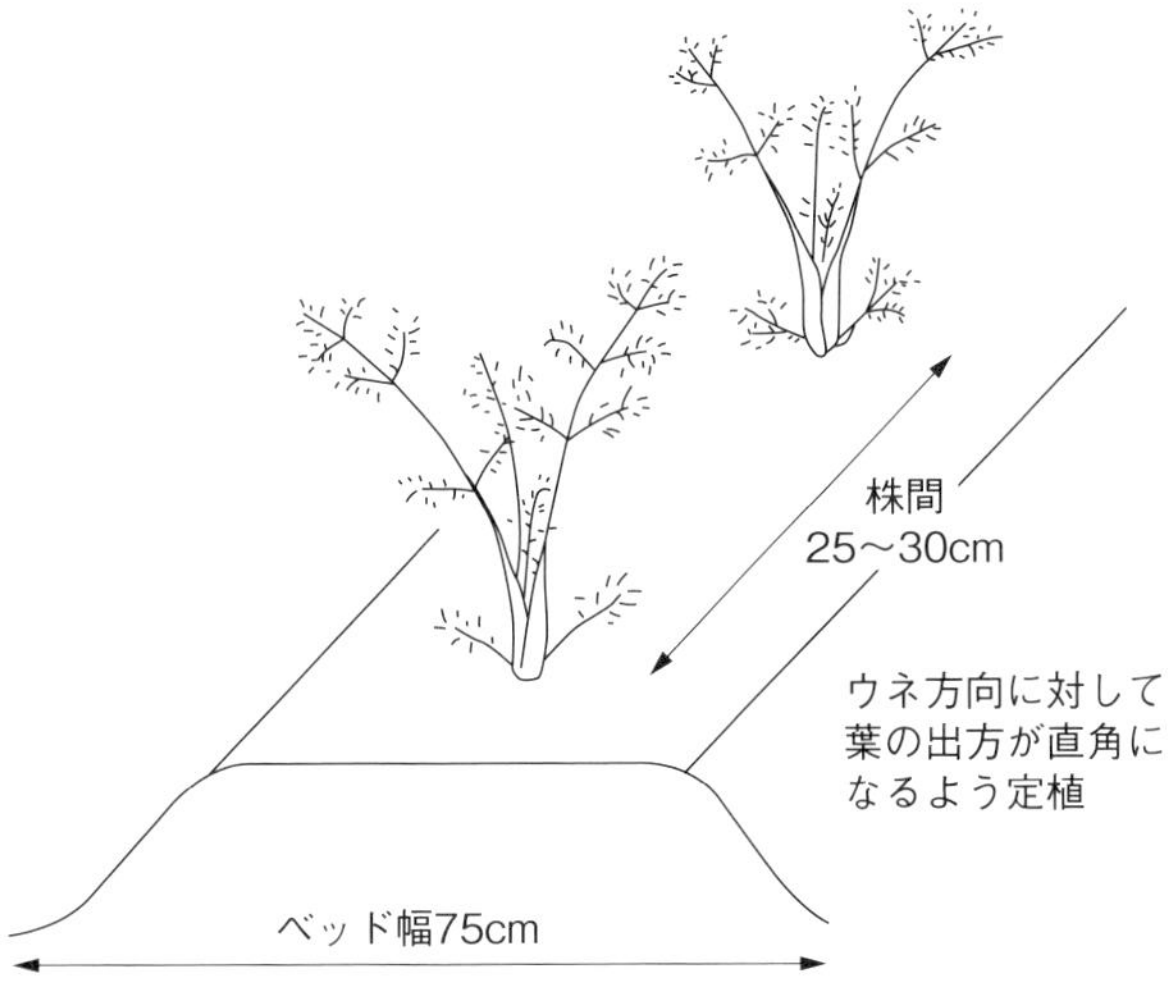

(5) 定植後の管理

①追肥

結球中期まで、すなわち生育前半までにできるだけ茎葉を大きく育て、株の充実を図っておく必要がある。そのために中耕・土寄せ前、すなわち定植後約20日目に窒素とカリを10ａ当たり３・６kgずつ、40日目、60日目に、10ａ当たり５・４kgずつ施す。

②土寄せ

葉が生長して50cm以上にもなると倒伏しやすくなり、倒伏したままでは変形球になりやすい。また、降霜期に結球部が露出していると凍害を受けやすい。そのため、追肥後、中耕して心葉近くまで土寄せをしておく。収穫物に土が入ってしまうので、土寄せは結球部の襟首の下までとする（図５）。

③灌水

フェンネルは土壌の乾燥に比較的強いが、生育中に乾燥が続くと株の発育が劣り、球も筋っぽくなる。よって適度な降雨がない場合はスプリンクラー灌水、ウネ間灌水などにより１回当たり20mm（10ａ当たり20ｔ）程度を約７日間隔に灌水する。ただし結球中期以後に土壌が著しく乾燥した状態で一度に多量の

図5　土寄せ

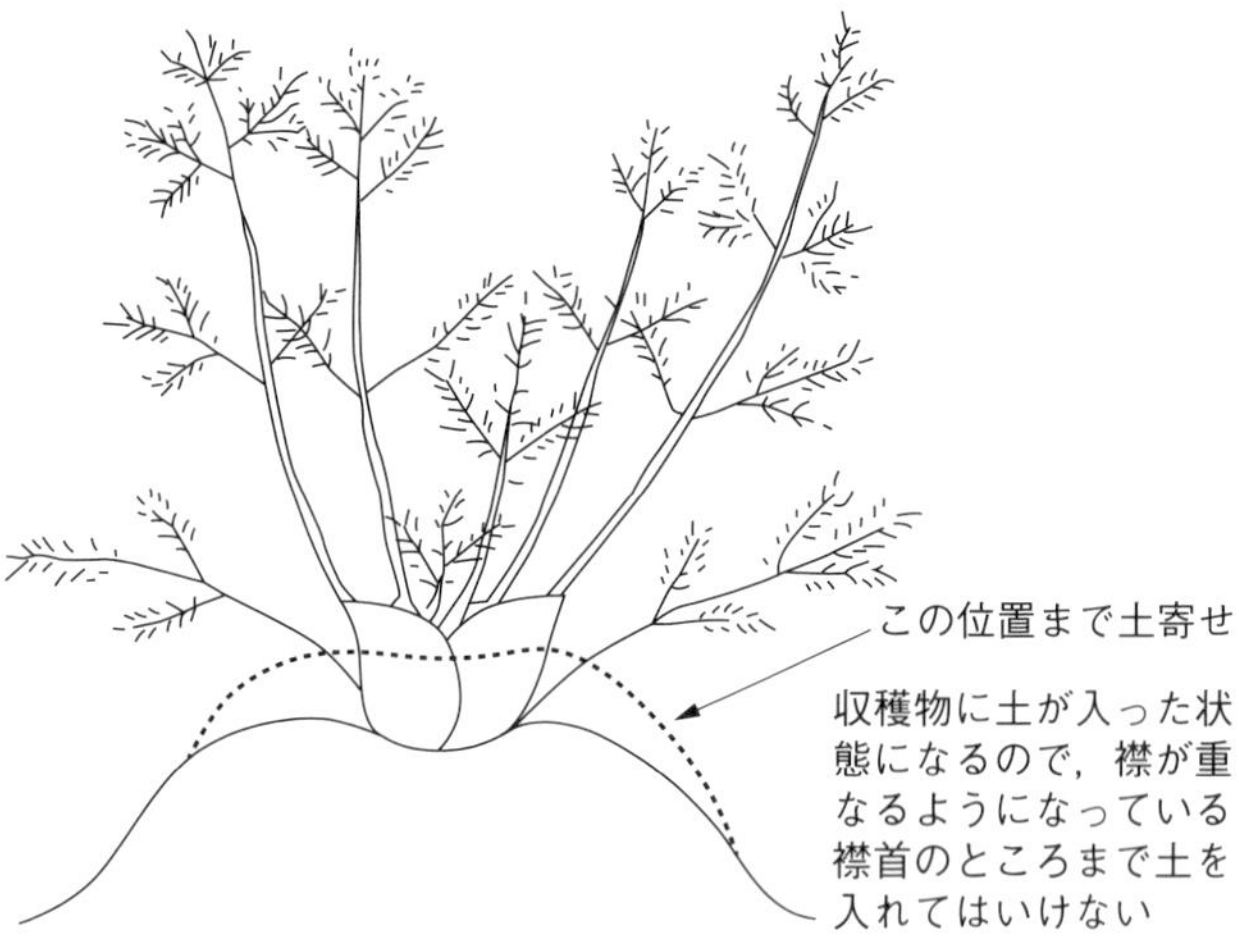
この位置まで土寄せ
収穫物に土が入った状態になるので，襟が重なるようになっている襟首のところまで土を入れてはいけない

灌水をすると裂球しやすい。灌水は生育前半を主体にする。

④寒害防止

結球開始後、氷点下になると凍霜害を受けるので、プラスチックフィルム、不織布、寒冷紗など保温資材をトンネル被覆するか、あるいは不織布、寒冷紗など通気性の高い資材を葉の上から直がけし、寒害から守る。株元へ多めのワラ、モミガラなどを敷き詰め、保温に努める。

⑤ハウス栽培での温度管理

秋まきハウス栽培では、日最低気温が10℃以上であればハウスのフィルムを昼夜開放しておく。外気温が10℃以下に低下するようになったら夜間の保温に努め、最低気温は2℃を確保する。0℃以下になると凍霜害を受ける。昼間のハウス内気温は22℃以上になれば換気し、15～22℃に保つ。

(6) 収穫

よく肥大した球は500g以上にもなるが、収穫が遅れると裂球したり、球にスが入ったりするので、収穫適期を逃さないよう注意する。収穫は葉身の枚数を十分付けて地際から茎を切り取る。

収穫した株は、傷んだ外葉、老化葉やスの入った外葉を除去し、結球部の葉身を30～40cm付け、その上の葉身を切断したのち、段ボール箱に結球部を交互に詰めて出荷する。

4 病害虫防除

(1) 基本になる防除方法

7～9月の高温期にかけて苗床では苗立枯病が発生しやすい。10月以降、冷涼な気候になると、株元に菌核病（図6）、葉先に灰色かび病が発生しやすくなる。とくにハウス栽培では空中湿度が高まるので、その傾向になりやすい。害虫はあまり問題にならないが、キアゲハの幼虫、アブラムシ類、カメムシ類、アザミウマ類が発生することがある。

苗立枯病にはオーソサイド水和剤80で種子粉衣して播種する。灰色かび病にはハーモメイト水和剤、カリグリーン、ボトピカ水和剤を散布する。菌核病は野菜の連作で、とくに増加しやすいので連作を避け、トリコデルマ菌入り資材を土壌にすき込む。また、ハウス内が多湿にならないよう留意する。

アブラムシ類にはエコピタ液剤などの気門封鎖型殺虫剤を散布する。また、ナナホシテントウ、ナミテントウはアブラムシ類の天敵として利用できる。

(2) 農薬を使わない工夫

苗立枯病を予防するためには、出芽後は灌水をできるだけ控え、胚軸が硬めの苗に仕上げる。また、真夏の強日射時には寒冷紗や不織布などの遮光資材を天張りして日射を和らげる。

菌核病には登録農薬が少ないので連作を避け、イネ科のソルゴーなどとの輪作につとめ、トリコデルマ菌入り資材を土壌にすき込む。トリコデルマ菌は病原菌より早く繁殖して病害にかかりにくい土壌環境を整える。

表5　病害虫防除の方法

	病害虫名	防除法
病気	苗立枯病	種子重量の0.2～0.4%のオーソサイド水和剤80で種子粉衣して播種。発芽後は灌水をできるだけ控える
	灰色かび病	ハーモメイト水溶剤，カリグリーンなどの800倍液，ボトピカ水和剤2,000～4,000倍液を茎葉に散布する
	軟腐病	Zボールド水和剤，ジーファイン水和剤，バイオキーパー水和剤1,000倍液を茎葉に散布
害虫	ヨトウムシ類	ゼンターリ顆粒水和剤1,000倍液
	アブラムシ類	エコピタ液剤1,000倍液
	アザミウマ類	ボタニガードES1,000倍液

注）農薬の使用にあたっては「フェンネル（葉）」「フローレンスフェンネル」「野菜類」の適用に従う

図6　菌核病

5 経営的特徴

フェンネルは古くからわが国に導入されたものの、まだあまり知られていない。これにはフェンネルの独特の香り、味が当時の食生活になじまなかったこと、適切な調理法がなかったことなどが理由であろう。フェンネルの生理的特徴を十分理解すれば栽培は容易で、栽培労力も定植と土寄せ、収穫にやや多くの労力を要するものの、それ以外の労力、資材費はあまりかからないので取り組みやすいものと考えられる。

近年の食生活の多様化、食品の機能性に注目や関心が高まっていることから、今後、フェンネルの機能性、独特の香りの高さから次第に評価されていくものと思われる。

（執筆：川合貴雄）

表6　夏まき栽培（露地栽培）の経営指標

項目		
収量（kg/10a）		1,800
単価（円/kg）		280
粗収益（円/10a）		504,000
経営費（円/10a）	種苗費	10,000
	肥料費	24,000
	農薬費	21,000
	光熱水費	2,400
	諸材料費	20,000
	修繕費	4,000
	出荷包装費	12,000
	運賃	20,000
	販売手数料	65,000
	減価償却費	12,000
農業所得（円/10a）		313,600

ルッコラ

表1　ルッコラの作型，特徴と栽培のポイント

主な作型と適地

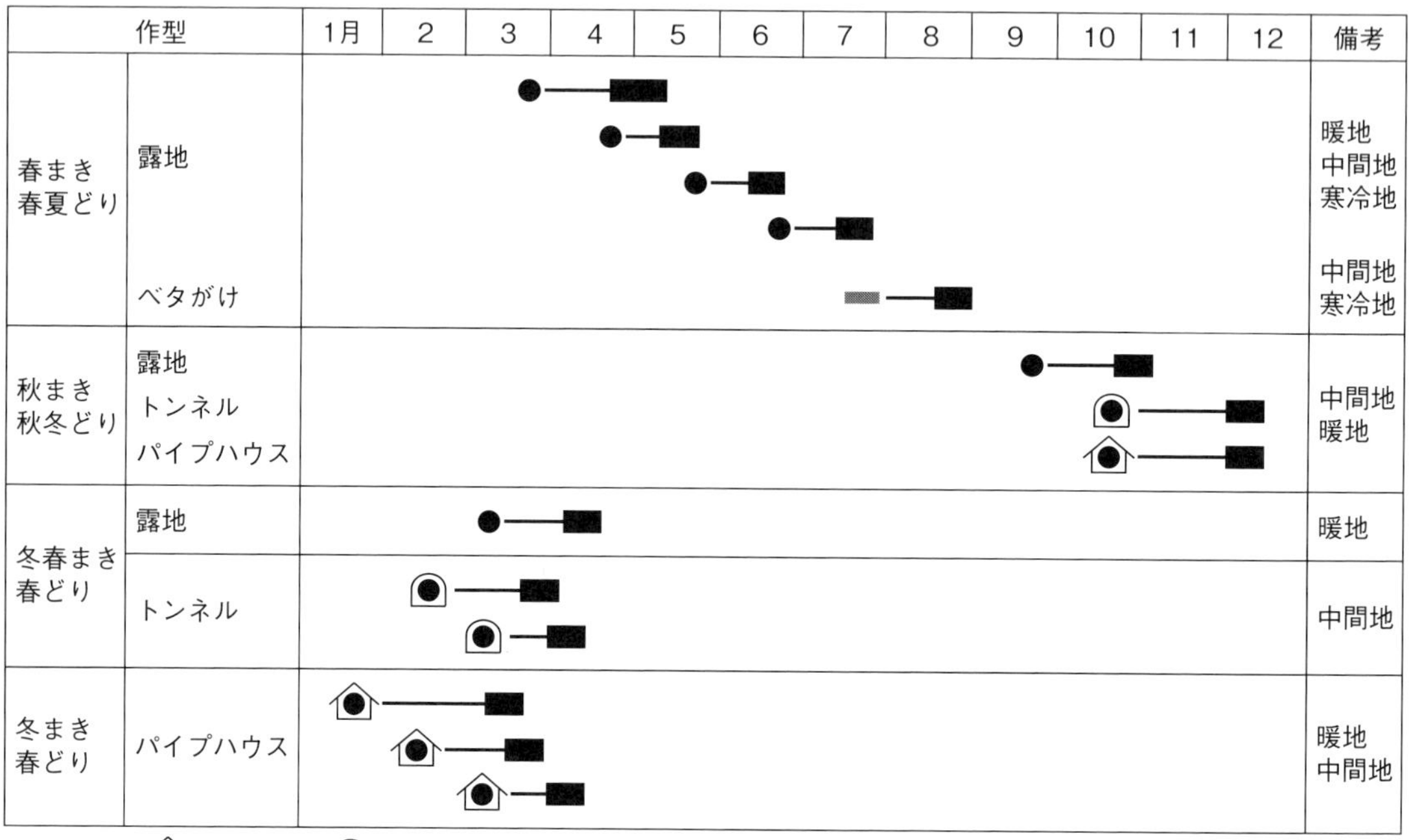

●：播種，　：ハウス，　：トンネル，　：ベタがけ，収穫：

特徴	名称	ルッコラ（アブラナ科エルカ属），別名：ロケットサラダ，ロケット，キバナスズシロ
	原産地・来歴	原産地は地中海地域およびアジア西部地域
	栄養・機能性成分	カルシウムやカリウム，ビタミンC・E，β-カロテン，鉄などの栄養素を豊富に含む。とくにビタミンCはホウレンソウやコマツナより多い。食物繊維や葉酸（ビタミンB群の一種）も比較的多く含む
	機能性・薬効など	食物繊維は整腸作用を持ち，中性脂肪の吸収を抑制する働きがある。豊富なカルシウムは，ストレス解消，骨粗鬆症の予防に効果がある。葉酸（ビタミンB群の一種）は造血，核酸やタンパク質の合成を促進する
生理・生態的特徴	発芽条件	発芽適温は20～25℃で，真夏の播種でも発芽揃いはよく，発芽率は高い。低温期（10月下旬～3月上旬）は発芽揃いが悪く，発芽までの日数が長くなり，発芽不良が生じることもあるため，保温が必要
	温度への反応	生育適温は15～25℃で，低温期は生育が遅くなる
	日照への反応	日当たりのよい環境を好むが，夏季に強光で乾燥状態では葉が硬くなり品質が低下するため，ベタがけなどで湿度の確保が必要

（つづく）

生理・生態的特徴	土壌適応性	弱酸性で肥沃な土壌を好むが，土耕では比較的適応幅が広い。養液栽培では葉が黄変するなど，生理障害が発生しやすい
	花芽分化・抽台	低温で花芽分化し，葉の生長と増加は停止し，温度の上昇に伴って抽台する。このため，低温期は保温が必要である
栽培のポイント	主な病害虫	病害：炭疽病，リゾクトニア菌による立枯病など 害虫：キスジノミハムシ，コナガ，ヨトウムシ類，アブラムシ類など
	他の作物との組合せ	作付け期間が比較的短いので，ほとんどの野菜の前後作に組み合わせることができるが，基本的には，共通病害虫の多いアブラナ科野菜との連作を避ける

表2　品種のタイプ，用途と品種例

品種のタイプ	別名	用途	品種名または商品名
ルッコラ	ロケット，ロケットサラダ，ルッコラ，キバナスズシロ	生食など	オデッセイ，ロケット（ルッコーラ），ニコルルッコラ，EK ルッコラ，ロケットなど
セルバチコ	ワイルドルッコラ	生食	ローマ，ローマロッソ，TSGI-148EX，ワイルドルッコラなど

この野菜の特徴と利用

(1) 野菜としての特徴と利用

ルッコラはアブラナ科のエルカ属に属する葉菜類である。原産地は地中海地域およびアジア西部地域で，古代ローマ時代から栽培されていた。南ヨーロッパから西ヨーロッパにかけて広く分布しており，イタリア，エジプト，フランスでは重要なサラダ用生野菜である。名称はイタリア名ではルッコラ，フランス名ではロケット，英語名ではロケットサラダで，和名はキバナスズシロなどと呼ばれるが，日本での商品名はルッコラが最も一般的に使われている。

日本では1980年代までは，ハーブの一種として一部で利用されている程度であったが，1990年ころから市場での取扱量が多くなった野菜で，日本での栽培は比較的新しい。

ルッコラの利用方法は，比較的若い茎葉をサラダにするのが最も一般的である。ベビーリーフの一部にもよく利用される。茎葉にはゴマに似た香りがあり，生育が進むと辛味が増す。加熱調理は可能であるが，短時間加熱すると辛味が弱くなり，長時間加熱すると特有の香りは失われる。お浸し，中華料理の炒め物のほか，ピザやパスタに乗せる材料にもよく利用される。花や花茎も食べられるが，生育が進むと繊維質が急速に発達して硬くなるため，市場ではほとんど流通していない。

(2) 生理的な特徴と適地

① 生育特性

発芽適温は20～25℃で，生育には15～25℃くらいの温暖で，日当たりのよい環境を好む。

神奈川県での試験では，3月下旬～9月下旬まきまでは，露地栽培およびパイプハウス栽培とも播種後2～3日で出芽したが，低温期である10月下旬～3月上旬まきまでの出芽は栽培法による差が大きく，パイプハウス（5～8日）＞パンチフィルムのトンネル（5～13日）＞パスライトのベタがけ栽培

図1　ルッコラの葉形，荷姿など

葉形5種

荷姿

草姿

表3　ルッコラの栄養成分（生の可食部100g当たり成分）

種類＼成分	カロテン（μg）	ビタミンC（mg）	ビタミンE（mg）	葉酸（μg）	カリウム（mg）	カルシウム（mg）	食物繊維（g）	鉄（mg）
ルッコラ	3,600	66	1.4	170	480	170	2.6	1.6
コマツナ	3,100	39	0.9	110	500	170	1.9	2.8
ホウレンソウ	4,200	35	2.1	210	690	49	2.8	2.0

露地栽培（6～15日）の順に，出芽が早い傾向があった。生育もほぼ同様に高温期は早く，低温期は遅くなる傾向があるが，高温乾燥期でも生育は停滞し，葉身が硬くなり品質が低下するため，適湿を保つためにベタがけなどでの栽培が望ましい。

抽台は低温期で早くなる傾向があり，冬まきや早春まき（12月～3月上旬まき）では抽台が早まるため，保温が必要である。

②適地と輪作

土壌の適応幅は広いが，土壌病害による連作障害がわずかにあるため，1～2年あけて栽培する。

（執筆：藤代岳雄）

周年栽培（露地、トンネル、ハウス栽培）

1 この作型の特徴と導入

(1) 作型の特徴と導入の注意点

露地栽培は発芽や生育が適温の時期に行なう。害虫の発生が多いので、防虫ネットのトンネル被覆などを原則とする。

トンネルやハウス栽培は、発芽不良や生育遅延が生じる低温期に行なう。トンネル資材は穴あきの農ＰＯなどを用いるが、厳寒期には保温が不足し、生育の遅延や抽台が生じることがあるので、播種時期や地域によって保温資材の種類や開口率などを適宜選択する。

生育日数は30～45日で、収穫適期幅は栽植密度にもよるが、１週間以内と短いため、収穫時の出荷調製労力に合わせた作付け計画を立てることが必要である。

(2) 他の野菜・作物との組合せ方

ルッコラは低温期の保温を行なえば周年生産が可能である。他の葉物野菜とも栽培法や必要な資材・設備が類似しているので、コマツナ、ホウレンソウなどと組み合わせたり、他の作目の後作と組み合わせることもできる。

2 栽培のおさえどころ

(1) どこで失敗しやすいか

均一な生育と精密な播種　ルッコラはコマツナと同様にウネの端から順次収穫するため、均一に生育させることが大切である。そのため、均一な施肥、整地、播種および灌水が重要である。ルッコラの種子はシソ同様に小さいので、播種機は人力播種機とするが、セルバチコ（ワイルドルッコラ）はさらに種子が小さい。ゴボウ根で、移植はややむずかしいため、手播きして適宜間引きとする。

図2　ルッコラの周年栽培　栽培暦例

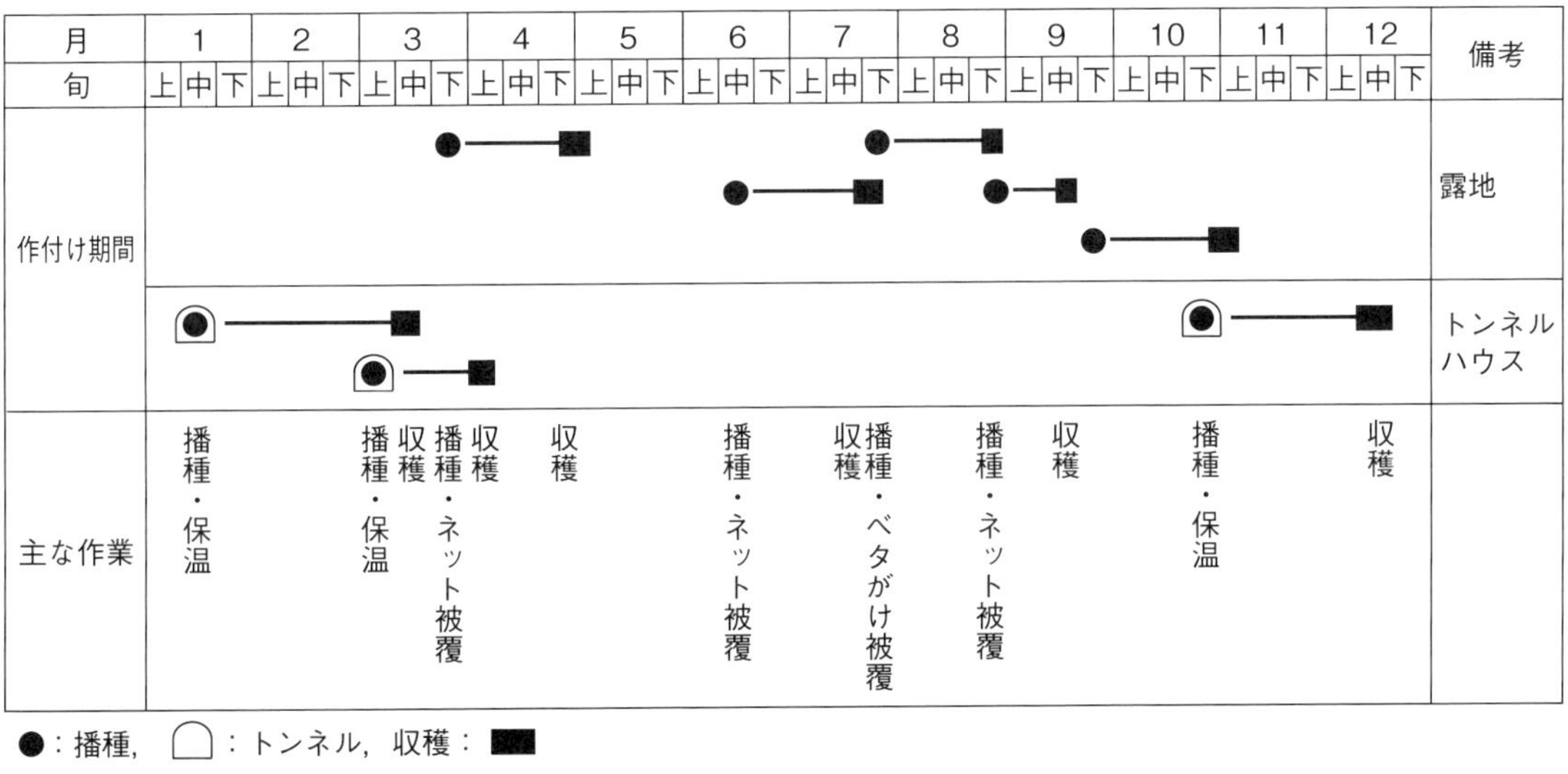

表4　ルッコラの主要品種の特性

品種名	販売元	早晩性	葉色	アントシアニン	毛茸《もうじ》	葉形
オデッセイ	サカタのタネ	やや早	中	やや強	やや多	C
ロケット（ルッコーラ）	トーホク	中	中	強	少	C
ニコルルッコラ	渡辺農事	やや早	中	やや強	少	C
ルッコラロケット	カネコ種苗	やや早	中	やや強	少	C
ロケット	タキイ種苗	中	中	弱	少	C
ルーコラ セルバティカ ローマ	トキタ種苗	遅	濃	やや強	ごく少	E

注）出典：「神奈川県農業技術センター試験研究成績書（野菜）」（上西ら）

病害虫防除　害虫防除は、防虫ネットなどの利用を原則とする。病害防除は輪作、雨よけ、雑草防除および太陽熱消毒などで耕種的防除を行なう。薬剤防除はルッコラ、非結球アブラナ科野菜および野菜類登録が使用できる。

(2) おいしく安全につくるためのポイント

ルッコラは乾燥害を受けると、葉が硬くなり品質が低下するので、適度な土壌水分を保つとともに、高温乾燥期には長繊維不織布などのベタがけ栽培で保湿を図ることが必要である。また、栽植密度を適度にして、収穫適期を守ることも品質を保つうえで重要である。

安全性の面では雨よけや防虫ネット栽培を行なうことで、減農薬や無農薬栽培に努める。

(3) 品種の選び方

作型による品種の使い分けはなく、通常はルッコラのタイプを用いる。ただ、品種によって早晩性などに若干の差が見られる。セルバチコ（ワイルドルッコラ）はルッコラと比べて葉形や香りの強さが異なるので、試作などを行なって品種選択するのが望ましい。

3 栽培の手順

(1) 畑の準備

ルッコラは比較的土壌を選ばないが、良質な完熟堆肥を年間10a当たりで3t程度投入して、保水性と保肥性を高める。施肥は全量元肥とする。施肥量は10a当たり窒素14kg、リン酸14kg、カリ14kg程度とする（表6）。播種床はロータリーで耕うん、均平化・整地し、平床とする。土壌が乾燥しているときや夏季高温期では、あらかじめ適量の灌水を行なってから播種床をつくる。また、排水が悪い圃場ではやや高ウネとする。

(2) 播種のやり方

ルッコラの播種は、「ごんべえ」や「クリーンシーダー」などの人力播種機を用いる。播種機は種子の大きさに合った種子受けロール（「ごんべえ」なら103（3㎜））を用いる。栽植密度は条間15㎝、株間4㎝（㎡当たり175株）が最適で、やや立性で下葉

表5　周年栽培のポイント

	技術目標とポイント	技術内容
播種の準備	◎品種の選定	・作型に対応した品種分化はない。あらかじめ試作して生育や品質で品種を選定する
	◎土壌消毒	・夏季に透明ビニールなどを被覆して太陽熱消毒するなどで土壌消毒を行なう
	◎土つくりと施肥	・完熟堆肥を十分施用し，pH が弱酸性になるよう石灰質肥料を100kg/10a/ 年程度を施用する
		・窒素，リン酸，カリをそれぞれ成分量で14kg/10a 施用する
	◎ウネつくり，トンネル，ベタがけ	・排水不良地では高ウネとするが，通常は平床とする。高温期は防虫ネット（0.8mm 以下の目合い）が必要。高温乾燥期は著しく葉の伸長が悪くなるので，防虫ネットとベタがけ資材を併用する。10月下旬以降3月上旬までは生育の停滞と抽台するので，トンネルやハウスで保温する
播種方法	◎栽植密度	・条間15cm としたとき株間約4cm，条間20cm としたとき株間約2cm が草姿や品質が優れる
	◎播種機の利用	・ごんべえやクリーンシーダーが活用できる
	◎播種後前後の管理	・土壌が乾燥しているときは，播種前に予め灌水しておく。播種後十分灌水して斉一に発芽するようにする。10月末以降低温期は出芽が揃わなくなるため，保温が必要
	◎雑草防除	・高温期に発生するアブラナ科炭疽病はスベリヒユやホトケノザにも感染するので，雑草が発生したら除草する
生育中の管理	◎株の充実と生育促進	・株が重なる部分を間引く
	◎灌水	・雨よけハウスでの栽培や，生育を揃えるために灌水する場合は生育初期に行なう
	◎病害虫防除	・苗立枯病は未熟堆肥が多いと発生しやすい。炭疽病は雨よけすると発生が少ない。害虫は0.8mm 以下の目合いの防虫ネットをトンネルがけするなどして防ぐ
収穫・調製	◎適期収穫	・草丈18～25cm 程度で収穫する
	◎調製	・高温期は午前中に収穫して，直射日光に当たらないようにする。根を水洗いし，袋詰めにするか，結束する。高温期は冷暗所に置き，萎れないようにする

表6　施肥例　（単位：kg/10a）

	資材名	施肥量	成分量		
			窒素	リン酸	カリ
元肥	牛糞堆肥	2,000			
	苦土石灰	100			
	複合燐加安42号	100	14	14	14
施肥成分量			14	14	14

の黄変や葉柄が折れにくく、葉質も柔らかく最適である。条間15㎝で、これ以上に株間を狭く2㎝とすると下葉の黄化が早く、葉柄が折れやすくなり、条間と株間を広げると草姿が開きやすく、葉質が硬くなる（表7）。

(3) 播種後の管理

① 灌水管理

発芽や生育を均一に揃えるために、散水チューブなどで十分に灌水する。その後の灌水は生育中期までとするが、多灌水にすると立枯病などが発生することがあるので注意する。

② 被覆管理と病害虫防除

被覆栽培は、高温期は病害虫防除や乾燥害の防止を目的に行ない、低温期は生育促進や抽台の抑制を目的に行なう。

高温期（3月下旬～9月下旬まき）は害虫の発生が多く、とくにキスジノミハムシのような微小な害虫の被害が大きいので、ネットは0・8㎜以下の目合いとする。その際、資材の裾と地表の隙間をなくすため、裾に土を乗せるとよい。7月下旬～盛夏まきでは、長繊維不織布のベタがけなどで保湿を図る。

低温期（10月下旬～3月上旬まき）は、トンネル栽培やハウス栽培を行なう。

(4) 収穫

ルッコラは通常は草丈20㎝前後が最も葉質が柔らかく、収穫物のバランスがよい。葉身が折れないように注意して、黄変した葉を取り除き、袋詰めなどにして調製する。

表7　ルッコラの栽植密度と生育・収量および品質との関係（8月22日播種，9月17日収穫，神奈川県）

栽植密度		1株重(g)	葉数(枚)	草丈(cm)	m^2当たり収量（L）		m^2当たり収量（M）		m^2当たり収量（S）		草姿	下葉の黄変	葉柄の折れやすさ	葉質	総合評価
条間(cm)	株間(cm)				株数	収量(g)	株数	収量(g)	株数	収量(g)					
10	2	5.2	7.6	17.3	204	980	252	650	56	51	立	＋＋＋	＋＋	軟	×
10	4	7.7	9.2	17.9	168	1,240	68	190	20	12	立	0	＋	〃	△～○
10	6	8.9	9.4	18.3	102	850	56	160	8	6	立	0	0	〃	×
15	2	6.9	8.4	18.3	212	1,100	126	280	20	10	立	＋＋	＋	〃	△
15	4	8.3	9.1	18.5	128	1,020	12	40	8	6	やや立	0	0	〃	◎
15	6	9.2	9.3	19.1	100	840	16	40	8	4	やや開	0	0	中	×
20	2	8.7	8.7	20.4	236	1,540	68	170	16	3	やや立	＋	＋	軟	△～○
20	4	9.1	9.1	18.7	130	1,110	22	80	0	0	中	0	0	やや軟	△
20	6	12.1	10.4	19.0	92	980	10	40	4	1	やや開	0	0	中	×
25	2	7.9	8.7	19.7	146	980	44	120	8	8	やや立	0	0	軟	△
25	4	9.7	9.7	18.2	70	660	18	70	10	9	やや開	0	0	中	×
25	6	8.8	8.8	16.6	36	360	26	160	2	4	開	0	0	やや硬	×

注1）m^2当たり収量のLは草丈15cm以上，Mは10～15cm未満，Sは草丈10cm未満の株を示す
注2）下葉の黄変，葉柄の折れやすさは＋が多いほど程度が大きいことを示す

表8　病害虫防除の方法

	病害虫名	防除時期	防除法
病気	炭疽病	高温期	・雨よけ栽培 ・アブラナ科野菜の連作を避ける ・スベリヒユなどの雑草を除草する
病気	立枯病	春，秋	・未熟堆肥の施用を避ける ・夏季に太陽熱消毒を行なうなど土壌消毒する
害虫	キスジノミハムシ コナガ アオムシ類 アブラムシ類	高温期	・0.8mm以下の目合いの防虫ネットをトンネル状にかけ，裾を土などで埋めるか，パイプハウスなどの開口部を0.8mm以下の目合いの防虫ネットで被覆する

4　病害虫防除

(1) 基本になる防除方法

ルッコラに登録のある農薬は少ない。病害虫の発生しにくい環境をつくるなど、耕種的・物理的防除を心がける。

(2) 農薬を使わない工夫

ルッコラ炭疽病は夏季に降雨や頭上灌水で拡大するので、雨よけや灌水チューブによる灌水を行なう。炭疽病はスベリヒユやホトケノザにも病原性を有するので、雑草防除にも配慮する。リゾクトニア菌による立枯病は未熟な堆肥を施用すると発生が多くなるので、完熟堆肥を施すとともに、発生圃は夏季に透明ポリマルチフィルムで1カ月ほど覆い、太陽熱土壌消毒などを行なう。

コナガ、キスジノミハムシ、アブラムシ類などの害虫の飛来防止対策として、防虫ネットなどの被覆資材によるトンネル栽培を行なう。とくに夏季はキスジノミハムシによる食

害が多いので、目合いは0・8㎜以下とする。

5 経営的特徴

ルッコラの1㎡当たり収量は、条間15㎝、株間4㎝、草丈20㎝弱程度とすると約1㎏である。

ルッコラの労働時間の8割から9割が収穫・調製・出荷時間となるため、収穫適期幅を考慮したうえで播種面積を決定する。

また、ルッコラはコマツナやホウレンソウなどの葉菜類と設備、資材を共用できることから、軟弱野菜経営の品目の1つとして導入できる。

（執筆：藤代岳雄）

ルバーブ

表1　ルバーブの作型，特徴と栽培のポイント

主な作型と適地

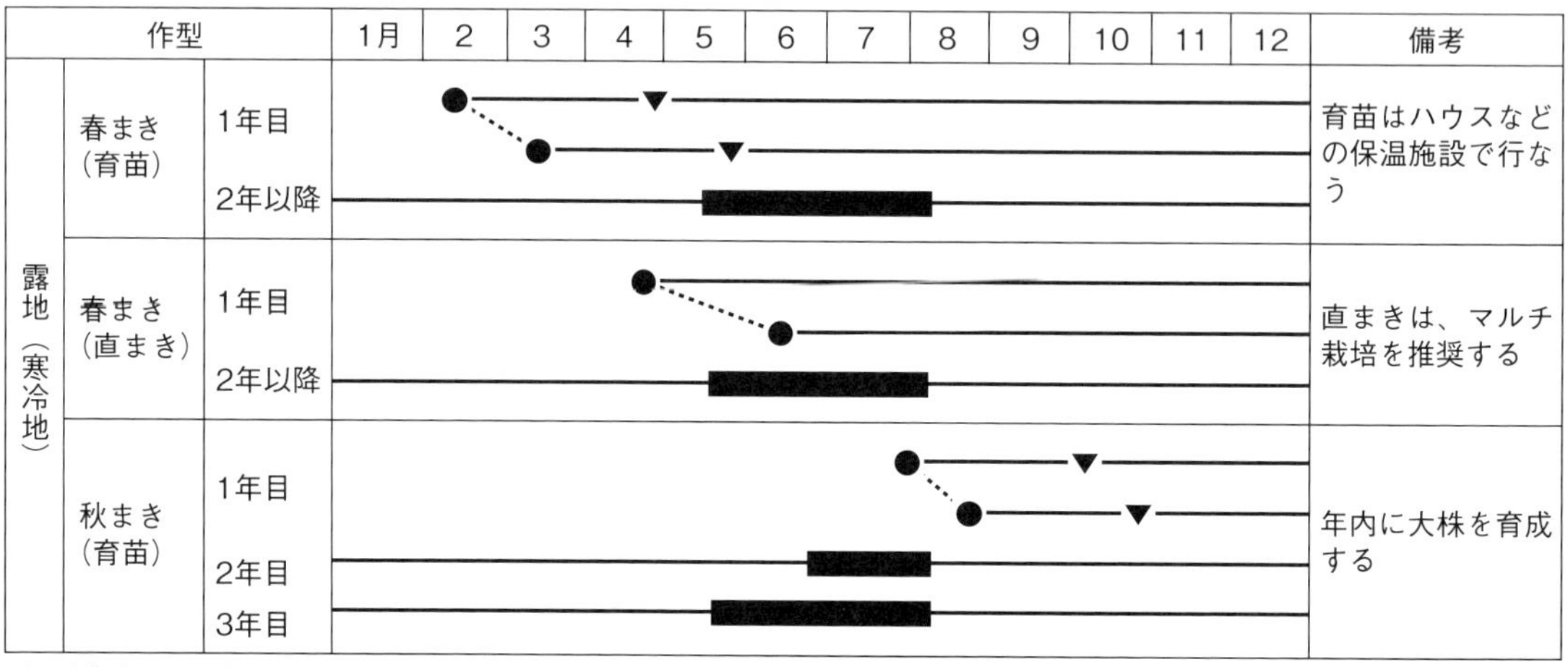

●：播種，▼：定植，■：収穫

注1）北海道のほぼ全域，東北の内陸部，北関東から甲信越，飛騨，北陸地方の高原地帯が適地である

注2）温暖地の春まきでは，早播き（図の上段），秋まきでは，遅播き（図の下段）を選ぶ

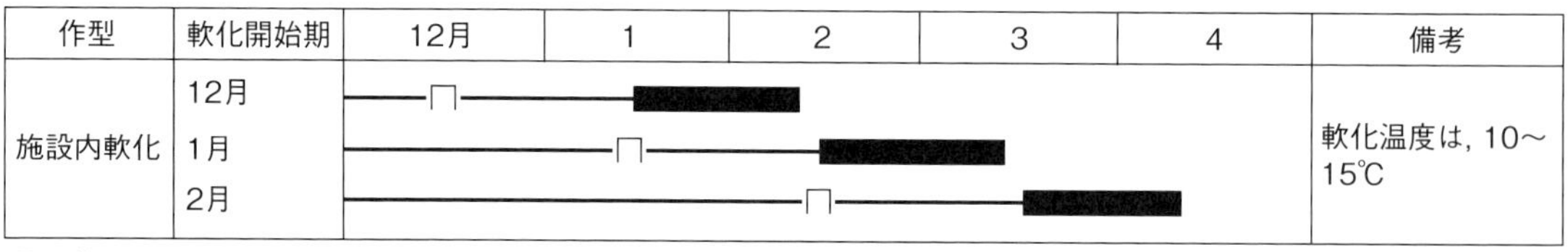

⊓：伏せ込み，■：収穫

特徴	名称	ルバーブ（タデ科ダイオウ属）
	原産地・来歴	原産地はシベリア南部（中国国境地帯など）。根株が薬用に使われ，ロシアからヨーロッパに導入後,主にイングランドで葉柄が食用に改良された。日本には,明治初年（1870年）に導入され，19世紀後期に北米の宣教師らが避暑地に持ち込んだ
	栄養・機能性成分	食用とする葉柄中に，ビタミン類はビタミンC4mg，β-カロテン42μg，灰分はカリウム200mg，カルシウム64mg，食物繊維2.9g（以上，日本食品標準成分表（八訂））。有機酸はシュウ酸0.42g，クエン酸0.24g，リンゴ酸0.89gであり，ルバーブ（食用ダイオウ）葉柄には，薬用ダイオウの根に含まれる緩下剤成分アントラキノン誘導体は5mgであり，この薬用効果はないとされる

（つづく）

生理・生態的特徴	発芽条件	種子は10～35℃で発芽するが，適温は20～25℃である。そのため，春と秋まきが播種適期となる。早春に播種するときにはハウスなどの保温施設を使う
	温度への反応	寒さに強いが耐暑性がないため，主に冷帯（亜寒帯）で栽培される。生育適温は10～25℃で，葉は1.7℃でも障害を受けずに伸長する。また，冬の気温が -2.2～4.4℃の時間が少なくとも500時間が必要で，夏の平均気温が23.9℃を超え，冬の平均気温が4.4℃を超える地方では十分な生育をしないといわれる
	日照への反応	夏期の強い日射は葉温を上げ，土壌の乾燥をもたらすため，西日を遮光し，昇温を抑制するとよい
	日長への反応	春から秋に生長し，秋から冬に気温の低下と日長が短くなると，生育は緩慢となり，冬に地上部は枯れ，休眠する。休眠は一定の低温を受けて打破され，春の気温上昇により萌芽（再生長）が始まる
	開花習性	生育日数の短い株（もしくは若い株）は春に開花に至らないが，生育日数の長い（もしくは成熟株）は，春に抽台・開花する。具体的には，春まき（2～4月）では初夏に開花しないが，翌春には開花する。秋まき（9月ころ）は，翌春ではまだ根株が小さいので開花しない
	土壌適応性	土質の適応性は広いが，火山灰土が最も適し，pH6～7の肥沃で土壌水分の多い有機質土を好む。酸性土には比較的強く，pH5までに耐えられるが，最大の生産量はpH6～6.8で得られる
栽培のポイント	主な病害虫	病気（※著者の翻訳であり，公式の病名ではない）： 斑点病※(Leaf Spots) *Ascochyta rhei*，*Ramularia rhei* 灰色かび病※(Gray Mold) *Botrytis cinerea* 根茎腐敗病※(Bacterial rot，Crown rot) *Erwinia rhapontici* または *Bacterium rhapontici* 害虫：マメコガネ，メイチュウ，ハスモンヨトウなど
	他の作物との組合せ	永年性であるが，経済的な寿命は5～7年といわれ，植え替えにより強勢な株を保持する

この野菜の特徴と利用

(1) 野菜としての特徴と利用

わが国では、明治初年（1870年）に導入されているが、当時は日本人の嗜好に合わなかったようで、定着はしなかった。しかしカナダ人宣教師が1886年に軽井沢を訪れ、布教活動に伴い、ルバーブを導入した。一方、1890年ころに宮城県高山外国人避暑地に、住民がアメリカから種子を入手し、栽培が始まった。同様に、1932年ころに長野県信濃町の野尻湖畔に外人避暑地ができ、近隣の農家にルバーブの種子を配布したことから、そこでの栽培が始まった。同時期に長野県穂高町の勝野氏はアメリカより根株を導入した。その他長野県の各地、とくに富士見町でルバーブ栽培が広がり始めたのは2003年ころからで、2006年に富士見町ルバーブ生産組合（およそ90名）が結成された（図1）。その他、

図1　長野県富士見高原のルバーブ畑

図2　ビクトリア（実生株）

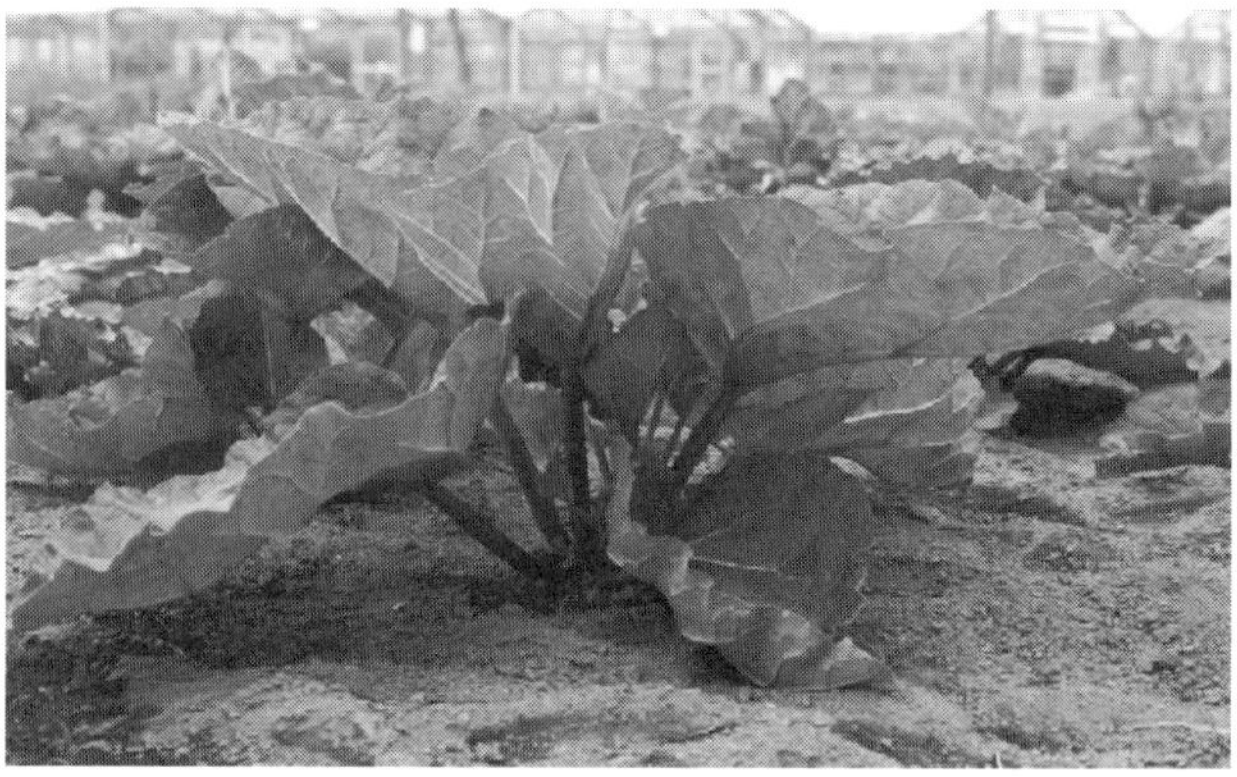

北海道、秋田県、群馬県などに栽培地が点在している。

なお、葉身にはシュウ酸が多いため、欧米では人体に有毒とされ、絶対食用にしてはならない。このことが、中山間地での獣害がない理由と考えている。

形態　生育旺盛な多年草で、黄色で木質の地下茎を形成し、多数の巨大な葉を根生する（図2）。葉身は平滑で心臓形。葉縁は全縁で波状。葉身の長さ・幅は大きいもので50㎝程度。葉身基部から5～7本の太い掌状脈が放射状に伸びる。食用とする多肉質の葉柄は、葉と同程度の長さとなる。断面は半月形で直径2～3㎝。色は緑をベースに、基部に赤みが強く、上部にいくに従い赤みが弱くなる（図3）。6～7月までに高さ1～2mに及ぶ太い中空の花茎を抽出し、頂部に緑白色の小花を円錐状に多数着生する。花茎には2～3の節があり、各節に1～2葉と小花序を着生する。両性花で、花被片6枚、雄ずい6～9本、花柱3本からなり、自家受精は行なわない。果実は約1㎝の痩果、三稜形である（図4）。

図3　収穫物（葉柄）

品種　消費者が好む葉柄が赤い品種や草勢が旺盛などの品種があり、葉柄の赤い着色程度で分類される（表2）。軟化栽培（後述）には、赤色の薄い品種でも暗黒下では鮮やかな桃色になるため、草勢の強い（根株が早く肥大する）品種で対応する。

これらの品種は種子をアメリカなどから購

図4　ルバーブの種子

表2　品種のタイプ，用途と品種例

品種のタイプ	代表品種	類似品種	特徴
赤系	クリムゾン Crimson	クリムゾンチェリー Crimson Cherry	草高は90～120cmと高く葉柄は太い，鮮やかな赤色。寒冷地の湿潤地が適する
		クリムゾンレッド Crimson Red	
		クリムゾンワイン Crimson Wine	
	バレンタイン Valentine		葉柄は長く厚い。加工後も桃赤色が残る。種子茎はほとんど発生しない
	カナダレッド Canada Red		草高90～120cm，葉柄が長く，細く，内部も鮮紅色。種子茎は少ない。草勢が強く耐寒性がある
	チェリーレッド Cherry Red	チェリー Cherry	草高は90cm程度，葉柄が長く，厚く，内部とも濃赤色。ジューシーで食味がよい。寒冷地に適する
		アーリーチェリー Early Cherry	
	コロラドレッド Colorado Red	ハーディターティ Hardy Tarty	草高60～90cm，葉柄は細く，初夏から晩夏まで収穫可能。シュウ酸が多いとされる。伝統的な品種
	グラスキンズパーペチュアル Glaskin's Perpetual		草高は60cm程度で，鮮やかな赤色，ジューシーで収穫期後半でもシュウ酸が少なく，品質はよい。播種後1年で収穫可能。軟化栽培にも向く
ピンク系	ビクトリア Victoria		草高90cm程度，生育旺盛，葉柄基部ほど赤色が濃く，上部は薄緑。繊維質が少なく，ジューシーで生産性が高い。花茎数は多い。軟化栽培にも向く，伝統的な品種
		ストロベリー Strawberry	葉柄の内部もピンク。種子茎は多い。軟化栽培に向く
		ジャーマンワイン German Wine	草高は60cm程度なので，コンテナ栽培ができる。生育旺盛，葉柄に暗ピンク色
	マグドナルド Mac Donald		葉柄は長く，立性で生育旺盛。萎凋と根腐れに強い。花茎は中～大
	サンライズ Sunrise		草高は90cm程度，葉柄は長く，厚く，色は緑が多く，生育旺盛で収量が多い。耐寒性があり，軟化栽培にも向く
	サットン Sutton	サットンズシードレス Sutton's Seedless	葉柄は長く，立性で生育旺盛。萎凋と根腐れに強い。花茎は中～大
	プリンスアルバート Prince Albert		草高90～120cm，ジューシー。伝統的な品種。軟化栽培にも向く
	ティンパリーアーリー Timpery Early		草高は90cm，葉柄は60cm程度で長く，内部は緑白色。耐病性があり，早期収量を望める。軟化栽培にも向く
	カンガルー Kangarhu		草高90cm程度，温暖地でも生育し，晩夏まで収穫できる
緑系	リバーサイドジャイアント Riverside Giant		草高150cm程度で，葉柄の表皮，内部は緑。耐寒性がある。収穫まで3年を要する
	ターキッシュ Turkish		葉柄は45cm程度。表皮，内部は緑

注）品種特性などは，「The Rhubarb Compendium.(https://www.rhubarbinfo.com/)」などから作成

入することになるが、ルバーブは他家受精であり、容易に他の株と交雑するので、種子を入手しても親株と同じ特性を示すかどうか不明。一般に種子繁殖は短期間で大量に利用するときや、品種改良の手段として行なう。したがって、実生苗を育て、その中から葉柄が太く、赤みが強い株を選んで育て、その後、優良な株から自家採種するのがよい。また、世界には100程度の品種があるとされているが、それらの品種のルーツが明らかでないことが多く、また異なる名前でも似たような特性を持つこともある。

利用 ルバーブの酸味と香気はリンゴ酸、クエン酸、シュウ酸を含むためであり、日本食品標準成分表（八訂）では、生100g換算水分94・1g、たんぱく質0・5g、脂質0・1g、炭水化物4・6g、灰分0・6g、食物繊維2・9gなどとなっており、またカリウムに富む（表3）。近年、健康に対する関心から食物繊維が注目されているが、ルバーブの総食物繊維量は3g前後で、その内訳は、リグニン約5％、セルロース25～30％、総ペクチン約40％である。

表3　ルバーブの成分含量（100g中）

機能性成分等＼作物名		ルバーブ（葉柄　生換算）共同研究[注1)]	成分表[注2)]
水分		－	94.1g
たんぱく質		－	0.5g
脂質		－	0.1g
炭水化物		－	4.6g
灰分		－	0.6g
カリウム		288mg	200mg
カルシウム		44mg	64mg
リン		25mg	20mg
鉄		0.3mg	0.2mg
レチノール（ビタミンA）		0 μg	0 μg
β-カロテン		74 μg	42 μg
ビタミンB_1		0.02mg	0.01mg
ビタミンB_2		0.02mg	0.03mg
ビタミンC		6.7mg	4mg
食物繊維	不溶性	1.9g	2.2g
	可溶性	0.9g	0.7g
有機酸	シュウ酸（遊離型）	0.42g	－
	クエン酸	0.24g	－
	リンゴ酸	0.89g	－
アントラキノン誘導体	遊離型	4mg	－
	結合型	1mg	－

注1）「機能性食品に関する共同研究事業報告　第1号　ルバーブ，桑葉及び鶏卵中の機能性成分等について」神奈川県科学技術政策推進委員会，1992年

注2）日本食品標準成分表（八訂）より

また、ルバーブには適量のペクチンとクエン酸を素材自体に含むため、これらを添加せずにジャムを作り上げることができる。利用法は、フキのように皮をはいで使うが、若くて柔らかいものはその必要がなく、軟化物では着色が表皮に多いことから、そのまま使用する。ジャムに加工する場合は、葉柄を厚さ2～3㎝に輪切りにし、加糖率60～100％として加熱する。加熱後10分もすれば煮くずれし、さらに煮詰めて糖度を60％以上にする。

ジャム以外の利用は、パイ、プリン、コンポート、ソース、ジュースなどに加工できる。ルバーブの栽培法の確立に併せて、調理法の開発が生産・消費の拡大につながるものと期待される。

さて、ルバーブと同属のダイオウ（*R. palmatum* L.、*R. coreanum* Nakai など）は薬用として利用されている。薬用成分は、根茎に含まれる緩下、健胃効果のあるアントラキノン類（エモジンなど）である。主に、中国、朝鮮半島で産するが、わが国では〝北海大黄〟と〝信州大黄〟の2品種が北海道、長野県、群馬県で栽培されている。

ルバーブ葉柄中のアントラキノン類の含有量は、1・8-ジヒドロオキシアントラキノンに換算して、生重量100g当たり遊離型が4mg、結合型が1mgであり、それぞれ根の約40分の1、100分の1であった。また、ルバーブ葉柄中の遊離型アントラキノン類の構成成分は、エモジンを主としてアロエエモジン、フィシオンの3成分が確認され、生重量100g当たりではエモジン630μg、アロエエモジン420μgであった。これらの分析結果は、ルバーブ葉柄に薬用成分が極微量であり、食品として安全であることを示している。

(2) 生理的な特徴と適地

①生理的な特徴

温度　寒さに強いが耐暑性がないため、主に冷帯（亜寒帯）で栽培される。世界ではヨーロッパ北部、アメリカ北部などで栽培される。欧米では夏の平均気温がおおむね24℃を超え、冬の平均気温がおおむね4℃を超える地方では十分な生育をしないといわれている。

日長と休眠　春から秋に生長し、秋から冬に気温の低下と日長が短くなると、地上部は枯れ、休眠する。休眠は一定の低温を受けて打破され、春の気温上昇により萌芽（再生長）が始まる。連続的な生長は10～25℃が適している。夏の平均気温が30℃を超えると生長は抑えられる。地上部はマイナス3～4℃で枯死する。

生育日数の短い株（もしくは若い株）は春に開花に至らないが、生育日数の長い（もしくは成熟株）は、春に抽台・開花する。具体的には、春まき（2～4月）では初夏に開花しないが、翌春には開花する。秋まき（9月ころ）は、根株が小さいので、翌春は開花しない。

土壌　土質の適応性は広く、pH6～7の肥沃で土壌水分の多い有機質土を好む。最大の生産量はpH6～6・8で得られる。pH5・6以下なら石灰を散布するが、酸性土には比較的強いとされる。

②作型

ルバーブの栽培法は2つに分けられる。1つは露地で生育旺盛な季節に収穫する露地栽培であり、他は冬に根株を掘り取り、軟化施設内で生育させる軟化栽培である。

露地栽培（寒冷地）　日本では北海道のほぼ全域、東北の内陸部、北関東から甲信越、飛騨、北陸地方の高原地帯が適地である。実生から始める場合は、早春に播種（発芽適温20～25℃）し、春から夏の生育適期に早めに定植する。収穫は翌年5～8月で収穫期間はおよそ2カ月である。

露地栽培（温暖地）　夏の高温乾燥に弱く、定植年から定植翌年は旺盛な生育を示すが、それ以降は衰弱傾向となる。したがって、そのような地方では短期栽培となるため、カリフォルニアなどで行なわれている1～2年の採りつくし栽培も考えたい。

軟化栽培　わが国ではウドやミツバの軟化栽培があり、ウドに準じた軟化栽培が適用できる。

冬から春に収穫ができ、欧州ではクリスマス向けで生産されていたが、現在は伝統的農法として位置付けされ、生産量は少ない。端境期に出荷できること、なによりも高品質の生産物となるため、わが国への導入の意義がある。

（執筆：成松次郎）

ルバーブの栽培

1 栽培の特徴と導入

(1) 栽培の特徴と導入の注意点

ルバーブは寒さに強いが、耐暑性がないため、寒冷地が適する。北海道のほぼ全域、東北の内陸部、北関東から甲信越、飛騨、北陸地方の高原地帯が適地である。温暖地では夏の西日を避け、排水良好な台地で栽培が可能であるが、高温乾燥で生育が衰えやすい。そのため、永年作物としてではなく、1～2年で栽培を切り上げることも考慮したい（表1参照）。

(2) 他の野菜・作物との組合せ方

永年作物ではあるが、経済的には5～7年程度で植え替えを行なう。連作により、土壌病害虫が増加するため、植え替えは別の圃場を選ぶ。

2 栽培のおさえどころ

(1) どこで失敗しやすいか

生育最盛期に葉を収穫するため、1回の収穫本数は1～2本とし、採りすぎにならないこと、また、収穫期間を2カ月程度にとどめ、適正な追肥で草勢を維持する。夏を越えた短日期には休眠に向かうため、この時期は根株の充実を考え、収穫を控えめにしたい。

(2) おいしく安全につくるためのポイント

新植時には土壌改良効果のある有機質を多く入れ、土つくりをし、生育中には適正な追肥を行なう。しかし、施肥量が過剰になると、葉身の大型化と葉柄の肥大が観察される。品種本来の特性を理解し、適正な施肥を心がける。

(3) 品種の選び方

ルバーブは本来、根株を増殖して栽培するが、国内での根株の入手は困難である。外国から導入するには検疫を受けることになるが、検疫経費など多大な出費を伴う。したがって、種子を国内種苗会社から購入、またはアメリカ、欧州などから通販で購入する。国内では〝ビクトリア〟の販売が多い。種子は大手の種苗会社でも扱っているが、輸入種子の多い藤田種子などで入手できる（表2参照）。

ルバーブは他家受精であり、容易に他の株と交雑するので、種子を入手しても親株と同じ特性を示すかどうか不明。一般に種子繁殖は短期間で大量に利用するときや、品種改良の手段として行なう。したがって、実生苗を育て、その中から葉柄が太く、赤みが強い株を選んで育て、その後、優良な株から自家採種するのがよい。ジャムに加工したときに、赤色が強い品種は製品も赤いため、色彩から赤い品種が好まれる。しかし、赤系品種は草勢が弱く、一般に温暖地では経年栽培が困難である。

3 栽培の手順

(1) 育苗のやり方

① 播種と育苗

種子繁殖と株分けができるが、根株の入手がむずかしいことと、当初大量に殖やすため、種子繁殖とする。育苗は、ハウスなどを利用し、2～3月に4寸ポットに播種し、初夏（5月ころ）に本葉4～5枚で定植する。畑の都合や幼苗期の除草などの管理のために育苗が有効である。直播きの播種期は4月上旬～6月ころまでで、一定の栽植距離に数粒ずつ直播きする。本葉4～5枚時に1本立ちになるよう間引きする。生育期間が5～6月のため、早く大株に仕上げるためには早播きが有利となる。また、秋まきも可能で、8～9月上旬が播種適期である。

良好な苗は、葉柄色が濃赤色を示し、葉柄が太い。種子繁殖の株の中から優良株を選抜し、株分けにより増殖することをすすめる。株分け法は、萌芽前の2月ごろ掘り上げ、切り離す株に芽が必ず付くように縦に切断する。繁殖用に2～3年の根株で2芽以上を付けて分割し、4年生以上で多くの根株が得られる。

図5　定植苗

表4　施肥例

定植年　（単位：kg/10a）

	肥料名	施肥量	成分量 窒素	成分量 リン酸	成分量 カリ
元肥	堆肥 複合燐加安42号 苦土石灰（顆粒タイニー）	2,000 100 200	14.0	14.0	14.0
追肥	NK化成2号① NK化成2号②	30 30	4.8 4.8		4.8 4.8
施肥成分量			23.6	14.0	23.6

注）元肥は定植溝に施用し，追肥はウネに沿って施用する

次年以降　（単位：kg/10a）

	肥料名	施肥量	成分量 窒素	成分量 リン酸	成分量 カリ
元肥	堆肥 複合燐加安42号 苦土石灰（顆粒タイニー）	2,000 100 200	14.0	14.0	14.0
追肥	NK化成2号① NK化成2号② NK化成2号③ NK化成2号④	30 30 30 30	4.8 4.8 4.8 4.8		4.8 4.8 4.8 4.8
施肥成分量			33.2	14.0	33.2

注）元肥は萌芽前にウネ間に，追肥もウネ間に施用する

(2) 定植のやり方

① 畑の準備

圃場は梅雨期に過湿にならず、夏期に乾燥しない土壌が最適で、土壌酸度はpH6～6・8が最もよいが、pH5程度の酸性土に耐えるとされる。永年性植物であるため、根の充実を図る肥培管理が必要である。土壌改良剤として苦土石灰200kg／10aを全面に散布後、耕うんを行なう。

次に、ウネ間120～

図6　定植方法

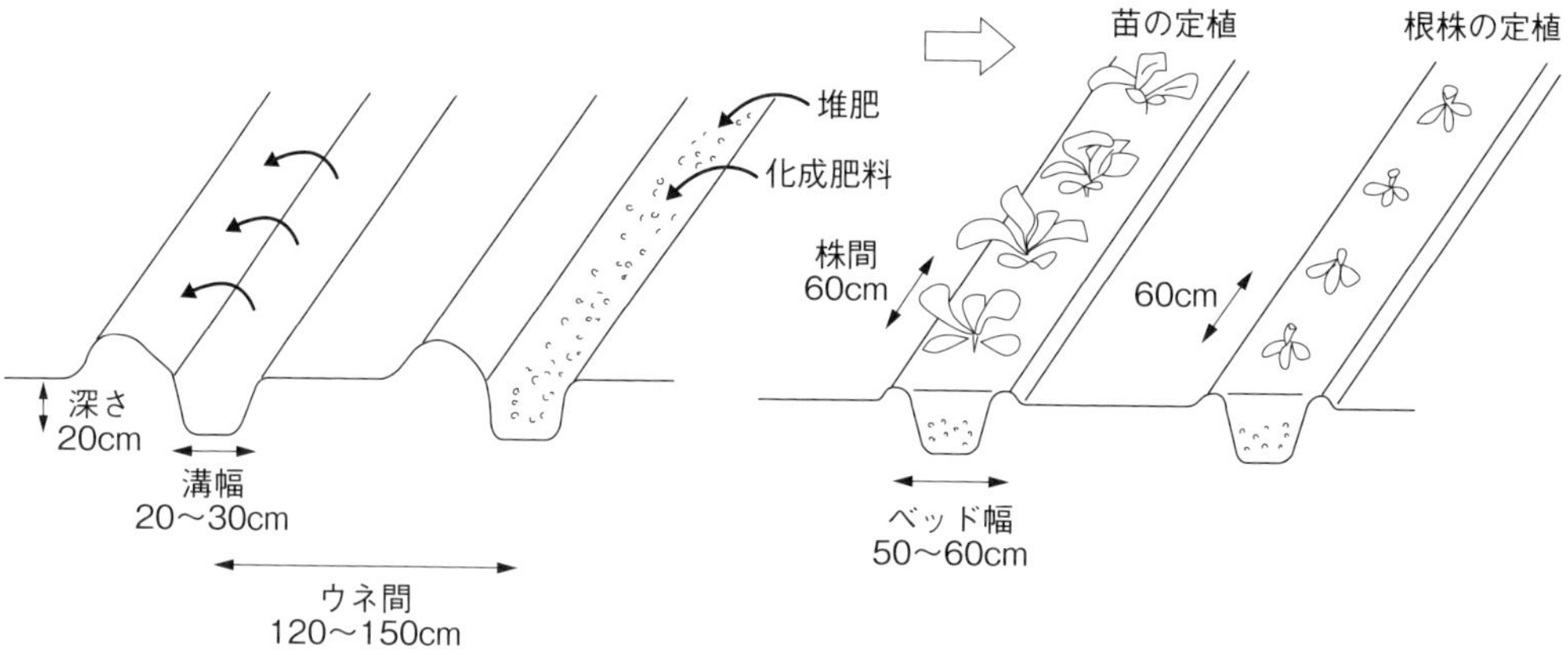

１５０cmとし、深さ20cm程度、幅20～30cmの植え溝を掘り、ここに堆肥２～３ｔ／10ａ（ウネ間１２０cmの場合、植え溝１ｍ当たり２・４～３・６kg）と、化成肥料で３要素各10～15kg／10ａ（ウネ間１２０cmの場合、植え溝１ｍ当たり各３要素12～18ｇ）を施用する（表４）。その後、排水良好な畑では、溝が平らになるように覆土し、排水がややよくない畑ではベッド幅50～60cmのやや高いウネをつくる（図６）。

②定植方法

大型の野菜であるため、株間60cm程度に、苗または芽を地面と同じレベルに植える。ルバーブの経済的な寿命は５～７年といわれており、植え替えにより強勢な株を保持するとよい。

(3) 定植後の管理

①追肥

生育の旺盛な時期は６～７月で、これに向け追肥を行なう。追肥量は窒素とカリ成分で定植後２～３週間おきに５kg／10ａを２～３回施用する。翌年目からは根株の休眠中の１～２月に堆肥２～３ｔを施し、化成肥料は萌芽前に３要素を10kg／10ａ程度、萌芽期以降には２～３週間おきに窒素とカリ成分で５kg／10ａを４～５回与える。なお、試験では、窒素とカリ成分の追肥量を萌芽期以降40kg／10ａまで施用したところ多肥ほど収量が多かったが、20kg／10ａ程度を標準としたい。

②その他の管理

越冬した株が３月上旬に萌芽し、４月より抽台が始まり、花茎は１・５～２ｍに伸び、開花・結実と花茎の倒伏は、生育に影響するため、伸長してくる花茎は小さいうちに除去する（図７）。

敷ワラは、盛夏の干ばつ、厳寒期の根株保護に有効である。

(4) 収穫・調製・貯蔵

収穫法は30～50cmに伸長してきた葉柄を基部より手で順次かき取る。葉柄基部を握り、左右に振ることで容易に離れる（図８）。一度に採葉しすぎないように、収穫したら次回を10～14日後に行なう。収穫始期は５～６月で初めの収量は少ないが、６～７月に最も収量が上がる。旺盛な生育期にはいつでも収穫できるが、収穫期は２カ月程度に止めておく。ある程度の葉群は次年度に同様な収穫量を得るために、残しておく。定植年は収穫せず、次年まで根を養うが、もし草勢がよいなら軽く収穫してもよい。一般には、２年目から収穫を始め、3年目以降は1株から2kg程度の収量がある。

加工には葉柄の両端を切り落とし、葉が残らないようにするが、青果物として出荷するときは、葉を1cm程度付け、基部は処理しない。全部の葉身を切り取ると乾燥で葉柄に亀裂を生じやすい。秋になっても生長よく、適度な土壌水分なら収穫してもよいが葉柄は硬く、品質が劣ることがある。凍結した葉柄は、葉身から移行する有害なシュウ酸濃度が高いといわれている。

新鮮なルバーブの貯蔵は0℃、相対湿度95～100％で行ない、2～4週間貯蔵できる。

図7　抽台の花茎

図8　葉柄基部から収穫

4 病害虫防除

病気では、斑点病（Leaf Spots）は葉に角張った斑点を生じる。灰色かび病（Gray Mold）は老化した茎葉に粉状の灰色カビを生じる。根茎腐敗病（Crown rot）は灌水の不足や過剰な畑で見られる（注：病名は著者の訳で、公式名ではない）。

ルバーブは強勢な植物で、重大な害虫はいないが、時々、次のような害虫の被害が見られる。マメコガネ（*Popillia japonica*）、ノミハムシの一種（*Epitrix cucumeris*）、メイチュウ（*Papaipema nebris*）、アワノメイガ（*Pyrausta nubilalis*）、ヨコバイ（*Empoasca fabae*）、ハスモンヨトウ（*Spodoptera litura*）、ネキリムシ類、コムカデ（*Scutigerella immaculata*）、ナメクジ類（*Agriolimax reticulatum*）など。新野菜のためルバーブに専用の登録農薬がないので、農薬散布は野菜類登録農薬を使用する。なお、病害虫は収穫後期に見られるケースが多い。

5 経営的特徴

ルバーブの消費はきわめて少ないため、青果物としての出荷例は少ない。高原などでは観光みやげとして、ルバーブジャムの販売が見られる。また、通販で青果物とジャムの販売があるが、流通量が限られている。そのため、補完作物として導入し、他のジャム用果

図9　軟化栽培

実の栽培と合わせ、加工設備を設けて、多種類のジャムを製造・販売するのが望ましい。ジャム加工は容易であるが、リピーターがつくような、製品として出来栄えがよい商品が求められる。

[参考] 軟化栽培

図10　根株

軟化栽培は暗黒下で行なうため、葉緑素が形成されない。ところが、本来葉柄に含有するアントシアンは発現するので、葉柄はほぼ全体に赤色を呈する（図9）。この特性は、たとえばルバーブの用途の一つであるジャムの色調を鮮やかな桃色ないし赤色の製品に仕上げる。露地栽培では緑色系品種からつくるジャムは緑褐色となり、赤色系品種のものは赤褐色となって、葉緑素を含むかぎり熱により褐変し、透明感のあるジャムにはならない。このように、軟化栽培は冬から春にかけての生産が可能となるばかりでなく、色調において高品質の材料を供給できるという特徴がある。

軟化栽培は、冬期に地上部が枯れた後、根株を掘り上げ軟化施設で萌芽させる。これは、ウドやミツバで用いられている軟化室に準じて作成する。地下ムロは冬期に10〜15℃の適温が確保され、しかも温度変動が小さいので、最もよい施設である。根株重と収量には相関関係があり、重い根株を使用することが有利となるが、実用栽培では2〜3年間養成した根株を用いる（図10）。根株を伏せ込み後、約1カ月目より収穫が始まり、1カ月程度の収穫期となる。収量は、3〜4kgの根株で1〜2kgである。10aの栽培面積から1・5t程度の収量となる。収穫法は露地栽培と同じで、葉柄が30cm程度に伸長したら順次、手でかき取る。収穫初期は太く鮮紅色の葉柄が得られるが、後期は細く、しかも着色は悪くなる。収穫後でも、葉柄は光によって葉緑素が発現してくるので、光をさえぎる資材での包装が必要である。

（執筆：成松次郎）

付録

葉菜類の育苗方法

(1) 育苗方法とその特徴

葉菜類の育苗方法とその特徴は表1のとおりである。

(2) ホウレンソウ

ホウレンソウなど直根性の野菜は移植栽培には向いておらず、直まき栽培が一般的であるが、セルトレイ育苗も可能であり、低温期などにハウス内で育苗することで初期生育の確保などのメリットもある。また、高温期における発芽の安定、生育初期での雑草対策、移植栽培による在圃期間の短縮から畑の有効利用などにもつながる。

灌水　セル成型育苗用に使用されている育苗培土は、透水性がよく、過湿になりにくいが、乾燥しやすいため、灌水が重要な管理になる。セルトレイ1枚当たりの標準灌水量は250〜300㎖程度で、晴天日は2〜3回、曇天日は1〜2回、雨天日は0〜1回を目安とし、いずれも培地の乾燥状態を見て判断する。

育苗完了の判断　育苗完了の目安は、根鉢が崩れずに苗の引き抜きができるようになった時点である。育苗完了後も育苗を継続すると、苗が抜き取りにくくなり、老化も進行する。

(3) ニラ

地床育苗では、播き幅10㎝、深さ1㎝程度の溝を切り、種子を1㎝間隔に条播きする。播種後は5㎜程度に薄く覆土、板などで軽く鎮圧する。その後薄く敷ワラをし、たっぷりと灌水する。発芽適温は、10〜25℃であり、25℃以上の高温乾燥で発芽不良になるので注意する。播種12〜14日後ころ発芽してくるので、早めに敷ワラを取り除く。本葉1枚時に込み合っているところは間引く。

セル成型育苗も可能である。128〜288穴のセルトレイを利用し、1セル当たり4〜5粒播きとし、薄く覆土する。本葉1枚ころまでに込み合っているところを間引き、3本程度残す。発芽率、発芽勢のよいコーティング種子を利用すれば、1セル3粒まきで間引きの省力化につながる。育苗日数は、40〜60日程度である。

（執筆：小松和彦）

表1　育苗方法とその特徴

育苗法名	育苗の方法	長所と短所	主な適用野菜と注意点
地床育苗	畑に育苗床をつくり成苗まで育苗する方法と，播種床を別に設けて仮植床に移植して成苗まで育苗する方法とがある	資材を必要としないので，生産コストがかからない。ポリフィルムや寒冷紗などでトンネルがけを行なえば，苗の生育環境を整えることができる	採苗時に断根しやすいため，発根力の強いキャベツなどに適している
ソイルブロック育苗	成型した育苗用土を用いた育苗方法である。用土は，消毒した畑土にピートモスやバーミキュライトを混合し，ソイルブロックマシーンで成型する	発根量は少ないが，活着がよい	必ず土壌消毒した培土を用いる。畑土の利用や灌水回数が少ないことなどの利点があり，レタスやハクサイなどで利用される。近年，セル成型育苗への移行が進んでいる
ポット育苗	育苗用土を種々の大きさのポットに詰めて育苗する。単独と連結したポットがあり，材質は紙，ポリフィルム，硬質のプラスチックなどさまざま。培地は市販品の利用が増えている	ペーパーを利用した連結ポットは，場所をとらずそのまま定植できる簡便さにより，葉菜類の主要な育苗方法になっていた	育苗が長期にわたるセルリー，パセリ，低温期のハクサイ，キャベツなどは，生育に応じて鉢ずらしができる単独のポットを利用するのがよい
セル成型育苗	根鉢が一定の形になるように作られたセルトレイで育成された苗。培地はピートモス，バーミキュライトなどを主成分に構成されている	施設に費用はかかるが，小面積で効率よく育苗できる。機械定植との連動性にも優れている	葉菜類ではいずれの品目でも育苗可能で，とくにレタス，ハクサイ，キャベツ類，チンゲンサイなどの適用性が高い。育苗完了後の苗の老化が進みやすいので，適期定植を心がける

農薬を減らすための防除の工夫

1 各種防除法の工夫

(1) 完熟堆肥の施用

完熟した堆肥の施用は土壌の物理性や化学性を改善するだけでなく、有用な微生物が多数繁殖し、土壌病原菌の増殖を抑える働きがある。ただし、十分に腐熟していない堆肥を使用すると、作物の生育に障害がでる場合があるので注意する。

(2) 輪作

同一作物または同じ科の作物を同一圃場で連続して栽培すると土壌病原菌の密度が高まり、作物の生育に障害がでる。そのためいくつかの作物を順番にまわして栽培する必要がある。

キャベツ、ブロッコリー、ハクサイ、チンゲンサイ、コマツナなどを連続して栽培すると、アブラナ科野菜の病害である根こぶ病が発生しやすくなるので避ける。

(3) 栽培管理

キャベツをはじめとするアブラナ科野菜には根こぶ病がよく発生する。根こぶ病菌は土壌が酸性だとよく繁殖するので、作付けの1週間程度前に石灰窒素を100㎡当たり10kg施用し、土壌pHを調整する。また、土壌水分

表1　物理的防除法と対抗植物の利用

近紫外線除去フィルムの利用	・ハウスを近紫外線除去フィルムで覆うと，アブラムシ類やコナジラミ類のハウス内への侵入や，灰色かび病・菌核病などの増殖を抑制できる
有色粘着テープ	・アブラムシ類やコナジラミ類は黄色に（金竜），ミナミキイロアザミウマは青色に（青竜），ミカンキイロアザミウマはピンク色に（桃竜）集まる性質があるため，これを利用して捕獲することができる ・これらのテープは降雨や薬剤散布による濡れには強いが，砂ぼこりにより粘着力が低下する
シルバーマルチ	・アブラムシ類は銀白色を忌避する性質があるので，ウネ面にシルバーマルチを張ると寄生を抑制できる。ただし，作物が繁茂してくるとその効果は徐々に低下してくるので，生育初期のアブラムシ類の抑制に活用する
防虫ネット，寒冷紗	・ハウスの入口や換気部に防虫ネットや寒冷紗を張ることにより害虫の侵入を遮断できる ・確実にハウス内への害虫を軽減できるが，ハウス内の気温がやや上昇する。ハウス内の気温をさほど上昇させず，害虫の侵入を軽減できるダイオミラー410ME3の利用も効果的である ・赤色の防虫ネットは，微小害虫のハウス内への侵入を減らすことができる
ベタがけ，浮きがけ	・露地栽培ではパスライトやパオパオなどの被覆資材や寒冷紗で害虫の被害を軽減できる。直接作物にかける「ベタがけ」か，支柱を使いトンネル状に覆う「浮きがけ」で利用する。「ベタがけ」は手軽に利用できるが，作物と被覆資材が直接触れるとコナガなどが被覆内に侵入する ・被覆栽培では，コマツナやホウレンソウなどの葉物はやや軟弱に育つため，収穫予定の1週間程度前に被覆をはがすほうががっちりとなる
マルチの利用	・マルチや敷ワラでウネ面を覆うことにより，地上部への病原菌の侵入を抑制でき，黒マルチを利用することで雑草の発生も抑えられるが，早春期に利用すると若干地温が低下する
対抗植物の利用	・土壌線虫類などの防除に効果がある植物で，前作に60～90日栽培して，その後土つくりを兼ねてすき込み，十分に腐熟してから野菜を作付けする ・マリーゴールド（アフリカントール，他）：ネグサレセンチュウに効果 ・クロタラリア（コブトリソウ，ネマコロリ，他）：ネコブセンチュウに効果

が高くても発生しやすくなるので、圃場周辺の排水対策を実施し、ウネも高めにつくる。根こぶ病は20～25℃の高温を好むので、作付け時期をずらすだけでも発生は少なくなる。

(4) 圃場衛生、雑草の除去

圃場およびその周辺に作物の残渣があると病害虫の発生源となるので、すみやかに処分する。

アブラムシ類、アザミウマ類、ハモグリバエ類などの微小な害虫は、作物だけでなく、雑草にも寄生しているので、除草を心がける。

(5) 物理的防除、対抗植物の利用

表1参照。

(6) 農薬を上手に使う

表2参照。

表2　農薬使用のかんどころ

散布薬剤の調合の順番	①展着剤→②乳剤→③水和剤（フロアブル剤）の順で水に入れ混合する
濃度より散布量が大切	ラベルに記載されている範囲であれば薄くても効果があるのでたっぷりと散布する
無駄な混用を避ける	・同一成分が含まれる場合（例：リドミルMZ水和剤＋ジマンダイセン水和剤） ・同じ種類の成分が含まれる場合（例：トレボン乳剤＋ロディー乳剤） ・同じ作用の薬剤どうしの混用の場合（例：ジマンダイセン水和剤＋ダコニール1000）
新しい噴口を使う	噴口が古くなると散布された液が均一に付着しにくくなる。とくに葉裏
病害虫の発生を予測	長雨→病気に注意　　高温乾燥→害虫が増殖
薬剤散布の記録をつける	翌年の作付けや農薬選びの参考になる

(7) 合成性フェロモン剤の利用

合成性フェロモンとは性的興奮や交尾行動を起こさせる物質で、雌の匂いを化学的に合成したものが特殊なチューブに封入され販売されている。

合成性フェロモン利用による防除には、(1)大量誘殺法（合成性フェロモンによって大量に雄成虫を捕獲し、交尾率を低下させる方法）、(2)交信かく乱法（合成性フェロモンを一定の空間に充満することにより、雌雄の交信をかく乱させ、雄が雌を発見できなくなる交尾阻害方法）がある（表3）。合成性フェロモンは作物に直接散布するものではなく、天敵や生態系への影響もない防除手段であり、注目されているが、いずれの方法も数ha規模で使用しないとその効果は期待できない。

表3　野菜用のフェロモン剤

商品名	対象害虫	適用作物
〈交信かく乱剤〉		
コナガコン	コナガ オオタバコガ	アブラナ科野菜など加害作物 加害作物全般
ヨトウコン	シロイチモジヨトウ	ネギ・エンドウなど，各種野菜など加害作物全般
〈大量誘殺剤〉		
フェロディンSL	ハスモンヨトウ	アブラナ科野菜，ナス科野菜，イチゴ，ニンジン，レタス，レンコン，マメ類，イモ類，ネギ類など
アリモドキコール	アリモドキゾウムシ	サツマイモ

（執筆：加藤浩生）

天敵の利用

1 施設栽培における利用

施設栽培では、生物農薬として販売されている天敵昆虫・ダニ類（表1）や特定農薬（特定防除資材）に指定されている土着天敵(注1)の放飼、微生物殺虫剤(注2)の散布が可能であるが、収穫までの期間が短い葉菜類では、長期的な防除効果の継続という天敵利用のメリットを十分活用できない場合が多い。また、株全体を出荷する葉菜類の場合には一般的に難易度が高い。比較的天敵を利用しやすいのは、①一部を切り取って出荷する、②栽培期間が長い、③選択性薬剤のメニューが豊富、などの特徴がある作物である。

栽培期間が比較的長く、薬剤抵抗性害虫のアザミウマ類やハダニ類が問題となるシソでは、カブリダニ類の利用技術の普及が一部産地で試みられている。またニラでは、選択的な農薬の利用と被覆作物の間作などによって、アザミウマ類を捕食する土着天敵の保護・強化を露地栽培と同様に実施できる可能性がある。

天敵を用いた害虫防除を成功させるためには、①健全苗の利用、②害虫発生源の除去、③施設開口部への赤色系ネットなど微細な防虫ネットの展張、などによってあらかじめ害虫が発生しにくい環境を整え、害虫がごく少ないうちに天敵を放つことが重要である。また、以下の(1)〜(4)も成否に影響する。

注1：特定農薬に指定されている天敵（土着天敵）は、同一都道府県（離島）内で採集または採集後に増殖された昆虫綱およびクモ綱の捕食者、捕食寄生者（人畜に有害な毒素を産生するものを除く）。

注2：ボーベリア バシアーナ剤、アカンソマイセス ムスカリウス（バーティシリウム レカニ）剤などがある。

表1　施設栽培の葉菜類の主要害虫に対して利用できる主な天敵昆虫・ダニ類（2023年3月現在）注)

対象害虫	天敵の種類	天敵の和名	野菜類	ホウレンソウのみ
アザミウマ類	捕食性ダニ	ククメリスカブリダニ	○	
		スワルスキーカブリダニ	○	
		リモニカスカブリダニ	○	
アブラムシ類	寄生蜂	コレマンアブラバチ	○	
		チャバラアブラコバチ	○	
	捕食性昆虫	ナミテントウ	○	
		ヒメカメノコテントウ	○	
ハモグリバエ類	寄生蜂	ハモグリミドリヒメコバチ	○	
ハダニ類	捕食性ダニ	チリカブリダニ	○	
		ミヤコカブリダニ	○	
ケナガコナダニ	捕食性ダニ	ククメリスカブリダニ		○

注）日本植物防疫協会ウェブサイト（https://www.jppa.or.jp/）を参考に作成，適用害虫・適用作物は天敵の種類やメーカーによって異なるため，詳しくは公式情報を参照のこと

(1) 温湿度管理の工夫

物理的な環境条件で、最も大きく影響するのは温度である。

生物農薬として販売されている多くの種の活動に最適な温度帯は20〜25℃である。夏に栽培する作型で天敵を用いる場合は、暑熱対

図1　日本生物防除協議会ウェブサイトへのQRコード

策を行なう。逆に冬期など低温条件では、加温が必要になる場合も多い。

また、とくにカブリダニ類の生存や活動には湿度が大きく影響し、相対湿度50％以下の乾燥条件では卵がほぼ孵化しない。そのため、カブリダニ類を利用する場合は、保湿性のあるバンカーシート®（天敵保護装置）の使用や、施設内を適湿に保つ管理が求められる。

適湿は、微生物殺虫剤の効果を安定させるためにも重要である。

(2) 天敵と化学合成農薬などの上手な併用

天敵では対応できない病害虫の対策として、薬剤を適切に組み合わせて用いることが天敵利用成功のポイントである。ただし、天敵の定着や増殖に悪影響を及ぼすものもあるため、併用薬剤の選択には細心の注意を払う必要がある。天敵の種類によって個々の薬剤による影響の程度は大きく異なるが、選択的なものを用いることが基本となる。農薬登録がある主要な天敵種に関しては、殺菌剤も含めて天敵に対する各種薬剤の影響の目安を日本生物防除協議会がウェブサイト（図1を用いてアクセス可、http://www.biocontrol.jp/）に一覧で公開しており、これを参考にできる。

また、土着天敵についても、一部の種に関しては同様に知見がある（表2）。アブラムシ類、ハモグリバエ類の土着天敵のうち、施設栽培の野菜類における農薬登録がある種については、前述の日本生物防除協議会の情報も利用できる。

なお、殺虫剤の場合、天敵の種を問わず影響が小さいものは、気門封鎖剤、ＢＴ剤など数種類に限られる。殺菌剤の大半は天敵にほとんど影響を及ぼさないが、カブリダニ類などに対し生存期間の短縮や産卵数の減少をもたらす薬剤もある。天敵が存在する状況下でやむを得ず非選択的な薬剤を用いる場合は、例えば、粒剤処理や土壌灌注処理などによって、できるかぎり影響を軽減する。害虫密度が高い株や発生部位に限ったスポット散布なども有効である。

(3) 適切な放飼方法の選択

①ドリブル法

周期的な天敵放飼法をドリブル法という。本法には、害虫の発生確認直後から定期的に数回放飼する方法と、害虫の発生調査を行なわず、栽培開始直後からスケジュール放飼する方法がある。近年利用場面が多いカブリダニ類の場合、作物を加害しない餌ダニとともに、小型の耐水性紙の袋に封入されたパック製剤を用いると、スケジュール放飼でも害虫発生前からの定着が良好であり、害虫防除効果が安定する。

②バンカー法

害虫発生前または作物の生育初期から、①「作物を加害せず、害虫のかわりに天敵の餌となる昆虫」と②「その寄主植物」、③「作物の害虫と①の両方を餌とする天敵」を組み合わせて圃場に導入し、これらを長期間維持して十分量の天敵を継続的に供給しながら害虫を待ち伏せる方法であり、通常は①と②のセットをバンカーと呼ぶ。最も普及が進んで

表2　各種土着天敵に対する薬剤の影響の目安

IRAC作用機構分類	サブグループ	薬剤名	土着天敵種（対象害虫種）：キイカブリダニ（アザミウマ類）	コナガコマユバチ（コナガ）	ギファアブラバチ（アブラムシ類）		ナケルクロアブラバチ（アブラムシ類）		オオアトボシアオゴミムシ（チョウ目など）	ナミテントウ（アブラムシ類）		ウヅキコモリグモ（チョウ目など）	ヒメオオメナガカメムシ（アザミウマ類など）
			成虫	成虫	成虫	マミー	成虫	マミー	成虫	成虫	幼虫	若齢幼体	成虫
1A	カーバメート系	ランネート45DF	—	—	—	—	—	—	b	—	—	×	×
		オリオン水和剤40	—	—	—	—	—	—	—	—	—	×	—
1B	有機リン系	マラソン乳剤	—	—	×	○	—	—	—	×	×	×	—
		オルトラン水和剤	—	—	—	—	—	—	b	×	×	—	—
		エルサン乳剤	—	—	—	—	—	—	—	—	—	×	—
		スミチオン乳剤	×	—	—	—	—	—	—	—	—	—	×
		ダイアジノン乳剤40	—	—	—	—	—	—	—	—	—	×	×
		トクチオン乳剤	—	—	—	—	—	—	—	—	—	×	—
3A	ピレスロイド系	アディオン乳剤	—	×	×	◎	—	—	—	△	△	×	—
		トレボン乳剤	×	—	—	—	—	—	—	—	—	×	×
		アグロスリン水和剤	—	—	—	—	—	—	a	×	×	×	×
		バイスロイド乳剤	—	—	—	—	—	—	—	—	—	×	—
		スカウトフロアブル	—	—	—	—	—	—	—	—	—	×	—
		マブリック水和剤20	—	—	—	—	—	—	—	—	—	×	—
4A	ネオニコチノイド系	モスピラン顆粒水溶剤	○	◎	◎	—	△	◎	b	×	×	○	◎
		アクタラ顆粒水溶剤	○	—	△	○	—	—	—	×	△	◎	×
		アドマイヤーフロアブル	○	—	○	◎	—	—	—	—	—	—	○
		ダントツ水溶剤	—	○	○	◎	—	—	—	—	—	○	×
		スタークル／アルバリン顆粒水溶剤	○	—	△	◎	—	—	a	×	×	—	×
		ベストガード水溶剤	—	—	×	◎	—	—	—	—	—	—	◎
5	スピノシン系	スピノエース顆粒水和剤	○	—	×	◎	△	◎	b	—	◎	×	◎
		ディアナSC	×	—	—	—	—	—	—	—	—	—	◎
6	アベルメクチン系	アファーム乳剤	×	◎	×	◎	△	◎	—	○	×	×	×
		アニキ乳剤	—	—	△	◎	△	◎	—	—	—	—	—
9B	ピリジン	チェス水和剤／顆粒水和剤	—	—	◎	—	◎	◎	—	—	◎	—	—
	アゾメチン誘導体	コルト顆粒水和剤	◎	—	◎	—	—	—	—	—	—	—	◎
11A	*Bacillus thuringiensis* と殺虫タンパク質生産物	各種BT剤	◎	◎	—	—	—	—	a	◎	○	◎	◎
12A	ジアフェンチウロン	ガンバ水和剤	—	—	—	—	—	—	—	—	—	×	—
13	ピロール	コテツフロアブル	×	—	×	◎	×	◎	—	—	○	×	◎
14	ネライストキシン類縁体	パダンSG水溶剤	—	×	—	—	—	—	a	—	—	×	—
		リーフガード顆粒水和剤	—	—	—	—	—	—	—	—	—	○	○

（つづく）

15	ベンゾイル尿素系（IGR剤）	アタブロン乳剤	○	◎	−	−	−	−	−	−	−	×	△
		ノーモルト乳剤	−	◎	−	−	−	−	−	−	−	◎	−
		カスケード乳剤	△	−	◎	−	−	−	−	○	○	◎	△
		ファルコンフロアブル	−	−	◎	−	−	−	−	−	−	◎	−
		マトリックフロアブル	−	−	−	−	−	−	−	−	−	◎	−
		マッチ乳剤	◎	−	◎	−	◎	◎	−	◎	○	◎	×
17	シロマジン	トリガード液剤	−	−	−	−	−	−	−	−	◎	−	−
21A	METI剤	ハチハチ乳剤	×	×	△	○	−	−	−	−	×	×	×
28	ジアミド系	プレバソンフロアブル	◎	◎	−	−	◎	◎	a	−	−	−	−
		フェニックス顆粒水和剤	◎	◎	◎	−	−	−	a	−	○	−	◎
29	フロニカミド	ウララDF	−	−	−	−	◎	◎	−	−	◎	−	−
UN	ピリダリル	プレオフロアブル	◎	◎	◎	−	◎	◎	a	−	○	◎	◎
	水（対照）		◎	◎	◎	◎	◎	◎	a	◎	◎	◎	◎

注）表の見方
◎（無影響）：死亡率30％未満，○（影響小）：同30％以上80％未満，△（影響中）：同80％以上99％未満，×（影響大）同99％以上（IOBCの室内試験基準）
a：影響が小さい（水処理と有意差なし），b：影響が大きい（水処理と有意差がある），−：データなし

いるコレマンアブラバチのバンカー法では、バンカー・天敵とも市販されている。

カブリダニ類のパック製剤またはこれをさらにバンカーシート®に封入したものを圃場に設置すれば、前述のバンカーと同様の効果が期待できる。

(4) 作物と天敵の相性

天敵の定着性や増殖性には、植物表面の毛や粘液などの表面構造や花粉・花蜜の生産量などが関係するため、対象害虫が同じでも防除効果は作物によって異なることがある。とくに、天敵利用の知見が少ない作物では注意が必要である。

2 露地栽培における利用

土着天敵を活用する。天敵の働きを妨げる要因（悪影響を及ぼす薬剤の使用など）を回避して保護し、活動に好適な条件（天敵の密度を高める植生の配置など）を整えて働きを強化する。強化のための植生管理としては被覆植物や天敵温存植物（表3）の活用があげられ、施設栽培に応用できるものもある。

（執筆：大井田　寛）

表3　主な天敵温存植物および被覆植物とその効果，留意事項

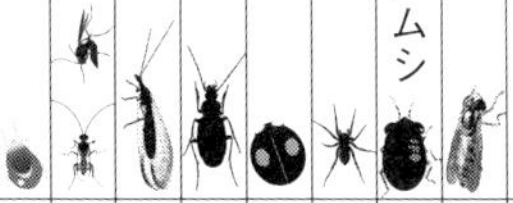

対象害虫						天敵温存植物（★）または被覆植物（●）	強化が期待される天敵								天敵に供給される餌・効果				主な利用時期				留意事項
アブラムシ類	キスジノミハムシ	チョウ目	ハバチ類	ハモグリバエ類	ネギアザミウマ		キイカブリダニ	寄生蜂	クサカゲロウ類	ゴミムシ類	テントウムシ類	徘徊性クモ類	ヒメオオメナガカメムシ	ヒラタアブ類	花粉・花蜜	隠れ家	植物汁液	代替餌（昆虫）	春	夏	秋	冬	
○						★コリアンダー		○	○					○	○				■				・秋播きすると春に開花する
○						★スイートアリッサム		○						○	○				■		■	■	・白色の花が咲く品種が推奨される ・温暖地では冬期も生育・開花する ・アブラナ科であることに留意する
○						★スイートバジル		○					○	○	○					■	■		・開花期間が長い
○						★ソバ		○						○	○					■	■		・秋ソバ品種を早播きすると長く開花する ・倒伏・雑草化しやすい
○						★ソルゴー		○	○		○			○			○	○		■	■		・ヒエノアブラムシや傷口から出る汁液が餌となる
	○	○	○		○	★フレンチマリーゴールド				○		○				○		○		■	■		・花に生息するコスモスアザミウマが餌となる ・被覆植物としての機能も期待できる ・キク科であることに留意する
						★ホーリーバジル		○					○	○	○					■	■		・開花期間が長い
	○	○	○		○	●クリムソンクローバ		○		○	○	○		○	○	○			■		■	■	・暑さには弱いが，冬期も地上部が維持される
	○	○	○		○	●シロクローバ		○		○	○	○		○	○	○			■	■	■		・冬期には地上部が枯死する
	○	○	○		○	●緑肥用ムギ類	○			○		○	○			○			■	■	■	■	・種，品種により播種期や冬期への適否が異なる

各種土壌消毒の方法

土壌消毒を実施するかどうかの判断は非常にむずかしい。作物の生育期間中に土壌病害や線虫の寄生に気がついても手のほどこしようがないので、前作で病気や線虫による株の萎れや根の異常があれば実施するのが賢明である。

(1) 太陽熱利用による土壌消毒

太陽の熱でビニール被覆した土壌を高温にし、各種病害・ネコブセンチュウ・雑草の種子を死滅させる方法である。冷夏で日射量が少ないと効果が不十分となる。

処理は梅雨明け後から約1カ月間に行なうのがよい。処理手順は、図1、2のように行なう。

近年、有機物を施用して太陽熱消毒を行なう土壌還元消毒が施設栽培を中心に実施されている。有機物を餌に微生物が急増してその呼吸で酸素が消費されて土壌が還元化することで、これまでの太陽熱消毒に比べて、より低温で短期間に安定した効果が得られる。

有機物がフスマや米ぬか、糖蜜の場合、10a当たり1t施用してから土壌に混和し、十分な水を与えて農業用の透明フィルムで被覆し、ハウスを密閉する。エタノールを使用する場合、処理前日ないし当日、圃場全体に灌水チューブなどで50㎜程度灌水する。その後、液肥混入器などで0・25～0・5％に希釈したエタノールを50㎝程度の間隔で設置した灌水チューブで黒ボク土では1㎡当たり150ℓ、砂質土では濃度を2倍にして半量散布後、フィルムで被覆する。

いずれの方法もハウスを2～3週間密閉後、フィルムを除去してロータリーで耕うんし、土壌を下層まで酸化状態に戻し、3～4日後に播種・定植ができる。

土壌消毒効果は、有機物を混和した部分までに限定され、低濃度エタノールは処理費用が高いが、深層まで処理効果を示す。

(2) 石灰窒素利用による土壌消毒

作付け予定の5～7日以上前に、石灰窒素

図1　露地畑での太陽熱土壌消毒法

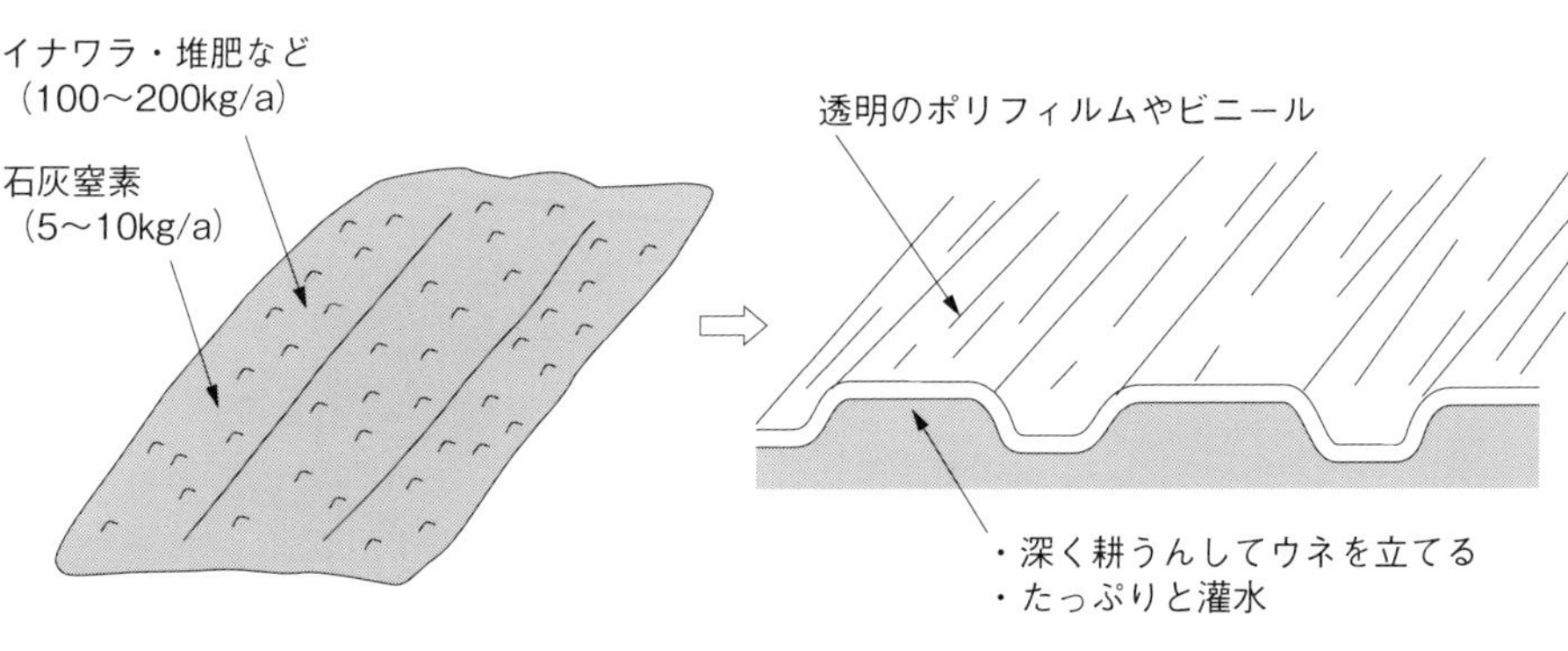

①有機物，石灰窒素の施用

②耕うん・ウネ立て後，灌水してフィルムで覆う
約30日間放置する

を100㎡当たり5～10kg施用し、ていねいに土壌混和する。土壌が乾燥している場合は灌水をする。

太陽熱利用による土壌消毒や化学農薬による土壌消毒より防除効果は低いが、手軽に利用できる。

図2　施設での太陽熱土壌消毒法

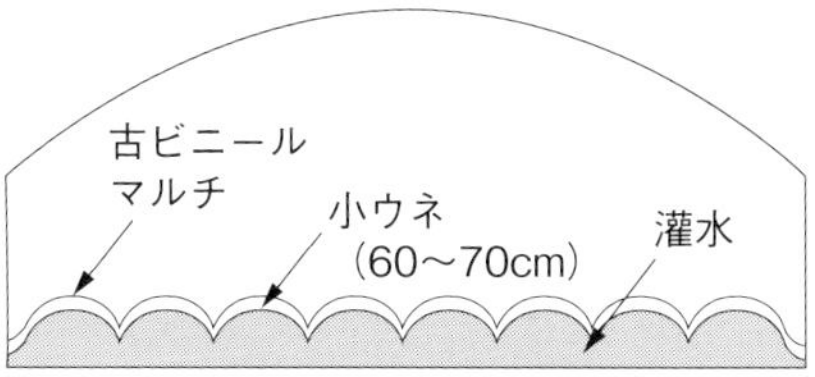

処理期間は20～30日間

表1　主なくん蒸剤

種類／対象	線虫類	土壌病害	雑草種子	主な商品名
D-D剤	○	-	-	DC，テロン
クロルピクリン剤	○	○	○	クロルピクリン
ダゾメット剤	○	○	○	ガスタード微粒剤

(3) 農薬による土壌消毒

① くん蒸剤による土壌消毒

土壌病害と線虫類、雑草の種子を防除対象とするものと、線虫類だけを対象とするものとがある（表1）。

くん蒸剤を施用してから作物を作付けできるまでの最短の必要日数は、使用する薬剤によって異なり、D-D剤やクロルピクリン剤では約2週間、ガスタード微粒剤では約3週間程度である。気温が低い場合はこの日数よりも長く必要となる。

くん蒸剤は土壌病害・線虫害を回避する一つの方法であるが、その使用方法は非常にむずかしいので、表示されている注意事項に十分留意して行なう。

〈くん蒸剤使用の留意点〉

(1)D-D剤やクロルピクリン剤を使用するときには、専用の注入器が必要である。

(2)くん蒸剤全体に薬剤の臭いがするが、とくにクロルピクリン剤は非常に臭いが強いので、その取り扱いには注意が必要。

(3)テープ状のクロルピクリン剤は、使用時の臭いが少なく使用しやすい。

(4)くん蒸剤注入後は、ポリフィルムやビニールで土壌表面を覆う。

(5)ダゾメット剤は、処理時の土壌水分を多めにする。

② 粒状線虫剤

粒状線虫剤はくん蒸剤と異なり、手軽に使用できる。植付け直前にていねいに土壌に混和する。植付け前の施肥時の使用が合理的である。100㎡当たり200～400gを土壌表面に均一に散粒し、ていねいに土壌混和するのが効果を高めるポイントである。植付け時の植穴使用は効果がない。また、生育中の追加使用も同様に効果がない。

果菜類のネコブセンチュウ対策としての実施が主である。キャベツなどのアブラナ科に発生する根こぶ病とは使用薬剤が異なるので注意する。

（執筆：加藤浩生）

被覆資材の種類と特徴

ハウスやトンネル、ベタがけやマルチに使用する被覆資材にはいろいろな材質、特性のものがある。野菜の種類や作期などに応じて最適なものを選びたい。

(1) ハウス外張り用被覆資材（表1）

①資材の種類と動向

ハウス外張り用被覆資材は、ポリ塩化ビニール（農ビ）が主に使用されてきたが、保温性を農ビ並みに強化し、長期展張できるポリオレフィン系特殊フィルム（農ＰＯ）が開発されて、そのシェアを伸ばしてきた。２０１８年の調査によるハウス外張り用被覆資材は、農ＰＯが全体の52％を占め、次いで農ビが36％、農業用フッ素フィルム（フッ素系）が６％である。

ハウス外張り用被覆資材に求められる特性としては、第一に保温性、光線透過性が優れることで、防曇性（流滴性）、防霧性なども重要である。

②主な被覆資材の特徴

農ビ　柔軟性、弾力性、透明性が高く、防曇効果が長期間持続し、赤外線透過率が低いので保温性の優れることなどが特長である。一方、資材が重くてべたつきやすく、汚れの付着による光線透過率低下が早いのが欠点である。

べたつきを少なくして作業性をよくする、チリやホコリを付着しにくくして汚れにくくする、３～４年展張可能といったこれまでの農ビの欠点を改善する資材も開発されている。

農ＰＯ　ポリオレフィン系樹脂を３～５層にし、赤外線吸収剤を配合するなどして保温性を農ビ並みに強化したもので、軽量でべたつきなく透明性が高い。こすれに弱いが、破れた部分からの傷口が広がりにくく、温度による伸縮が少ないので展張した資材を固定するテープなどが不要で、バンドレスで展張できる。厚みのあるものは長期間展張できるといった特徴がある。

硬質フィルム　近年、硬質フィルムで増えているのが、フッ素系フィルムである。エチレンと四フッ化エチレンを主原料とし、光線透過率が高く、透過性が長期間維持される。強度・耐衝撃性が優れ、耐用年数は10～30年と長い。粘着性が小さく、広い温度帯での耐性も優れる。表面反射がきわめて低いので室内が明るく、赤外線透過率が低いため保温性も優れる。使用済みの資材は、メーカーが回収する。

③用途に対応した商品の開発

各種類は、光線透過率を波長別に変える、散乱光にするなど、さまざまな用途に対応する製品が開発されている。近紫外線除去フィルムは、害虫侵入抑制、灰色かび病などの病原胞子の発芽を抑制する利点があるが、ナスでは果皮色が発色不良になり、ミツバチの活動低下、マルハナバチも紫外線のカット率などによって活動が抑制されることがあるので注意する（表２）。光散乱フィルムは、骨材や作物の葉などによる影ができにくく、急激な温度変化が少ないので葉焼けや果実の日焼けを抑制し、作業環境もよくなる。

そのほか、外気温に反応して透明性が変化し、低温時は透明で直達光を多く取り込み、高温時は梨地調に変化して散乱光にすると

表1　ハウス外張り用被覆資材の種類と特性

種類	素材名		商品名	光線透過率（%）	近紫外線透過程度注）	厚さ（mm）	耐用年数（年）	備考
硬質フィルム	ポリエステル系		シクスライトクリーン・ムテキLなど	92	△～×	0.15～0.165	6～10	強度・耐候性・透明性優れる。紫外線の透過率が低いため，ミツバチを利用する野菜やナスには使えない
硬質フィルム	フッ素系		エフクリーン自然光，エフクリーンGRUV，エフクリーン自然光ナシジなど	92～94	○～×	0.06～0.1	10～30	光線透過率高く，フィルムが汚れにくくて室内が明るい。長期展張可能。防曇剤を定期的に散布する必要がある。ハウス内のカーテンやテープなどの劣化が早い。キュウリやピーマンは保湿が必要。近紫外線除去タイプ（エフクリーンGRUVなど）や光散乱タイプ（エフクリーン自然光ナシジ）もある。使用済み資材はメーカーが回収する
軟質フィルム	ポリ塩化ビニール（農ビ）	一般	ノービエースみらい，ソラクリーン，スカイ8防霧，ハイヒット21など	90～	○～×	0.075～0.15	1～2	透明性高く，防曇効果が長期間持続し，保温性がよい。資材が重くてべたつきやすく，汚れによる光線透過率低下がやや早い。厚さ0.13mm以上のものはミツバチやマルハナバチを利用する野菜には使用できないものがある
軟質フィルム	ポリ塩化ビニール（農ビ）	防塵・耐久	クリーンエースだいち，ソラクリーン，シャインアップ，クリーンヒットなど	90～	○～×	0.075～0.15	2～4	チリやホコリを付着しにくくし，耐久農ビは3～4年展張可能。厚さ0.13mm以上のものはミツバチを利用する野菜に使用できないものがある
軟質フィルム	ポリ塩化ビニール（農ビ）	近紫外線除去	カットエースON，ノンキリとおしま線，紫外線カットスカイ8防霧，ノービエースみらい	90～	×	0.075～0.15	1～2	害虫侵入抑制，灰色かび病などの病原胞子の発芽を抑制する。ミツバチを利用する野菜やナスには使えない
軟質フィルム	ポリ塩化ビニール（農ビ）	光散乱	無滴，SUNRUN，パールメイトST，ノンキリー梨地など	90～	○	0.075～0.1	1～2	骨材や葉による影ができにくい。急激な温度変化が緩和し，葉焼けや果実の日焼けを抑制し，作業環境もよくなる。商品によって散乱光率が異なる
軟質フィルム	ポリオレフィン系特殊フィルム（農PO）	一般	スーパーソーラーBD，花野果強靭，スーパーダイヤスター，アグリスター，クリンテートEX，トーカンエースとびきり，バツグン5，アグリトップなど	90～	○	0.1～0.15	3～8	フィルムが汚れにくく，伸びにくい。パイプハウスではハウスバンド不要。保温性は農ビとほぼ同等。資材の厚さなどで耐用年数が異なる
軟質フィルム	ポリオレフィン系特殊フィルム（農PO）	近紫外線除去	UVソーラーBD，アグリスカット，ダイヤスターUVカット，クリンテートGMなど	90～	×	0.1～0.15	3～5	害虫侵入抑制，灰色かび病などの病原胞子の発芽を抑制する。ミツバチを利用する野菜やナスには使えない
軟質フィルム	ポリオレフィン系特殊フィルム（農PO）	光散乱	美サンランダイヤスター，美サンランイースターなど	89～	○	0.075～0.15	3～8	骨材や葉による影ができにくい。急激な温度変化が緩和し，葉焼けや果実の日焼けを抑制し，作業環境もよくなる

注）近紫外線の透過程度により，○：280nm付近の波長まで透過する，△：波長310nm付近以下を透過しない，×：波長360nm付近以下を透過しない，の3段階

表2　被覆資材の近紫外線透過タイプとその利用

タイプ	透過波長域	近紫外線透過率	適用場面	適用作物
近紫外線強調型	300nm 以上	70% 以上	アントシアニン色素による発色促進	ナス，イチゴなど
			ミツバチの行動促進	イチゴ，メロン，スイカなど
紫外線透過型	300nm 以上	50% ± 10	一般的被覆利用	ほとんどの作物
近紫外線透過抑制型	340 ± 10nm	25% ± 10	葉茎菜類の生育促進	ニラ，ホウレンソウ，コカブ，レタスなど
近紫外線不透過型	380nm 以上	0%	病虫害抑制 ・ミナミキイロアザミウマ，ハモグリバエ類，ネギコガ，アブラムシ類など ・灰色かび病，萎凋病，黒斑病など	 トマト，キュウリ，ピーマンなど ホウレンソウ，ネギなど
			ミツバチの行動抑制	イチゴ，メロン，スイカなど

いった資材も開発されている。

(2) トンネル被覆資材（表3）

①資材の種類

野菜の栽培用トンネルは，アーチ型支柱に被覆資材を被せたもので，保温が主な目的である。保温性を高めるために二重被覆も行なわれる。保温を目的とする場合は，一般に軟質フィルムが使用されるが，虫害や鳥害，風害を防止するために寒冷紗や防虫ネット，割繊維不織布をトンネル被覆することもある。換気を省略するためにフィルムに穴をあけた有孔フィルムもある。

②各資材の特徴

農ビ　保温性が最も優れるので，保温効果を最優先する厳寒期の栽培や寒さに弱い野菜に向く。裂けやすいので穴あけ換気はむずかしい。

農PO　農ビに近い保温性があり，べたつきが少なく，汚れにくいので，作業性や耐久性を重視する場合に向く。裂けにくいので穴あけ換気ができる。

農ポリ　軽くて扱いやすく，安価だが，保温性が劣るので，気温が上がってくる春の栽培やマルチで利用される。

穴のあいた有孔フィルム　昼夜の温度格差が小さく，換気作業を省略できる。開口率の違うものがあり，野菜の種類や栽培時期によって使い分ける。

防虫ネット　防虫ネットと寒冷紗は，べたがけも行なわれるがトンネル被覆で利用することが多い。防虫ネットは，対象となる害虫によって目合いが異なる（表4）。目が細かいほど幅広い害虫に対応できるが，通気性が悪くなり，蒸れたり気温が高くなるので，被害が予想される害虫に合った目合いのものを選ぶ。アブラムシ類に忌避効果があるアルミ糸を織り込んだものなどもある。

寒冷紗　目の粗い平織の布で，主な用途は遮光である。黒色と白色があり，遮光率は黒が50%，白が20%程度のものが使われる。主に夏の播種や育苗に利用する。遮光率が高いほうが暑さを緩和する効果は高いが，発芽後もかけておくと徒長しやすいので発芽後に取り除くことが必要である。

(3) べたがけ資材

べたがけとは，光透過性と通気性を兼ね備えた資材を作物や種播き後のウネに直接かける方法である。支柱がいらず手軽にかけら

表3　トンネル被覆資材の種類と特性

種類	素材名		商品名	光線透過率（%）	近紫外線透過程度[注1]	厚さ（mm）	保温性[注2]	耐用年数（年）	備考
軟質フィルム	ポリ塩化ビニール（農ビ）	一般	トンネルエース，ニューロジスター，ロジーナ，ベタレスなど	92	○	0.05～0.075	○	1～2	最も保温性が高いので，保温効果を最優先する厳寒期の栽培や寒さに弱い野菜に向く。裂けやすいので穴あけ換気はむずかしい。農ビはべたつきやすいが，べたつきを少なくしたもの，保温力を強化したものもある
		近紫外線除去	カットエーストンネル用など	92	×	0.05～0.075	○	1～2	害虫の飛来を抑制する。ミツバチを利用する野菜には使用できない
	ポリオレフィン系特殊フィルム（農PO）	一般	透明ユーラック，クリンテート，ゴリラなど	90	○	0.05～0.075	△	1～2	農ビに近い保温性がある。べたつきが少なく，汚れにくいので，作業性や耐久性を重視する場合に向く。裂けにくいので穴あけ換気ができる
		有孔	ユーラックカンキ，ベジタロンアナトンなど	90	○	0.05～0.075	△	1～2	昼夜の温度格差が小さく，換気作業を省略できる。開口率の違うものがあり，野菜の種類や栽培時期によって使い分ける
	ポリエチレン（農ポリ）	一般	農ポリ	88	○	0.05～0.075	×	1～2	軽くて扱いやすく，安価だが，保温性が劣る。無滴と有滴がある
		有孔	有孔農ポリ	88	○	0.05～0.075	×	1～2	換気作業を省略できる。保温性が劣る。無滴と有滴がある
	ポリオレフィン系特殊フィルム（農PO）＋アルミ		シルバーポリトウ保温用	0	×	0.05～0.07	◎	5～7	ポリエチレン2層とアルミ層の3層。夜間の保温用で，発芽後は朝夕開閉する

注1）近紫外線の透過程度により，○：280nm付近の波長まで透過する，△：波長310nm付近以下を透過しない，×：波長360nm付近以下を透過しない，の3段階

注2）保温性　◎かなり高い，○：高い，△：やや高い，×：低い

表4　害虫の種類と防虫ネット目合いの目安

対象害虫	目合い（mm）
コナジラミ類，アザミウマ類	0.4
ハモグリバエ類	0.8
アブラムシ類，キスジノミハムシ	0.8
コナガ，カブラハバチ	1
シロイチモジヨトウ，ハイマダラノメイガ，ヨトウガ，ハスモンヨトウ，オオタバコガ	2～4

注）赤色ネットは0.8mm目合いでもアザミウマ類の侵入を抑制できる

れ、通気性があるために換気も不要で、主に不織布が利用される（表５）。

不織布は、繊維を織らず、接着剤や熱処理によって布状に加工したものである。隙間があるため、通気性がよく、隙間に空気を含むため保温性もある。ベタがけのほか、トンネルにも使われる。長繊維不織布は保温性を重視し、発芽や生育促進、寒害防止を目的として秋から春に使う。割繊維不織布は、通気性がよいので年間を通じて使うことができ、防虫目的で使用することが多い。近年、省力化と低コスト化をねらってトンネル被覆を行なっていた時期にベタがけで代替することも行なわれるようになっている。

表5　ベタがけ・防虫・遮光資材の種類と特性

種類	素材名	商品名	耐用年数（年）	備考
長繊維不織布	ポリプロピレン（PP）	パオパオ90，テクテクネオなど	1～2	主に保温を目的としてベタがけで使用
	ポリエステル（PET）	パスライト，パスライトブルーなど	1～2	吸湿性があり，保温性がよい。主に保温を目的としてベタがけで使用
割繊維不織布	ポリエチレン（PE）	農業用ワリフ	3～5	保温性は劣るが通気性がよいので防虫，防寒目的にベタがけやトンネルで使用
	ビニロン（PVA）	ベタロン，バロン愛菜	5	割高だが，吸湿性があり他の不織布より保温性が優れる。主に保温，寒害防止，防虫を目的にベタがけやトンネルで使用
長繊維不織布＋織り布タイプ	ポリエステル＋ポリエチレン	スーパーパスライト	5	割高だが，吸湿性があり他の不織布より保温性が優れる。主に保温，寒害防止，防虫を目的にベタがけやトンネルで使用
ネット	ポリエチレン，ポリプロピレンなど	ダイオサンシャイン，サンサンネットソフライト，サンサンネットe-レッドなど	5	防虫を主な目的としてトンネル，ハウス開口部に使用。害虫の種類に応じて目合いを選択する
寒冷紗	ビニロン（PVA）	クレモナ寒冷紗	7～10	色や目合いの異なるものがあり，防虫，遮光などの用途によって使い分ける。アブラムシ類の侵入防止には＃300（白）を使用する
織り布タイプ	ポリエチレン，ポリオレフィン系特殊フィルムなど	ダイオクールホワイト，スリムホワイトなど	5	夏の昇温抑制を目的とした遮光・遮熱ネット。色や目合いなどで遮光率が異なり，用途によって使い分ける。ハウス開口部に防虫ネットを設置した場合は，遮光率35％程度を使用する。遮光率が同じ場合，一般的に遮熱性は黒＜シルバー＜白，耐久性は白＜シルバー＜黒となる

(4) マルチ資材（表6）

土壌表面をなんらかの資材で覆うことをマルチまたはマルチングという。地温調節、降雨による肥料の流亡抑制、土壌侵食防止、土の跳ね上がり抑制による病害予防、土壌水分・土壌物理性の保持、アブラムシ類忌避、抑草などの効果があり、さまざまな特性を備えたマルチ資材が開発されている。コーンスターチなどを原料とし、栽培終了後、畑にそのまますき込めば微生物によって分解されてしまう生分解性フィルムの利用も進んでいる。

栽培時期や目的に応じて適切な資材を使い分ける。マルチ張りの作業は、土壌水分が適度なときに行ない、土壌表面とフィルムを密着させる。低温期には播種、定植の数日～1週間前にマルチをして地温を高めておくと発芽や活着とその後の生育が早まる。

（執筆：川城英夫）

表6　マルチ資材の種類と特性

種類	素材		商品名	資材の色	厚さ（mm）	使用時期	備考
軟質フィルム	ポリエチレン（農ポリ）	透明	透明マルチ，KO透明など	透明	0.02～0.03	春，秋，冬	地温上昇効果が最も高い。KOマルチはアブラムシ類やアザミウマ類の忌避効果もある
		有色	KOグリーン，KOチョコ，ダークグリーンなど	緑，茶，紫など	0.02～0.03	春，秋，冬	地温上昇効果と抑草効果がある
		黒	黒マルチ，KOブラックなど	黒	0.02～0.03	春，秋，冬	地温上昇効果が有色フィルムに次いで高い。マルチ下の雑草を完全に防除できる
		反射	白黒ダブル，ツインマルチ，パンダ白黒，ツインホワイトクール，銀黒ダブル，シルバーポリなど	白黒，白，銀黒，銀	0.02～0.03	周年	地温が上がりにくい。地温上昇抑制効果は白黒ダブル＞銀黒ダブル。銀黒，白黒は黒い面を下にする
		有孔	ホーリーシート，有孔マルチ，穴あきマルチなど	透明，緑，黒，白，銀など	0.02～0.03	周年	穴径，株間，条間が異なるいろいろな種類がある。野菜の種類，作期などに応じて適切なものを選ぶ
	生分解性		キエ丸，キエール，カエルーチ，ビオフレックスマルチなど	透明，乳白，黒，白黒など	0.02～0.03	周年	価格が高いが，微生物により分解されるのでそのまま畑にすき込め，省力的で廃棄コストを低減できる。分解速度の異なる種類がある。置いておくと分解が進むので購入後速やかに使用する
不織布	高密度ポリエチレン		タイベック	白	－	夏	通気性があり，白黒マルチより地温が上がりにくい。光の反射率が高く，アブラムシ類やアザミウマ類の飛来を抑制する。耐用年数は型番によって異なる
有機物	古紙		畑用カミマルチ	ベージュ，黒	－	春，夏，秋	通気性があり，地温が上がりにくい。雑草を抑制する。地中部分の分解が早いので，露地栽培では風対策が必要。微生物によって分解される
	イナワラ，ムギワラ			－	－	夏	通気性と断熱性が優れ，地温を裸地より下げることができる

主な肥料の特徴

(1) 単肥と有機質肥料

（単位：%）

肥料名	窒素	リン酸	カリ	苦土	アルカリ分	特性と使い方注)
硫酸アンモニア	21					速効性。土壌を酸性化。吸湿性が小さい（③）
尿素	46					速効性。葉面散布も可。吸湿性が大きい（③）
石灰窒素	21				55	やや緩効性。殺菌・殺草力あり。有毒（①）
過燐酸石灰		17				速効性。土に吸着されやすい（①）
熔成燐肥(ようりん)		20		15	50	緩効性。土壌改良に適する（①）
BM ようりん		20		13	45	ホウ素とマンガン入りの熔成燐肥（①）
苦土重焼燐		35		4.5		効果が持続する。苦土を含む（①）
リンスター		30		8		速効性と緩効性の両方を含む。黒ボク土に向く（①）
硫酸加里			50			速効性。土壌を酸性化。吸湿性が小さい（③）
塩化加里			60			速効性。土壌を酸性化。吸湿性が大きい（③）
ケイ酸カリ			20			緩効性。ケイ酸は根張りをよくする（③）
苦土石灰				15	55	土壌の酸性を矯正する。苦土を含む（①）
硫酸マグネシウム				25		速効性。土壌を酸性化（③）
なたね油粕	5～6	2	1			施用2～3週間後に播種・定植（①）
魚粕	5～8	4～9				施用1～2週間後に播種・定植（①）
蒸製骨粉	2～5.5	14～26				緩効性。黒ボク土に向く（①）
米ぬか油粕	2～3	2～6	1～2			なたね油粕より緩効性で，肥効が劣る（①）
鶏糞堆肥	3	6	3			施用1～2週間後に播種・定植（①）

(2) 複合肥料

（単位：%）

肥料名（略称）	窒素	リン酸	カリ	苦土	特性と使い方注)
化成13号	3	10	10		窒素が少なくリン酸，カリが多い，上り平型肥料（①）
有機アグレット S400	4	10	10		有機質80％入りの化成（①）
化成8号	8	8	8		成分が水平型の普通肥料（③）
レオユーキL	8	8	8		有機質20％入りの化成（①）
ジシアン有機特806	8	10	6		有機質50％入りの化成。硝酸化成抑制剤入り（①）
エコレット808	8	10	8		有機質19％入りの有機化成。堆肥入り（①）
MMB 有機020	10	12	10	3	有機質40％，苦土，マンガン，ホウ素入り（①）
UF30	10	10	10	4	緩効性のホルム窒素入り。苦土，ホウ素入り（①）
ダブルパワー1号	10	13	10	2	緩効性の窒素入り。苦土，マンガン，ホウ素入り（①）
IB 化成 S1	10	10	10		緩効性の IB 入り化成（①）
IB1号	10	10	10		水稲（レンコン）用の緩効性肥料（①）
有機入り化成280	12	8	10		有機質20％入りの化成（①）
MMB 燐加安262	12	16	12	4	苦土，マンガン，ホウ素入り（①）
CDU 燐加安 S222	12	12	12		窒素の約60％が緩効性（①）
燐硝安加里 S226	12	12	16		速効性。窒素の40％が硝酸性（主に①）
ロング424	14	12	14		肥効期間を調節した被覆肥料（①）
エコロング413	14	11	13		肥効期間を調節した被覆肥料。被膜が分解しやすい（①）
スーパーエコロング413	14	11	13		肥効期間を調節した被覆肥料。初期の肥効を抑制（溶出がシグモイド型）（①）
ジシアン555	15	15	15		硝酸化成抑制剤入りの肥料（①）
燐硝安1号	15	15	12		速効性。窒素の60％が硝酸性（主に②）
CDU・S555	15	15	15		窒素の50％が緩効性（①）
高度16	16	16	16		速効性。高成分で水平型（③）
燐硝安 S604号	16	10	14		速効性。窒素の60％が硝酸性（主に②）
燐硝安加里 S646	16	4	16		速効性。窒素の47％が硝酸性（主に②）
NK 化成2号	16		16		速効性（主に②）
CDU 燐加安 S682	16	8	12		窒素の50％が緩効性（①）
NK 化成 C6号	17		17		速効性（主に②）
追肥用 S842	18	4	12		速効性。窒素の44％が硝酸性（②）
トミー液肥ブラック	10	4	6		尿素，有機入り液肥（②）
複合液肥2号	10	4	8		尿素入り液肥（②）
FTE	マンガン19％，ホウ素9％				ク溶性の微量要素肥料。そのほかに鉄，亜鉛，銅など含む（①）

注）使い方は以下の①～③を参照。①元肥として使用，②追肥として使用，③元肥と追肥に使用

（執筆：齋藤研二）

主な作業機

軟弱野菜の作業機は、播種、移植から収穫・調製まで数多く市販されており、大規模対応の機械がほとんどであるが、中小規模で利用可能な作業機について紹介する（表1）。

・播種機

ホウレンソウなどの軟弱野菜は畑に直接種を播く栽培がほとんどで播種機を用いる。播種機は手押し式の簡易なものから、管理機装着用、トラクター装着用とさまざまあるので規模に応じて選択するとよい。播種の方式はベルトやロールにあいた穴で種子を受け、土中に入れるセル式と、種子をヒモ状のテープに封入したシードテープ式がある。

・収穫機

収穫機は電動のホウレンソウ収穫機があり、根切り、搬送を機械的に行ない自走式で歩きながら作業できるが大規模向けである。小規模向けには手押し式で土中の根を切断し、収穫を容易にする機具がある（図1）。

・調製機

収穫したホウレンソウは土砂付きの根、下葉を取り除く調製作業が必要である。回転するブラシや圧縮空気で下葉を取り除く簡易な調製機や、大規模向けにホウレンソウをベルトに乗せるだけで、根切り、土砂・下葉の除去を自動で行なう調製機がある。

・袋詰め機

ホウレンソウやコマツナ、チンゲンサイは袋に詰めて出荷することが多いが、葉が軟弱で損傷しやすい。袋を膨らませ詰めやすくする機具がある（図2）。

（執筆：溜池雄志）

図1　ホウレンソウ根切り機
（みのる産業 SP-1）

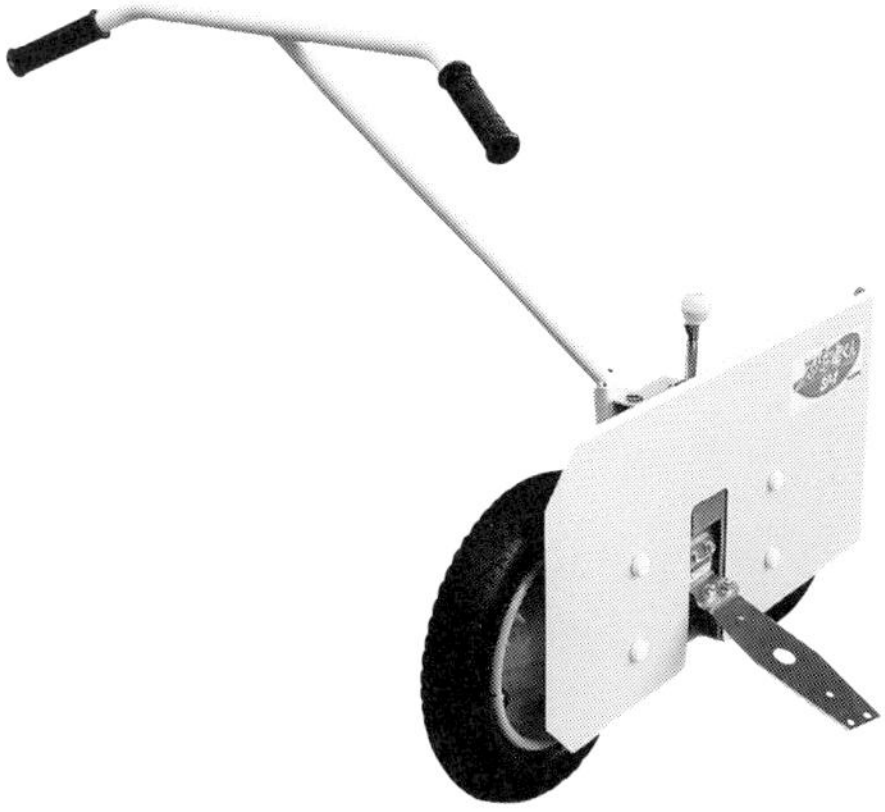

図2　野菜袋詰め機
（向井工業 MP-200）

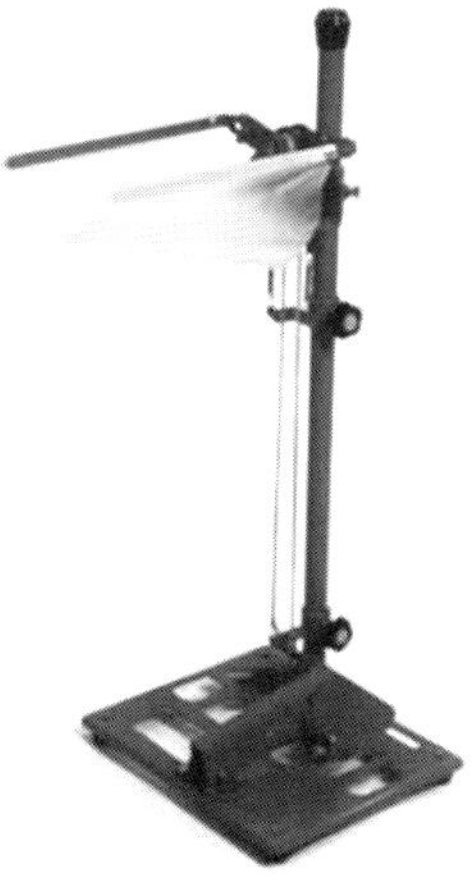

表1　主な作業機

①播種機の種類と特徴

種類	特徴	目安の価格
セル（穴）式播種機	野菜用の代表的な播種機で，ホウレンソウやコマツナなどの軟弱野菜のほか，ダイコン，ニンジンなどの根菜類にも利用できる。セル式にはロール，ベルト，目皿式がある。いずれも穴の大きさや間隔が異なるロールやベルトを交換することで多種の野菜に対応できる ロール式：ロールにあけた穴で種子を汲み上げ播種する方式 ベルト式：ロールに代えて穴のあいたベルトを用いる方式 目皿式：回転する円盤にあいた穴に種子を落とす方式	手押し1条　3万円 管理機4条　20万円 トラクター6条　50万円
空気式播種機	播種量や間引き作業省力化のため，種子を吸引吸着し必要播種粒数を正確に播種する方式である。ホウレンソウ，ダイコン，ニンジンなどの小粒や不整形種子の播種に利用が多い。比較的小型の播種機が多く，ハウス用の電動式や管理機装着型がある	手押し1条　3万円 管理機4条　5万円
テープ式播種機	シードテープ（テープをヒモ状にし，任意の株間，粒数の種子を封入）をテープごと圃場に埋設播種する方式で，人力1～多条用，管理機やトラクタ用多条用など多様な機種があり，軟弱野菜，根菜類など幅広く利用できる。播種粒数や株間が正確で間引き作業労力が削減でき，機械の構造が簡単で安価である	手押し1条　3万円 管理機2条　10万円 トラクター6条　30万円

②ホウレンソウ収穫機の種類と特徴

種類	特徴	目安の価格
ホウレンソウ収穫機	ホウレンソウを4条同時に収穫できる自走収穫機で電動式のためハウス内で使用できる。土中のホウレンソウの根を切断し，ベルトで挟んで収穫する。収穫したホウレンソウは機上に貯留しコンテナに移す	70万円～
根切り機	ホウレンソウの株に沿って横を押していくと，土中の刈刃が根を切断し収穫しやすくする機具である。他の軟弱野菜にも利用できる	5万円～

③出荷調製用機械の種類と特徴

種類	特徴	目安の価格
調製機	ホウレンソウなどの土砂付きの根，下葉を取り除くため，回転するブラシや圧縮空気で下葉を取り除く簡易な調製機がある。大規模向けにはホウレンソウをベルトに供給するだけで円盤鋸刃で根切り，ブラシロールで土砂・下葉の除去を自動で行なう調製機がある	70万円～
小束結束機	ホウレンソウ，コマツナなどに利用されており，一定量を1束としてテープなどで結束する。手動式と電動式があり，結束資材にはゴムヒモ，テープなどが用いられ，結束テープには産地名などを印刷したものも利用されている	3万円～
袋詰め機	フィルム袋を自動的に開口して，一定量を袋に入れるもので，電動式や足踏みの手動式などがある	5万円～
製袋充填機	ロール状のフィルムに送られてきた野菜を包み，熱で接合部を袋状に接着しながら自動的に包装する。集出荷施設などでの利用が多い。中規模では野菜の供給は手作業で行ない，包装を自動で行なうタイプがある	300万円～
真空包装機	カット野菜などの包装に利用され，ガス透過が少ないフィルムで空気を追い出しながら包装する。袋内が真空に近い状態で包装されるため，品質低下が抑制できる	200万円～

◉著者一覧　＊執筆順（所属は執筆時）

成松　次郎（元神奈川県農業総合研究所）
中西　文信（岐阜県飛騨農林事務所）
藤澤　秀明（栃木県上都賀農業振興事務所）
中塚　雄介（長野県野菜花き試験場）
中村　大樹（静岡県西部農林事務所産地育成班）
川城　英夫（JA 全農耕種総合対策部）
園部　愛美（茨城県鹿行農林事務所行方地域農業改良普及センター）
濵砂佐都実（茨城県県南農林事務所稲敷地域農業改良普及センター）
金子　良成（愛知県農業総合試験場東三河農業研究所）
中川　もえ（三重県松阪農林事務所松阪地域農業改良普及センター）
伊藤　　隼（宮城県農業・園芸総合研究所）
石井　佳美（茨城県農業総合センター）
高橋　勇人（宮城県農業・園芸総合研究所）
澤里　昭寿（宮城県農業・園芸総合研究所）
川合　貴雄（元岡山県立農業試験場）
藤代　岳雄（神奈川県農業技術センター）
小松　和彦（長野県野菜花き試験場）
加藤　浩生（JA 全農千葉県本部）
大井田　寛（法政大学）
齋藤　研二（JA 全農東日本営農資材事業所）
溜池　雄志（鹿児島県農業開発総合センター大隅支場）

編者略歴

川城英夫（かわしろ・ひでお）

1954年、千葉県生まれ。東京農業大学農学部卒。千葉大学大学院園芸学研究科博士課程修了。農学博士。千葉県において試験研究、農業専門技術員、行政職に従事し、千葉県農林総合研究センター育種研究所長などを経て、2012年からJA全農 耕種総合対策部 主席技術主管、2023年から同部テクニカルアドバイザー。農林水産省「野菜安定供給対策研究会」専門委員、農林水産祭中央審査委員会園芸部門主査、野菜流通カット協議会生産技術検討委員など数々の役職を歴任。

主な著書は『作型を生かす ニンジンのつくり方』『新 野菜つくりの実際』『家庭菜園レベルアップ教室 根菜①』『新版 野菜栽培の基礎』『ニンジンの絵本』『農作業の絵本』『野菜園芸学の基礎』（共編著含む、農文協）、『激増する輸入野菜と産地再編強化戦略』『野菜づくり 畑の教科書』『いまさら聞けない野菜づくりQ＆A 300』『畑と野菜づくりのしくみとコツ』（監修含む、家の光協会）など。

新 野菜つくりの実際　第2版

葉菜Ⅱ　ホウレンソウ・シュンギク・ニラ・イタリア野菜など

誰でもできる露地・トンネル・無加温ハウス栽培

2023年12月10日　第1刷発行

編　者　川城　英夫

発行所　一般社団法人 農山漁村文化協会
〒335-0022　埼玉県戸田市上戸田2丁目2−2
電話　048（233）9351（営業）　048（233）9355（編集）
FAX　048（299）2812　　振替 00120-3-144478
URL　https://www.ruralnet.or.jp/

ISBN978-4-540-23107-0　DTP制作／ふきの編集事務所
〈検印廃止〉　印刷・製本／TOPPAN（株）